公差配合与测量技术

邓方贞　赵　霞　主　编

樊　薇　吴世友　副主编

清华大学出版社

北　京

内 容 简 介

本书系统地讲解了公差配合与检测技术的相关知识,全书共分9章,系统地论述了尺寸公差、几何公差和表面粗糙度的相关知识,光滑极限量规设计及检验,典型零件的基本知识、误差检测方法及检测实践练习,包括螺纹、键等零件的测量。为了让读者能够及时检查自己的学习效果,把握自己的学习进度,每章后面都配有丰富的习题。

本书可以作为高职高专机电类等专业的教材,也可以作为工程技术人员培训或自学的参考资料。

图书在版编目(CIP)数据

公差配合与测量技术 / 邓方贞,赵霞主编. —北京:清华大学出版社,2024.2(2024.9重印)

ISBN 978-7-302-65431-5

Ⅰ. ①公⋯　Ⅱ. ①邓⋯ ②赵⋯　Ⅲ. ①公差-配合-高等职业教育-教材②技术测量-高等职业教育-教材　Ⅳ. ①TG801

中国国家版本馆 CIP 数据核字(2024)第 036431 号

责任编辑:刘金喜
封面设计:范惠英
版式设计:思创景点
责任校对:成凤进
责任印制:刘　菲

出版发行:清华大学出版社
　　　　网　　　址: https://www.tup.com.cn, https://www.wqxuetang.com
　　　　地　　　址: 北京清华大学学研大厦 A 座　　　　　邮　　编: 100084
　　　　社 总 机: 010-83470000　　　　　　　　　　　邮　　购: 010-62786544
　　　　投稿与读者服务: 010-62776969, c-service@tup.tsinghua.edu.cn
　　　　质 量 反 馈: 010-62772015, zhiliang@tup.tsinghua.edu.cn
印 装 者:三河市人民印务有限公司
经　　销:全国新华书店
开　　本: 185mm×260mm　　　印　　张: 16.75　　　字　　数: 450 千字
版　　次: 2024 年 4 月第 1 版　　　印　　次: 2024 年 9 月第 2 次印刷
定　　价: 55.00 元

产品编号: 102037-01

前　言

　　"公差配合与测量技术"是职业教育机电类、汽车类、仪器仪表类等专业的一门技术基础课程，本课程由"公差配合"与"检测技术"两部分组成，是从理论性、系统性较强的基础课向实践性、应用性较强的专业课过渡的桥梁。

　　本书按照新的人才培养目标及新的专业教学标准优化整合课程内容，以实际应用为目的，突出职业教育特色，具有较强的理论性和实践性，在生产中具有广泛的实用性。

　　本书共分 9 章，主要内容包括绪论，测量技术基础知识，孔、轴的公差与配合，几何公差及其检测，表面粗糙度及检测，光滑工件尺寸检验与光滑极限量规，滚动轴承的公差与配合，螺纹的互换性与检测，键连接的公差与测量等内容，并结合实际应用展开实践操作。

　　本书在编写过程中主要突出以下特色：

　　(1) 理论适度，以够用为准则。在讲清基础理论的同时，特别加强了实践操作练习的介绍，做到理论联系实际，学以致用。

　　(2) 以传统内容为主，但在内容的编排上力求创新。前 6 章主要讲授公差与配合国家标准内容中的基础知识；后 3 章主要讲授公差与配合在典型表面上的具体应用。本书各章内容独立，脉络清晰，读者可根据需要进行选择学习。

　　(3) 每一章节通过该章知识点的形式引导学生用尽可能少的时间把握知识的要点和实用点。

　　本书由邓方贞、赵霞任主编，樊薇、吴世友任副主编，顾晔任主审。其中，赵霞编写了第 1 章、第 2 章、第 3 章，邓方贞编写了第 4 章和第 5 章，樊薇编写了第 6 章和第 7 章，吴世友编写了第 8 章和第 9 章。

　　在本书的编写过程中得到了江西华林金建科技有限公司蔡娟工程师的大力支持和帮助，并参考了有关教师提出的宝贵意见，在此一并表示衷心的感谢。

　　由于编者水平有限，书中难免存在疏漏和不当之处，敬请读者批评指正。

　　本书 PPT 课件和习题答案可通过扫描下方二维码下载，教学视频可通过扫描书中二维码观看。

教学资源下载

服务邮箱：476371891@qq.com。

编者
2024 年 1 月

目　　录

公差配合与测量技术

第 1 章

绪　论

◇ **学习重点**
　　互换性的概念。

◇ **学习难点**
　　互换性的分类及应用。

◇ **学习目标**
　　1. 了解互换性的意义、分类及其在机械制造业中的作用。
　　2. 了解标准化、标准的含义。
　　3. 了解优先数系、加工误差、公差的基本概念。
　　4. 了解本课程的作用和任务。

1.1　概　述

1.1.1　互换性的概念

互换性的概念在日常生活中随处可见。例如，灯泡坏了，买个同一规格的灯泡装上即可；汽车、自行车、钟表的零部件磨损了，同样换个新的，就能继续使用了。互换性作为现代化生产的一个重要技术原则，也普遍应用于机电设备的生产中。例如，机器上丢了一个螺钉，可以按相同的规格安装一个；车床上的主轴轴承，磨损到一定程度后会影响车床的使用，在这种情况下，换上一个相同代号的新轴承，车床就能恢复原来的精度而达到满足使用性能的要求。这是因为合格的产品和零部件具有在材料性能、几何尺寸、使用功能上彼此互相替换的性能，即具有互换性。

机械制造中的互换性是指同一规格的一批零部件，不经选择、修配或调整，就能与其他零部件安装在一起而组成一台机器，并且能达到规定的使用功能要求。可见互换性表现为对产品零部件装配过程中的 3 个不同阶段的要求：装配前，不经选择；装配时，不需修配或调整；装配后，满足预定的使用性能要求。

1.1.2　互换性的作用

互换性原则广泛用于机械制造中的产品设计、零件加工、产品装配、机器的使用和维修等各个方面。

1. 在设计方面

能最大限度地使用标准件和通用件，简化绘图和计算等工作，缩短设计周期，有利于产品更新换代和 CAD 技术的应用。

2. 在制造方面

有利于组织专业化协作生产，使用专用设备和 CAM 技术，使加工过程和装配过程实现机械化、自动化，在减轻劳动强度的同时，提高产品质量，缩短装配周期，降低生产成本。

3. 在使用和维修方面

可以及时更换已经磨损或损坏的零件，对于某些易损件可以提供备用件，既缩短了维修时间，又能保证维修质量，从而提高机器的利用率，并延长机器的使用寿命。

因而，在机械工业中，遵循互换性原则，对产品的设计、制造、使用和维修都具有重要的技术及经济意义。

1.1.3　互换性的分类

在生产中，互换性按其互换程度可分为完全互换性与不完全互换性。

1. 完全互换性

完全互换性是指一批零部件装配前不经选择，装配时也不需修配和调整，装配后即可满足预定的使用要求。如螺栓、圆柱销等标准件的装配大都属于此类情况。

2. 不完全互换性

当装配精度要求很高时，若采用完全互换将使零件的尺寸公差很小，加工困难，成本很高，甚至无法加工，这时可采用不完全互换法进行生产，将其制造公差适当放大，以便于加工。在完工后，再用量仪将零件按实际尺寸大小分组，按组进行装配。如此，既可保证装配精度与使用要求，又降低了成本。此时，仅是组内零件可以互换，组与组之间不可互换，因此叫分组互换法。

在装配时允许用补充机械加工或钳工修刮办法来获得所需的精度，称为修配法。用移动或更换某些零件以改变其位置和尺寸的办法来达到所需的精度，称为调整法。

不完全互换只限于部件或机构在制造厂内装配时使用。对厂外协作，则往往要求完全互换。究竟采用哪种方式为宜，要由产品精度、产品复杂程度、生产规模、设备条件及技术水平等一系列因素决定。

一般大量生产和成批生产，如汽车、拖拉机厂大都采用完全互换法生产；精度要求很高，如轴承工业，常采用分组装配，即不完全互换法生产；而小批和单件生产，如矿山、冶金等重型机器业，则常采用修配法或调整法生产。

1.2 加工误差、公差及检测

1.2.1 机械加工误差

要保证零件具有互换性，就必须保证零件几何参数的准确性。机械加工后，零件几何参数(尺寸、几何要素的形状和相互位置、轮廓的微观不平程度等)的实际值与设计理想值相符合的程度，称为加工精度。

加工误差是指实际几何参数对其设计理想值的偏离程度。

 特别提示

加工误差越小，加工精度越高。

机械加工误差主要有以下几类。

(1) 尺寸误差。它指零件加工后的实际尺寸对理想尺寸的偏离程度。理想尺寸是指图样上标注的最大、最小两极限尺寸的平均值，即尺寸公差带的中心值。

(2) 形状误差。它指加工后零件的实际表面形状对于其理想形状的差异(或偏离程度)，如圆度、直线度等。

(3) 位置误差。它指加工后零件的表面、轴线或对称平面之间的相互位置对于其理想位置的差异(或偏离程度)，如同轴度、位置度等。

(4) 表面微观不平度。它指加工后的零件表面上由较小间距和峰谷所组成的微观几何形状误差。零件表面微观不平度用表面粗糙度的评定参数值表示。

加工误差是由工艺系统的诸多误差因素所产生的。如加工方法的原理误差，工件装卡定位误差，夹具、刀具的制造误差与磨损，机床的制造、安装误差与磨损，切削过程中的受力、受热变形和摩擦振动，还有毛坯的几何误差及加工中的测量误差等。

例如，直径尺寸为100mm的轴，工作时若与孔相配合，按中等精度要求，它的误差一般不能

超过 0.035mm。须知，一般人的头发直径约为 0.07mm。

又如，车间用的 630mm×400mm 的划线平板，即使是最低等级的 3 级精度平板，它的工作面的平面度误差也不得超过 0.007mm。

再如，普通车床的主轴前顶尖与尾座后顶尖，在装配后应保持等高(轴线重合)，一般它的最大误差不允许超过 0.01mm。

从上述例子可以看出，欲保证产品及其零部件的使用要求，必须将加工误差控制在一定的范围，实际上，只要零部件的几何量误差在规定的范围内变动，就能满足互换性的要求。

1.2.2　几何量公差

加工零件的过程中，由于各种因素(机床、刀具、温度等)的影响，零件的尺寸、形状和表面粗糙度等几何量难以达到理想状态，总是有大或小的误差。但从零件的使用功能看，不必要求零件几何量制造得绝对准确，只要求零件几何量在某一规定的范围内变动，即保证同一规格零部件(特别是几何量)彼此接近。

我们把这个允许零件几何量变动的范围叫作几何量公差。

工件的误差在公差范围内，为合格件；超出了公差范围，为不合格件。误差是在加工过程中产生的，而公差是设计人员给定的。设计者的任务就在于正确地确定公差，并把它在图样上明确地表示出来。这就是说，互换性要用公差来保证。

 特别提示 ┄┄┄

在满足功能要求的条件下，公差应尽量规定得大些，以获得最佳的技术经济效益。

1.2.3　检测工作

完工后的零件是否满足公差要求，要通过检测加以判断。检测包含检验与测量。几何量的检验是指确定零件的几何参数是否在规定的极限范围内，并作出合格性判断，而不必得出被测量的具体数值；测量是将被测量与作为计量单位的标准量进行比较，以确定被测量的具体数值的过程。检测不仅用来评定产品质量，而且用于分析产品不合格的原因，以及时调整生产，监督工艺过程，预防废品产生。检测是机械制造的"眼睛"，也是用户能够得到合格品和优等品，提高企业竞争力与经济效益的重要保证和途径。无数事实证明，产品质量的提高，除设计和加工精度的提高外，往往更有赖于检测精度的提高。

由此可见，合理确定公差并正确进行检测，是保证产品质量、实现互换性生产的两个必不可少的条件和手段。

1.3　标准化与优先数系

1.3.1　标准和标准化

标准化是组织现代化生产的重要手段之一，是实现专业化协作生产的必要前提，是科学管理的重要组成部分。现代制造业生产的特点是规模大、分工细、协作单位多、互换性要求高。为了适应生产中各部门的协调和各生产环节的衔接，必须有一种手段，使分散的、局部的生产部门和生产环节保持必要的统一，成为一个有机的整体，以实现互换性生产。标准与标准化正是联系这种关系的主要途径和手段。在机械工业生产中，标准化是实现互换性生产的基础和前提。

1. 标准

标准是指为了在一定的范围内获得最佳秩序，经协商一致制定并由公认机构批准，共同使用和重复使用的一种规范性文件。标准应以科学、技术和经验的综合成果为基础，以促进最佳的共同效益为目的。标准对于改进产品质量，缩短产品生产制造周期，开发新产品和协作配套，提高社会经济效益，发展社会主义市场经济和对外贸易等有很重要的意义。

2. 标准化

标准化是指为了在一定的范围内获得最佳秩序，对现实问题或潜在的问题制定共同使用和重复使用的条款的活动。标准化是社会化生产的重要手段，是联系设计、生产和使用方面的纽带，是科学管理的重要组成部分。标准化的主要作用在于，为了其预期目的改进产品、过程或服务的适用性，防止贸易壁垒，并促进技术合作。

标准化工作包括制定标准、发布标准、组织实施标准和对标准的实施进行监督的全部活动过程。标准化是一个不断循环而又不断提高其水平的过程。

1.3.2 标准的分类

1. 按标准的适用范围分类

(1) 国家标准：它是指在全国范围内有统一的技术要求时，由国家市场监督管理总局颁布的标准，代号为GB。

(2) 行业标准：它是指在没有国家标准，而又需要在全国某行业范围内统一的技术要求。但在有了国家标准后，该项行业标准即行废止，如机械行业标准(JB)等。

(3) 地方标准：它是指对没有国家标准和行业标准而又需要在省、自治区、直辖市范围内有统一的技术安全、卫生等要求时，由地方政府授权机构颁布的标准。但在公布相应的国家标准或行业标准后，该地方标准即行废止。地方标准的代号为DB。

(4) 企业标准：它是指对企业生产的产品，在没有国家标准和行业标准及地方标准的情况下，由企业自行制定的标准，并以此标准作为组织生产的依据。如果已有国家标准或行业标准及地方标准的，企业也可以制定严于国家标准或行业标准的企业标准，在企业内部使用。企业标准用QB表示。

2. 按标准化活动的范围分类

按标准化活动的范围，可分为国际标准、区域标准、国家标准、行业标准、地方标准、团体标准和企业标准。

国际标准、区域标准、国家标准、地方标准分别由国际标准化的标准组织、区域标准化的标准组织、国家标准机构、在国家的某一区域一级所通过并发布的标准。

试行标准是由某一标准化机构临时采用并公开公布的文件，以便在使用中获得作为标准依据的经验。

3. 按标准化对象的特征分类

按标准化对象的特征，可分为基础标准、产品标准、方法标准和安全、卫生与环境保护标准等。

基础标准是指在一定范围内作为标准的基础并普遍使用，具有广泛指导意义的标准，如极限与配合标准、形位公差标准、渐开线圆柱齿轮精度标准等。基础标准是以标准化共性要求和前提条件为对象的标准，是为了保证产品的结构功能和制造质量而制定的，一般工程技术人员必须采用的通用性标准，也是制定其他标准时可依据的标准。本书所涉及的标准就是基础标准。

4. 按标准的性质分类

按标准的性质，可分为技术标准、工作标准和管理标准。技术标准指根据生产技术活动的经验和总结，作为技术上共同遵守的法规而制定的。

 特别提示

机械行业主要采用的标准有国际标准、国家标准、地方标准、行业标准和企业标准等。国际标准用符号 ISO 表示，ISO 是国际标准化组织的英文缩写。国家标准用符号 GB 表示，GB 是国家标准的汉语拼音字头。国家标准有强制执行的标准(记为 GB)、推荐执行的标准(记为 GB/T)和指导性的标准(记为 GB/Z)。

1.3.3 优先数系

1. 优先数系的概念

在产品设计、制造和使用中，各种产品的尺寸参数和性能参数都需要通过数值来表达。而这个数值会按一定的规律向一切相关的参数指标传播扩散。例如，动力机械功率和转速确定以后，将会传播到机器本身的轴、轴承、齿轮和键等一系列零部件的尺寸和材料特性参数上，同时还会传播到加工和检验这些零件的刀具、夹具、量具和专用机床等相应的参数上。这种技术参数的传播在生产中极为普遍。对产品的技术参数如不加以规定和限制，经过反复传播的参数值，即使只有很小的差别，也会造成尺寸规格的繁复杂乱，以致给组织生产、协作配套、使用维修等带来很多困难，因此规定统一的数值标准，是标准化的重要内容。优先系和优先数就是对各种技术参数的数值进行协调、简化和统一的一种科学的数值标准。

什么样的数系最能满足工程要求呢？

在标准化初期常采用由算术级数构成的数系，即等差数列，如 1，2，3，4，…。其数值是逐渐增长的，但相对差 $\dfrac{a_n - a_{n-1}}{a_{n-1}} \times 100\%$ 不是常数，随着数值的增长，相对差越来越小，造成疏密不均，如小规格太疏、大规格太密的不合理现象。等差数列还有一个缺点，就是经过工程技术上的运算后不再呈现原有规律，如轴径为算术级数 d_1，d_2，d_3，…，则面积 $F_1 = \dfrac{\pi}{4} d_1^2$，$F_2 = \dfrac{\pi}{4} d_2^2$，$F_3 = \dfrac{\pi}{4} d_3^2$，…，显然 F_1，F_2，F_3，…不再是算术级数。

而采用等比数列构成的数系可避免上述缺点，国家标准规定十进制等比数列为优先数系，并规定了 5 个系列，分别用系列符号 R5、R10、R20、R40 和 R80 表示，称为 Rr 系列。其中前 4 个系列是常用的基本系列，而 R80 则作为补充系列，仅用于分级很细的特殊场合。优先数系中的每个数值称为优先数。优先数系的基本系列如表 1-1 所示。

表 1-1　优先数系的基本系列

R5	R10	R20	R40	R5	R10	R20	R40	R5	R10	R20	R40
1.00	1.00	1.00	1.00			2.24	2.24		5.00	5.00	5.00
			1.06				2.36				5.30
		1.12	1.12	2.50	2.50	2.50	2.50			5.60	5.60
			1.18				2.65				6.00
	1.25	1.25	1.25			2.80	2.80	6.30	6.30	6.30	6.30
			1.32				3.00				6.70
		1.40	1.40		3.15	3.15	3.15			7.10	7.10
			1.50				3.35				7.50
1.60	1.60	1.60	1.60			3.55	3.55		8.00	8.00	8.00
			1.70				3.75				8.50
		1.80	1.80	4.00	4.00	4.00	4.00			9.00	9.00
			1.90				4.25	10.00	10.00	10.00	10.00
	2.00	2.00	2.00			4.50	4.50				
			2.12				4.75				

2. 优先数系的特点

优先数系主要有以下特点：

(1) 优先数系是十进制等比数列，其中包含 10 的所有整数幂(…，0.01，0.1，1，10，100，…)。只要知道一个十进段内的优先数值，其他十进段内的数值就可由小数点的前后移位得到。

(2) 优先数系的公比为 $q_r = \sqrt[r]{10}$。优先数在同一系列中，每隔 r 个数，其值增加 10 倍。由表 1-1 可以看出，基本系列 R5、R10、R20、R40 的公比分别为：$q_5 = \sqrt[5]{10} \approx 1.60$、$q_{10} = \sqrt[10]{10} \approx 1.25$、$q_{20} = \sqrt[20]{10} \approx 1.12$、$q_{40} = \sqrt[40]{10} \approx 1.06$。另外，补充系列 R80 的公比为 $q_{80} = \sqrt[80]{10} \approx 1.03$。

(3) 任意相邻两项间的相对差近似不变(按理论值两相对差为一常数)。如 R5 系列约为 60%，R10 系列约为 25%，R20 系列约为 12%，R40 系列约为 6%。由表 1-1 可以明显地看出这一点。

(4) 任意两项的理论值经计算后仍为一个优先数的理论值。计算包括任意两项理论值的积或商，任意一项理论值的正、负整数乘方等。

(5) 优先数系具有相关性。优先数系的相关性表现为：在上一级优先数系中隔项取值，就得到下一系列的优先数系；反之，在下一系列中插入比例中项，就得到上一系列。

3. 优先数系的派生系列

为了使优先数系具有更宽广的适应性，可以从基本系列中，每逢 p 项留取一个优先数，生成新的派生系列，以符号 Rr/p 表示。派生系列的公比为

$$q_{r/p} = q_r^p = \left(\sqrt[r]{10}\right)^p = 10_{p/r}$$

如派生系列 R10/3，就是从基本系列 R10 中，自 1 以后每逢 3 项留取一个优先数而组成的，

即 1.00，2.00，4.00，8.00，16.0，32.0，64.0，…。

4．优先数系的选用规则

优先数系的应用很广泛，它适用于各种尺寸、参数的系列化和质量指针的分级，对保证各种工业产品的品种、规格、系列的合理化分档和协调配套具有十分重要的意义。

选用基本系列时，应遵守先疏后密的规则。即按 R5、R10、R20、R40 的顺序选用；当基本系列不能满足要求时，可选用派生系列，注意应优先采用公比较大和延伸项含有 1 的派生系列；根据经济性和需要量等不同条件，还可分段选用最合适的系列，以复合系列的形式来组成最佳系列。

 特别提示 --

> 一般机械的主要参数，按 R5 或 R10 系列；专用工具的主要尺寸通常按 R10 系列；通用型材、零件及铸件的壁厚等按 R20 系列。

1.4　本课程的作用和任务

本课程是机械类各专业的一门技术基础课，起着连接基础课及其他技术基础课和专业课的桥梁作用，同时也起着联系设计类课程和制造工艺类课程的纽带作用。本课程是从理论性、系统性较强的基础课向实践性、应用性较强的专业课过渡的转折点，其性质决定了它与先修课程有许多不同的地方。

从结构上讲，本课程是由"几何量公差"与"检测技术"两部分组成的。前者属标准化范畴，后者属计量学范畴，是独立的两个系统，但又有一定的联系。

本课程的任务是学习机械设计中怎样正确合理地确定各种零部件的几何量公差与检测方面的基本知识和技能。着重学习测量工具和仪器的测量原理及正确使用方法，掌握一定的测量技术。具体要求如下：

(1) 初步建立互换性的基本概念，熟悉有关公差配合的基本术语和定义。

(2) 了解多种公差标准，重点是圆柱体公差与配合，几何公差以及表面粗糙度标准。

(3) 基本掌握公差与配合的选择原则和方法，学会正确使用各种公差表格，并能完成重点公差的图样标注。

(4) 会正确选择、使用生产现场的常用量具和仪器，能对一般几何量进行综合检测和数据处理。

(5) 建立技术测量的基本概念，具备一定的技术测量知识，能合理、正确地选择量具、量仪并掌握其测量方法。

本课程除课堂教学要讲授检测知识外，为了强化学生的检测技能，可考虑安排专用实验周。此外，为了培养学生的综合运用能力和设计能力，可考虑布置适当的大型作业。

机械设计过程，是从总体设计到零件设计来研究机构运动学问题，即完成对机器的功能、结构、形状、尺寸的设计的过程。为了保证实现从零部件的加工到装配成机器，实现要求的功能，使机器正常运转，还必须对零部件和机器进行精度设计。本课程就是研究精度设计及机械加工误差的有关问题和几何量测量中的一些问题。所以，这也是一门实践性很强的课程。

习 题

一、填空题

1. 要使零件具有互换性，就应该把完工零件的_____控制在规定的公差范围内。

2. 互换性分为_____和不完全互换性两类。

3. 标准按适用范围分为国家标准、_____、地方标准和企业标准。

4. 优先数系中 R5、R10、R20、R40 是_____系列，R80 是补充系列。

5. 优先数系是_____数列。

6. 互换性是指制成的同一规格的一批零部件，不做任何_____、_____或_____，就进行装配，并能保证满足机械产品的一种特性。

7. 互换性按其程度和范围的不同，可分为_____和_____两种。其中_____互换性在生产中得到了广泛应用。

8. 分组装配法属____互换性。其方法是零件加工完成根据零件_____，将制成的零件_____，然后对零件进行装配。

二、判断题

1. 完全互换性适用于装配精度要求较高的场合，而不完全互换性适用于装配精度要求较低的场合。   (   )

2. 完全互换性的装配效率一定高于不完全互换性。   (   )

3. 为了使零件具有完全互换性，必须使各零件的几何尺寸完全一致。   (   )

4. 为了使零件的几何参数具有互换性，必须把零件的加工误差控制在给定的公差范围内。(   )

5. 不经挑选、调整和修配就能相互替换、装配的零件，装配后能满足使用性能要求，就是具有互换性的零件。   (   )

6. 装配时需要调整的零部件属于不完全互换。   (   )

7. 优先数系包含基本系列和补充系列，而派生系列一定是倍数系列。   (   )

8. 保证互换的基本原则是经济地满足使用要求。   (   )

三、选择题

1. 具有互换性的零件应是(   )。
   A. 相同规格的零件   B. 不同规格的零件
   C. 相互配合的零件   D. 形状和尺寸完全相同的零件

2. 某种零件在装配时需要进行修配，则此种零件(   )。
   A. 具有完全互换性   B. 具有不完全互换性
   C. 不具有互换性   D. 无法确定其是否具有互换性

3. 分组装配法属于典型的不完全互换性，它一般使用在(   )。
   A. 加工精度要求很高时   B. 装配精度要求很高时
   C. 装配精度要求较低时   D. 厂际协作或配件的生产

4. 不完全互换性与完全互换性的主要区别在于不完全互换性(   )。
   A. 在装配前允许有附加的选择   B. 在装配时不允许有附加的调整

C. 在装配时不允许适当的修配　　D. 装配精度比完全互换性低

5. 就装配效率来讲，完全互换性与不完全互换性(　　)。

A. 前者高于后者　　　　　　　　B. 前者低于后者

C. 两者相同　　　　　　　　　　D. 无法确定两者的高低

四、思考题

1. 什么是互换性？互换性的优越性有哪些？

2. 互换性的分类有哪些？完全互换和不完全互换有何区别？各用于何种场合？

3. 加工误差、公差、互换性有什么关系？

4. 优先数系有哪些优点？R5、R10、R20、R40 和 R80 系列是什么意思？

5. 自 6 级开始各等级尺寸公差的计算公式为 10i，16i，25i，40i，64i，100i，160i，…。自 3 级开始螺纹公差的等级系数为 0.50，0.63，0.80，1.00，1.25，1.60，2.00。试判断它们各属于何种优先数系的系列(i 为公差单位)。

6. 电动机的转速有(单位 r/min)：375，750，1500，3000，…，试判断它们属于哪个优先数系，公比是多少？

7. 本课程的主要任务是什么？

第 2 章

测量技术基础知识

◇ **学习重点**

    1. 计量器具的分类。

    2. 测量误差的处理。

◇ **学习难点**

    1. 对直接测量、间接测量、绝对测量和相对测量等概念的理解。

    2. 随机误差的分析和处理。

◇ **学习目标**

    1. 了解测量的基本概念及四要素。

    2. 了解长度基准和量值传递的概念。

    3. 掌握检测技术的基本知识，量块的按"等""级"使用。

    4. 掌握量器具的分类和常用的度量指标。

    5. 理解测量方法的分类和特点。

    6. 了解测量误差的应用。

    7. 掌握常用测量器具的使用。

2.1 概　述

2.1.1 检测的基本概念

零件几何量需要通过测量或检验，才能判断其合格与否，只有合格的零件才具有互换性。

1. 测量

测量就是把被测量与具有计量单位的标准量进行比较，从而确定被测量量值的过程。此过程可用公式表示为

$$L=qE \tag{2-1}$$

式中，

L——被测值；

q——比值；

E——计量单位。

式(2-1)表明，任何几何量的量值都由两部分组成：表征几何量的数值和该几何量的计量单位。例如 L=50mm，这里 mm 为长度计量单位，数值 50 则是以 mm 为计量单位时该几何量的数值。

显然，对任一被测对象进行测量，首先要建立计量单位，其次要有与被测对象相适应的测量方法，并且要达到所要求的测量精度。因此，一个完整的几何量测量过程包括被测对象、计量单位、测量方法和测量精度四个要素。

(1) 测量对象。我们研究的测量对象是几何量，即长度、角度、形状、位置、表面粗糙度以及螺纹、齿轮等零件的几何参数。

(2) 计量单位。我国采用的法定计量单位中，长度的计量单位为米(m)，角度的计量单位为弧度(rad)和度(°)、分(′)、秒(″)。在机械零件制造中，常用的长度计量单位是毫米(mm)；在几何量精密测量中，常用的长度计量单位是微米(μm)；在超精密测量中，常用的长度计量单位是纳米(nm)。

(3) 测量方法。指测量时所采用的测量原理、测量器具和测量条件的总和。

(4) 测量精度。指测量结果与被测量真值的一致程度。为了保证测量精度，除了合理地选择测量器具和测量方法，还应正确估计测量误差的性质和大小，以保证测量结果具有较高的置信度。

2. 检验

检验指判断被测量是否在规定的极限范围之内(是否合格)的过程。

3. 检测

检测指测量与检验的总称；是保证产品精度和实现互换性生产的重要前提；是贯彻质量标准的重要技术手段；是生产过程中的重要环节。

2.1.2 长度基准与尺寸传递

1. 长度基准

根据 1983 年第十七届国际计量大会的决议，规定米的定义为：1 米是光在真空中在(1/299 792 458)

秒的时间间隔内所经过的距离。国际计量大会推荐用稳频激光辐射来复现"米"。1985 年 3 月起，我国用碘吸收稳定的 0.663μm 氦氖激光辐射波长作为国家长度基准，其频率稳定度为 1×10^{-9}。国际上少数国家已将频率稳定度提高到 10^{-14}，我国于 20 世纪 90 年代初采用单粒子存储技术，已将辐射频率稳定度提高到 10^{-17} 的水平。

 特别提示

> 计量基准是统一全国量值的最高依据，故对每项测量参数来说，全国只能有一个计量基准，由国务院计量行政部门统一安排，其他部门和单位不能随意建立计量基准。
> 长度计量单位是进行长度测量的统一标准。《中华人民共和国法定计量单位》规定，我国长度的基本单位为米(m)。

2. 尺寸传递

用光波波长作为长度基准，不便于生产中直接应用。为了保证量值统一，必须把长度基准的量值向下传递，即把长度基准逐级传递到生产中使用的各种计量器具和工件上，这就是量值的传递系统，如图 2-1 所示。其中一个是端面量具(量块)系统，另一个是刻线量具(线纹尺)系统。

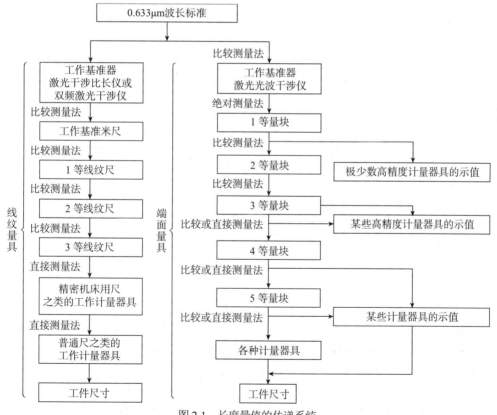

图 2-1　长度量值的传递系统

在计量部门，为了方便，常采用多面棱体作为角度量值基准的量值传递系统，如图 2-2 所示。多面棱体有 4 面、6 面、8 面、12 面、24 面、36 面及 72 面等。

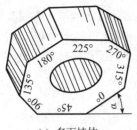
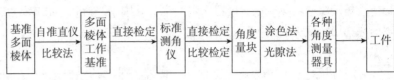

(a) 多面棱体　　　　　　　　　　　(b) 多面棱体在角度量值传递系统中

图 2-2　角度量值的传递系统

2.1.3　量块的基本知识

量块又叫块规，是无刻度的端面量具。它是保持长度单位统一的基本工具。在机械制造中量块可用来检定和校准量具和量仪，相对测量时用于调整量具或量仪的零位；同时量块也可以用作精密测量、精密划线和精密机床调整。

1. 量块的材料、形状和尺寸

量块通常用线胀系数小、性能稳定、不易变形且耐磨性能好的材料制成，如铬锰合金钢等。量块的形状有长方体和圆柱体两种，常用的是长方体，如图 2-3 所示。其上有两个相互平行、非常光洁的工作面，也称测量面，其余 4 个为侧面。对标称长度小于或等于 5.5mm 的量块，代表其标称长度的数码字和制造者商标刻印在一个测量面上，此面即为上测量面，与此相对的面为下测量面，如图 2-3(a)所示。标称长度为 5.5mm～1 000mm 的量块，其标称长度的数码字和制造者商标，刻印在面积较大的一个侧面上。当此面顺向面对观测者放置时，它右边的面为上测量面，左边的面为下测量面，如图 2-3(b)所示。

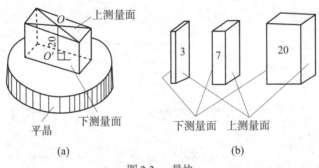

(a)　　　　　　　　　　　　　　(b)

图 2-3　量块

量块上有两个平行的测量面(也是工作面)，这两个测量面极为光滑、平整，具有研合性。量块从一个测量面上的中点到该量块另一测量面相研合的辅助体表面之间的距离称为量块的中心长度 L。量块的标称值 l：按一定比值复现长度单位 m 的量块长度。如标称值为 25mm，其比值是 1:40，复现长度单位 1m 的长度值。量块的标称值一般都刻印在量块上。

量块中心长度与标称长度之间允许的最大偏差为量块长度极限偏差。量块测量面上任意点位置(不包括距测面 0.8mm 的区域)测得的最大长度与最小长度之差的绝对值为量块的长度变动量允许值。

2. 量块的精度等级

按 GB/T 6093—2001 的规定，量块按制造精度(即量块长度的极限偏差和长度变动量允许值)

分为 5 级：K 级、0 级，1 级，2 级，3 级，其中 K 级为校准级，精度为最高级。

表 2-1 量块级的要求

标称长度 l_n/mm	K 级		0 级		1 级		2 级		3 级	
	$\pm t_e$	t_v	$\pm t_e$	t_v	$\pm t_e$	t_v	$\pm t_e$	t_v	$\pm t_e$	t_v
	最大允许值\um									
$l_n \leq 10$	0.20	0.05	0.12	0.10	0.20	0.16	0.45	0.30	1.0	0.50
$10 < l_n \leq 25$	0.30	0.05	0.14	0.10	0.30	0.16	0.60	0.30	1.2	0.50
$25 < l_n \leq 50$	0.40	0.06	0.20	0.10	0.10	0.18	0.80	0.30	1.6	0.55
$50 < l_n \leq 75$	0.50	0.06	0.25	0.12	0.20	0.18	1.00	0.35	2.0	0.55
$75 < l_n \leq 100$	0.60	0.07	0.30	0.12	0.60	0.20	1.20	0.35	2.5	0.60
$100 < l_n \leq 150$	0.80	0.08	0.40	0.14	0.80	0.20	1.60	0.40	3.0	0.65

在计量部门，量块按检定精度(即中心长度测量极限误差和平面平行性允许偏差)分为 5 等：1 等、2 等、3 等、4 等、5 等。其中 1 等最高，精度依次降低，5 等最低。

表 2-2 量块等的要求

标称长度 L_N/mm	1 等		2 等		3 等		4 等		5 等	
	测量不确定度	长度变动量	测量不确定度	长度变动量	测量不确定度	长度变动量	测量不确定度	长度变动量	测量不确定度	长度变动量
$L_N \leq 10$	0.022	0.05	0.06	0.10	0.11	0.16	0.22	0.30	0.6	0.50
$10 < L_N \leq 25$	0.025	0.05	0.07	0.10	0.12	0.16	0.25	0.30	0.6	0.50
$25 < L_N \leq 50$	0.030	0.06	0.08	0.10	0.15	0.18	0.30	0.30	0.8	0.55
$50 < L_N \leq 75$	0.035	0.06	0.09	0.12	0.18	0.18	0.35	0.35	0.9	0.55
$75 < L_N \leq 100$	0.040	0.07	0.10	0.12	0.20	0.20	0.40	0.35	1.0	0.60

注：

1. 距离测量面边缘 0.8mm 范围内不计。

2. 表面测量不确定度置信概率为 0.99。

量块按"级"使用时，应以量块的标称长度作为工作尺寸，该尺寸包括了量块的制造误差。量块按"等"使用时，应以检定后所给出的量块中心长度的实际尺寸作为工作尺寸，该尺寸排除了量块制造误差的影响，仅包含较小的测量误差。因此按"等"使用比按"级"使用时的测量精度高。

按"等"使用量块，在测量上需要加入修正值，虽麻烦一些，但消除了量块尺寸制造误差的影响，便可用制造精度较低的量块进行较精密的测量。

例如，标称长度为 30mm 的 0 级量块，其长度的极限偏差为 ±0.00020mm，若按"级"使用，不管该量块的实际尺寸如何，均按 30mm 计，则引起的测量误差为 0.00020mm。但是，若该量块经检定后，确定为 3 等，其实际尺寸为 30.00012mm，测量极限误差为 ±0.00015mm。显然，按"等"使用，即按尺寸为 30.00012mm 使用的测量极限误差为 ±0.00015mm，比按"级"使用测量精度高。

3. 量块的特性和应用

量块的基本特性除上述的稳定性、耐磨性和准确性之外，还有一个重要特性——研合性。所谓研合性，是指两个量块的测量面相互接触，并在不大的压力下做一些切向相对滑动就能贴附在一起的性质。利用这一特性，把量块研合在一起，便可以组成所需要的各种尺寸。我国生产的成套量块有 91 块、83 块、46 块、38 块等几种规格，每套包括一定数量不同尺寸的量块。表 2-3 列出了成套量块的标称尺寸构成。在使用组合量块时，为了减小量块组合的累积误差，应尽量减少使用的块数，一般不超过 4 块。长度量块的尺寸组合一般采用消尾法，即选用一块量块应消去一位尾数。

表 2-3 成套量块的组合尺寸

套别	总块数	尺寸系列/mm	间隔/mm	块数
1	91	0.5		1
		1		1
		1.001，1.002，…，1.009	0.001	9
		1.01，1.02，…，1.49	0.01	49
		1.5，1.6，…，1.9	0.1	5
		2.0，2.5，…，9.5	0.5	16
		10，20，…，100	10	10
2	83	0.5		1
		1		1
		1.005		1
		1.01，1.02，…，1.49	0.01	49
		1.5，1.6，…，1.9	0.1	5
		2.0，2.5，…，9.5	0.5	16
		10，20，…，100	10	10
3	46	1		1
		1.001，1.002，…，1.009	0.001	9
		1.01，1.02，…，1.09	0.01	9
		1.1，1.2，…，1.9	0.1	9
		2，3，…，9	1	8
		10，20，…，100	10	10
4	38	1		1
		1.005		1
		1.01，1.02，…，1.09	0.01	9
		1.1，1.2，…，1.9	0.1	9
		2，3，…，9	1	8
		10，20，…，100	10	10

选取的方法：应从所需尺寸的最小尾数开始，逐一选取。例如，要组成 38.935mm 的尺寸，最后一位数字为 0.005，因而可采用 83 块一套的量块，则有：

$$38.935$$
$$- \quad 1.005 \qquad ——第一块量块尺寸$$
$$\overline{\qquad\qquad}$$

$$
\begin{array}{r}
37.93 \\
-\quad 1.43 \\
\hline
36.5
\end{array}
\quad\text{——第二块量块尺寸}
$$

$$
\begin{array}{r}
36.5 \\
-\quad 6.5 \\
\hline
30
\end{array}
\quad\text{——第三块量块尺寸}
$$

30　——　第四块量块尺寸

 特别提示 --

　　量块是一种无刻度的标准端面量具。量块按制造精度分为 5 级，按检定精度分为 5 等，且按"等"使用比按"级"使用时的测量精度高。

2.2　测量器具和测量方法的分类

2.2.1　测量器具的分类

　　测量器具(也称计量器具)是测量仪器和测量工具的总称。通常把没有传动放大系统的测量工具称为量具，如游标卡尺、直角尺和量规等；把具有传动放大系统的测量仪器称为量仪，如机械比较仪、测长仪和投影仪等。也可按其测量原理、结构特点及用途等，把测量器具分为以下 4 类。

1. 基准量具

　　基准量具指在测量中用来校对和调整其他计量器具或作为标准来与被测工件进行比较的量具，如基准米尺、量块、直角尺和线纹尺等。

2. 极限量规

　　极限量规是一种没有刻度的，用以检验零件尺寸或形状、相互位置的专用检验工具。它只能判断零件是否合格，而不能读出具体尺寸，如光滑极限量规、螺纹量规等。

3. 检验夹具

　　检验夹具是一种专用的检验工具，当配合各种比较仪使用时，可方便地检验更多和更复杂的参数。例如，检验滚动轴承用的各种检验夹具，可同时测出轴承套圈的尺寸和径向或端面跳动等。

4. 通用测量器具

　　通用测量器具指将被测量转换成可直接观测的指示值或等效信息的测量工具。它有下列几种类型。

　　(1) 游标量具：游标卡尺、游标高度尺及游标量角器等。

　　(2) 螺旋测微量具：内、外径千分尺、深度千分尺等。

　　(3) 机械量仪：它是用机械传动方法实现信息转换的量仪，如杠杆齿轮比较仪、扭簧比较仪等。

　　(4) 光学量仪：它是用光学方法实现信息转换的仪器，如比较仪、测长仪、投影仪、干涉仪等。

　　(5) 气动量仪：它是通过气动系统的流量或压力变化实现原始信号转换的仪器，如压力表式气动量仪、浮标式气动量仪等。

(6) 电动量仪：它是将原始信号转换为电学参数的量仪，如电感式比较仪、电动轮廓仪等。

2.2.2 计量器具的常用度量指标

度量指标用来说明计量器具的性能和功用。它是选择和使用计量器具，研究和判断测量方法正确性的依据。为了便于设计、检定、使用测量器具，统一概念，保证测量精确度，通常对测量器具规定了如下度量指标：

(1) 标尺间距(a)。指计量器具的刻度尺或分度盘上相邻两刻线之间的距离。为了便于目视估计，一般标尺间距为1～2.5mm。

(2) 分度值(i)，又称刻度值，是指在测量器具的标尺或分度盘上，相邻两刻线间所代表的被测量的量值。例如，千分表的分度值为0.001mm，百分表的分度值为0.01mm。对于数显式仪器，其分度值称为分辨率。

 特别提示

一般来说，分度值越小，计量器具的精度越高。

(3) 示值范围(b)。指计量器具标尺或刻度上所显示或指示的最小值到最大值的范围。例如，机械比较仪的示值范围为±100μm。

(4) 测量范围(B)。指计量器具所能测量零件的最小值到最大值的范围。例如，某一机械比较仪的测量范围为0～180mm。

(5) 灵敏度(S)。指计量器具对被测几何量微小变化的回应变化能力。若被测几何量的变化为Δx，该几何量引起计量器具的响应变化能力为ΔL，则灵敏度 $S=\Delta L/\Delta x$。

当上式中分子和分母为同种量时，灵敏度也被称为放大比(K)或放大倍数，其数值等于标尺间距 a 与分度值 i 之比，即 $K=a/i$。

 特别提示

一般来说，分度值 i 越小，则计量器具的灵敏度就越高。

(6) 示值误差。指计量器具上的示值与被测几何量的真值的代数差。计量器具的示值允许值可从其使用说明书或检定规程中查得，也可用标准件检定出来。

 特别提示

一般来说，示值误差越小，则计量器具的精度就越高。

(7) 修正值。指为了消除或减少系统误差，用代数法加到测量结果上的数值，其大小与示值误差的绝对值相等，而符号相反。例如，示值误差为-0.004mm，则修正值为+0.004mm。

(8) 测量重复性。指在相同的测量条件下，对同一被测几何量进行多次测量时，各测量结果之间的一致性。重复性通常以测量重复性误差的极限值(正、负偏差)来表示。

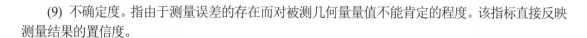

(9) 不确定度。指由于测量误差的存在而对被测几何量量值不能肯定的程度。该指标直接反映测量结果的置信度。

2.2.3　测量方法的分类

为便于根据被测件的特点和要求选择合适的测量方法，可以按照测量数值的获得方式的不同，将测量方法分为以下几种类型。

1. 按所获得被测结果的方法不同，分为直接测量和间接测量。

(1) 直接测量。指直接从计量器具上获得被测量的量值的测量方法。例如，用游标卡尺、千分尺或比较仪测量零件的直径或长度，如图 2-4 所示。

(2) 间接测量。指测量与被测量有一定函数关系的量，然后通过函数关系算出被测量的测量方法。图 2-5 所示是用间接法测量壁厚。

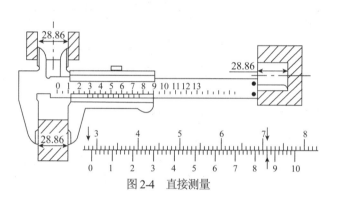

图 2-4　直接测量

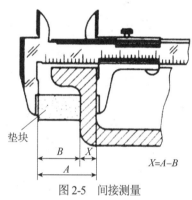

图 2-5　间接测量

 特别提示

为减少测量误差，一般采用直接测量，必要时才采用间接测量。

2. 按读数值是否为被测量的整个量值，分为绝对测量和相对测量。

(1) 绝对测量。指被测量的全值从计量器具的读数装置直接读出。例如，用游标卡尺、千分尺测量零件，其尺寸由刻度尺上直接读出。如图 2-6 所示，用千分尺测得轴径为 14.675mm。

(2) 相对测量。又称比较测量，是指从计量器具上仅读出被测量对已知标准量的偏差值，而被测量的量值为计量器具的示值与标准量的代数和。例如，用比较仪测量时，先用量块调整仪器零位，然后测量被测量，所获得的示值就是被测量相对于量块尺寸的偏差，如图 2-7 所示。

 特别提示

一般来说，相对测量的测量精度比绝对测量的测量精度高。

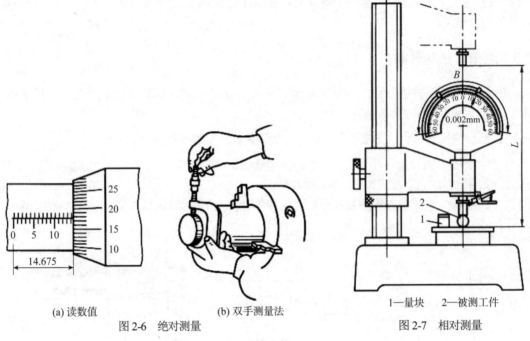

(a) 读数值　　　　　　　(b) 双手测量法　　　　　　　　1—量块　　2—被测工件

图 2-6　绝对测量　　　　　　　　　　　图 2-7　相对测量

3. 按被测表面与计量器具的测量头是否有机械接触，分为接触测量和非接触测量。

(1) 接触测量。指计量器具在测量时，其测头(测片)与被测表面直接接触的测量。图 2-8 所示为用塞尺测量间隙。

(2) 非接触测量。指计量器具的测头与被测表面不接触的测量。图 2-9 所示为用压痕法测量螺距。

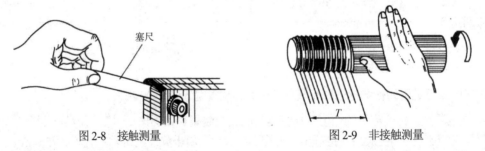

图 2-8　接触测量　　　　　　　　　　　图 2-9　非接触测量

 特别提示 --

　　接触测量有测量力，会引起被测表面和计量器具有关部位产生弹性变形，因而影响测量精度，非接触测量则无此影响。

4. 按同时测量参数的多少，分为单项测量和综合测量。

(1) 单项测量。指分别测量工件的各个参数的测量，如分别测量螺纹的中径、螺距和牙型半角。图 2-10 所示为用螺纹千分尺测量螺纹实际单一中径。

(2) 综合测量。指同时测量工件上某些相关的几何量的综合结果，以判断综合结果是否合格。如用螺纹通规检验螺纹的单一中径、螺距和牙型半角实际值的综合结果，即作用中径，如图 2-11 所示。

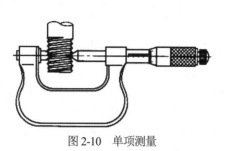

图 2-10　单项测量

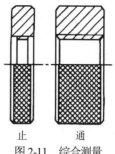

止　　通

图 2-11　综合测量

 特别提示

　　单项测量的效率比综合测量低，但单项测量结果便于进行工艺分析。

5. 按测量在加工过程中所起的作用，分为主动测量和被动测量。

(1) 主动测量。指在加工过程中对零件的测量，其测量结果用来控制零件的加工过程，从而及时防止废品的产生。图 2-12 所示为用千分尺测量燕尾导轨的平行度。

(2) 被动测量。指在加工后对零件进行的测量。其测量结果只能判断零件是否合格，仅限于发现并剔除废品。

 特别提示

　　主动测量使检测与加工过程紧密结合，以保证产品质量。被动测量是验收产品时的一种检测。

6. 按被测量在测量过程中所处的状态，分为静态测量和动态测量。

(1) 静态测量。指在测量时被测表面与计量器具的测量头处于静止状态，如用游标卡尺、千分尺测量零件的尺寸等。图 2-13 所示为用齿厚游标卡尺测量法向齿厚。

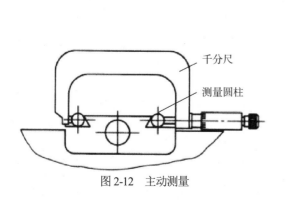

千分尺

测量圆柱

图 2-12　主动测量

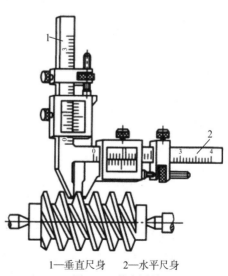

1—垂直尺身　　2—水平尺身

图 2-13　静态测量

(2) 动态测量。指测量时被测表面与计量器具的测量头之间处于相对运动状态的测量方法,如用电动轮廓仪测量表面粗糙度等。

7. 按决定测量结果的全部因素或条件是否改变,分为等精度测量和不等精度测量。

(1) 等精度测量。指决定测量精度的全部因素或条件都不变的测量。例如,由同一人员,使用同一台仪器,在同样的条件下,以同样的方法和测量次数,同样仔细地测量同一个量值的测量。

(2) 不等精度测量。指在测量过程中,决定测量精度的全部因素或条件可能完全改变或部分改变的测量。例如,上述的等精度测量当改变其中之一或几个甚至全部条件或因素的测量。

特别提示 ---

一般情况下采用等精度测量。

2.3 测量误差

2.3.1 测量误差的概念

对于任何测量过程来说,由于计量器具和测量条件的限制,不可避免地会出现或大或小的测量误差。因此,每一个实际测得值,往往只是在一定程度上接近被测几何量的真值,这种实际测得值与被测几何量的真值之差称为测量误差。测量误差可以用绝对误差或相对误差来表示。

1. 绝对误差

绝对误差 δ 是指被测几何量的测得值 x 与其真值 x_0 之差的绝对值,即

$$\delta = x - x_0 \tag{2-2}$$

绝对误差可能是正值,也可能是负值。这样,被测几何量的真值可以表示为

$$x_0 = x \pm |\delta| \tag{2-3}$$

按照式(2-3),可以由测得值和测得误差来估计真值存在的范围。测得误差的绝对值越小,则被测几何量的测得值就越接近真值,就表明测量精度越高;反之,则表明测量精度越低。对于大小不相同的被测几何量,用绝对误差测量精度不方便,所以需要用相对误差来表示或比较它们的测量精度。

2. 相对误差

相对误差是指绝对误差 δ(取绝对值)与真值之比,即 $f=|\delta|/x_0$。由于 x_0 无法得到,因此在实际应用中常以被测量的测得值 x 代替真值 x_0 进行估算,则有

$$f \approx |\delta|/x \tag{2-4}$$

式中,

f ——相对误差。

相对误差是一个无量纲的值,通常用百分比来表示。例如,测量某两个轴颈尺寸分别为20mm和200mm,它们的绝对误差都为0.02mm;但是,它们的相对误差分别为:

$$f_1 = 0.02/20 = 0.1\%$$
$$f_2 = 0.02/200 = 0.01\%$$

故前者的测量精度比后者低,相对误差比绝对误差能更好地说明测量的精确程度。

 特别提示 -

　　被测量的公称值相同时,可用绝对误差比较测量精度的高低;被测量公称值不同时,则用相对误差比较测量精度的高低。

2.3.2　测量误差的来源

　　由于测量误差的存在,测得值只能近似地反映被测几何量的真值。为减小测量误差,须分析产生测量误差的原因,以便提高测量精度。在实际测量中,产生测量误差的因素很多,归纳起来主要有以下几个方面。

1. 计量器具误差

　　指计量器具本身所具有的误差,包括计量器具的设计、制造和使用过程中的各项误差,这些误差综合反映在计量器具的示值误差和测量的重复性上。

　　设计计量器具时,为了简化结构而采用近似设计的方法会产生测量误差。例如,当设计的计量器具不符合阿贝原则时会产生测量误差。

　　阿贝原则是指测量长度时,应使被测零件的尺寸线(简称被测线)和量仪中作为标准的刻度尺(简称标准线)重合或顺次排成一条直线。例如,千分尺的标准线(测微螺杆轴线)与工件被测线(被测直径)在同一条直线上,而游标卡尺作为标准长度的刻度尺与被测直径不在同一条直线上。一般符合阿贝原则的测量引起的测量误差很小,可以略去不计。不符合阿贝原则的测量引起的测量误差较大。所以,用千分尺测量轴径要比用游标卡尺测量轴径的测量误差更小,即测量精度更高。

　　计量器具零件的制造和装配误差也会产生测量误差。例如,标尺的刻线距离不准确、指示表的分度盘与指针回转轴的安装有偏心等皆会产生测量误差。计量器具在使用过程中零件的变形等会产生测量误差。此外,相对测量时使用的标准量(如长度量块、线纹尺等)的制造误差也会产生测量误差。

2. 测量方法误差

　　指测量方法不完善所引起的误差,包括计算公式不准确、测量方法选择不当、测量基准不统一、工件安装不合理以及测量力等引起的误差。例如,在接触测量中,由于测头测量力的影响,使被测零件和测量装置发生变形而产生测量误差。

3. 测量环境误差

　　指测量时的环境条件不符合标准条件所引起的误差。环境条件是指湿度、温度、振动、照明、电磁场、气压和灰尘等。其中,温度对测量结果的影响最大。

4. 人员误差

　　指测量人员的主观因素所引起的误差。例如,测量人员技术不熟练、视觉偏差、估读判断错误等引起的误差。

　　总之,造成测量误差的因素很多,有些误差是不可避免的,有些误差是可以避免的。测量时

应采取相应的措施，设法减小或消除它们对测量结果的影响，以保证测量的精度。

2.3.3　测量误差的分类

按测量误差的特点和性质，可将测量误差分为系统误差、随机误差和粗大误差三类。

1. 系统误差

指在一定测量条件下，多次测取同一量值时，绝对值和符号均保持不变的测量误差，或者绝对值和符号按某一规律变化的测量误差。前者称为定值系统误差，后者称为变值系统误差。例如，在比较仪上用相对法测量零件尺寸时，调整量仪所用量块的误差就会引起定值系统误差；量仪的分度盘与指针回转轴偏心所产生的示值误差会引起变值系统误差。

根据系统误差的性质和变化规律，系统误差可以用计算或实验对比的方法确定，用修正值(校正值)从测量结果中予以消除。但在某些情况下，系统误差由于变化规律比较复杂，不易确定，因而难以消除。

2. 随机误差

指在一定测量条件下，多次测量同一量值时，绝对值和符号以不可预定的方式变化的测量误差。它是由于测量中的不稳定因素综合形成的，是不可避免的。例如，测量过程中温度的波动、振动、测量力的不稳定、量仪的示值变动、读数不一致等引起的测量误差，都属于随机误差。

对于某一次测量而言，随机误差的绝对值和符号无法预先知道。但对于连续多次重复测量来说，随机误差符合一定的概率统计规律，因此，可以应用概率论和数理统计的方法对它进行处理。

系统误差和随机误差的划分并不是绝对的，它们在一定的条件下是可以相互转化的。例如，按一定公称尺寸制造的量块总存在着制造误差，对某一具体量块来讲，可认为该制造误差是系统误差，但对一批量块而言，制造误差是变化的，可以认为它是随机误差。在使用某一量块时，若没有检定该量块的尺寸偏差，而按量块的标称尺寸使用，则制造误差属随机误差；若检定出该量块的尺寸偏差，按量块的实际尺寸使用，则制造误差属系统误差。掌握误差转化的特点，可根据需要将系统误差转化为随机误差，用概率论和数理统计的方法来减小该误差的影响；或将随机误差转化为系统误差，用修正的方法减小该误差的影响。

3. 粗大误差

指由于主观疏忽大意或客观条件发生突然变化而产生的误差，该类误差会明显超出规定条件下预计的测量误差。在正常情况下，一般不会产生这类误差。例如，由于操作者的粗心大意，在测量过程中看错、读错、记错以及突然的冲击振动而引起的测量误差。通常情况下，这类误差的数值都比较大，使测量结果明显歪曲。在测量中，应避免或剔除粗大误差。

2.3.4　测量精度分类

测量精度是指被测几何量的测得值与其真值的接近程度。它和测量误差是从两个不同角度说明同一概念的术语。测量误差越大，则测量精度就越低；测量误差越小，则测量精度就越高。为了反映系统误差和随机误差对测量结果的不同影响，测量精度可分为以下 3 种。

(1) 精密度。精密度反映测量结果受随机误差的影响程度。它是指在一定测量条件下连续多次测量所得的测得值之间相互接近的程度。随机误差小，则精密度高，如图 2-14(a)所示。

(2) 正确度。正确度反映测量结果受系统误差的影响程度。系统误差小，则正确度高，如图 2-14(b)所示。

(3) 准确度。准确度反映测量结果同时受系统误差和随机误差的综合影响程度。若系统误差和随机误差都小，则准确度高，如图 2-14(c)所示。

对于一个具体的测量，精密度高，正确度不一定高；正确度高，精密度也不一定高；精密度和正确度都高的测量，准确度就高；精密度和正确度当中有一个不高时，准确度就不高。

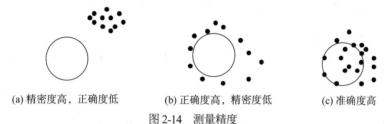

(a) 精密度高，正确度低　　　(b) 正确度高，精密度低　　　(c) 准确度高

图 2-14　测量精度

2.4　各类测量误差的处理

在相同的测量条件下，通过对某一被测几何量进行连续多次的重复测量，得到一系列的测量数据(测得值)——测量列。测量列中可能同时存在随机误差、系统误差和粗大误差，因此，必须对该测量列进行数据处理，以消除或减小测量误差的影响，提高测量精度。

2.4.1　测量列中随机误差的处理

随机误差不可能被修正或消除，但可应用概率论与数理统计的方法，估计出随机误差的大小和规律，并设法减小其影响。

1. 随机误差的特性及分布规律

通过对大量测试实验资料进行统计后发现，随机误差通常服从正态分布规律(随机误差还存在其他规律的分布，如等概率分布、三角分布、反正弦分布等)，其正态分布曲线如图 2-15 所示(横坐标表示随机误差 δ，纵坐标表示随机误差的概率密度 y)。

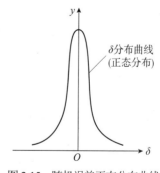

图 2-15　随机误差正态分布曲线

从随机误差的正态分布曲线图中可以看出，随机误差具有以下 4 个特性。

(1) 单峰性。绝对值小的随机误差出现的概率比绝对值大的随机误差出现的概率大。随机误差为零时，概率最大，存在一个最高点。

(2) 对称性。绝对值相等、符号相反的随机误差出现的概率相等。

(3) 有界性。在一定的测量条件下，随机误差的绝对值不会超出一定的界限。

(4) 抵偿性。在一定的测量条件下，多次重复进行测量各次随机误差的代数和趋近于零。

正态分布曲线可用数学表达式表示为：

$$y = f(\delta) = \frac{1}{\sigma\sqrt{2\pi}} e^{\frac{\delta^2}{2\sigma^2}} \tag{2-5}$$

式中：y ——概率密度函数；

$\quad\quad\ \delta$ ——随机误差；

$\quad\quad\ \sigma$ ——标准偏差(均方根误差)；

$\quad\quad\ $ e ——自然对数的底，e $= 2.71828\cdots$。

2. 随机误差的标准偏差 σ

从式(2-5)中可以看出，概率密度 y 与随机误差 δ 及标准差 σ 有关。当 $\delta=0$ 时，概率密度 y 最大，即 $y_{max} = \dfrac{1}{\sigma\sqrt{2\pi}}$。显然，概率密度最大值 y_{max} 是随标准偏差 σ 变化的。标准偏差 σ 越小，y_{max} 值越大，曲线越陡，随机误差分布越集中，表示测量精度就越高；反之，标准偏差 σ 越大，分布曲线就越平坦，随机误差的分布就越分散，表示测量精度就越低。随机误差的标准偏差 σ 可用下式计算：

$$\sigma = \sqrt{\frac{\delta_1^2 + \delta_2^2 + \cdots + \delta_n^2}{n-1}} = \sqrt{\frac{\sum\limits_{i=1}^{n}\delta_i^2}{n-1}} \tag{2-6}$$

式中：n ——测量次数；

$\quad\quad\ \delta_i$ ——随机误差。

标准偏差 σ 是反映测量列中测得值分散程度的一项指标，它表示的是测量列中单次测量值(任一测得值)的标准偏差。

3. 随机误差的极限值 δ_{lim}

由随机误差的有界性可知，随机误差不会超过某一范围。随机误差的极限值是指测量极限误差，也就是测量误差可能出现的极限值。

在多种情况下，随机误差呈正态分布，由概率论可知，正态分布曲线和横坐标轴间所包含的面积等于所有随机误差出现的概率总和。若随机误差落在整个分布范围$(-\infty \sim +\infty)$内，则其概率 P 为 1，即 $P = \int_{-\infty}^{+\infty} y \mathrm{d}\delta = 1$。实际上随机误差落在$(-\delta \sim +\delta)$之间，其概率<1，即 $P = \int_{-\infty}^{+\infty} y \mathrm{d}\delta < 1$。为化成标准正态分布，便于求出 $P = \int_{-\infty}^{+\infty} y \mathrm{d}\delta$ 的积分值(概率值)，其概率积分计算过程如下：

引入 $t = \dfrac{\delta}{\sigma}$，$\mathrm{d}t = \dfrac{\mathrm{d}\delta}{\sigma}$，

则
$$P = \int_{-\infty}^{+\infty} y \mathrm{d}\delta$$

$$= \int_{-\sigma t}^{+\sigma t} \frac{1}{\sigma\sqrt{2\pi}} e^{-\frac{t^2}{2}} \sigma \mathrm{d}t$$

$$= \frac{1}{\sqrt{2\pi}} \int_{-\sigma}^{+\sigma} e^{-\frac{t^2}{2}} dt$$

$$= \frac{2}{\sqrt{2\pi}} \int_{0}^{+\sigma t} e^{-\frac{t^2}{2}} dt \qquad (\text{对称性})$$

再令 $P=2\varphi(t)$，

则有 $\varphi(t) = \frac{1}{\sqrt{2\pi}} \int_{0}^{+\sigma t} e^{-\frac{t^2}{2}} dt$。

该函数称为拉普拉斯函数，也称概率函数积分。常用的 $\varphi(t)$ 数值列在表 2-4 中。选择不同的 t 值，就对应有不同的概率，测量结果的可信度也就不一样。随机误差在 $\pm t\sigma$ 范围内出现的概率称为置信概率，t 称为置信因子或置信系数。在几何量中，通常取置信因子 $t=3$，则置信概率 $P=2\varphi(t)=99.73\%$。亦即超出 $\pm 3\sigma$ 的概率为 $(1-99.73\%)=0.27\%\approx 1/370$。在实际测量中，测量次数一般不会多于几十次。随机误差超出 3σ 的情况实际上很少出现。所以取测量极限误差为 $\delta_{lim}=\pm 3\sigma$。δ_{lim} 也表示测量列中单次测量值的测量极限误差。

表 2-4　4 个特殊 t 值对应的概率

t	$\delta = \pm t\sigma$	不超出 $|\delta|$ 的概率 $P=2\varphi(t)$	超出 $|\delta|$ 的概率 $a=1-2\varphi(t)$
1	1σ	0.6826	0.3174
2	2σ	0.9544	0.0456
3	3σ	0.9973	0.0027
4	4σ	0.9936	0.00064

例如某次测量的测得值为 30.002mm，若已知标准偏差 $\sigma=0.0002$mm，置信概率取 99.73%，则测量结果应为 (30.002 ± 0.0006)mm。

4. 随机误差的处理步骤

由于被测几何量的真值未知，所以不能直接计算求得标准偏差 σ 的数值。在实际测量时，当测量次数 N 充分大时，随机误差的算术平均值趋于零，便可以用测量列中各个测得值的算术平均值代替真值，并估算出标准偏差，进而确定测量结果。

在假定测量列中不存在系统误差和粗大误差的前提下，可按下列步骤对随机误差进行处理。

(1) 计算测量列中各个测得值的算术平均值。设测量列的测得值为 x_1，x_2，x_3，…，x_n，则算术平均值为

$$\overline{x} = \frac{\sum_{i=1}^{n} x_i}{n} \qquad (2-7)$$

(2) 计算残余误差。残余误差 v_i 即测得值与算术平均值之差，一个测量列对应着一个残余误差列

$$v_i = x_i - \overline{x} \qquad (2-8)$$

残余误差具有两个基本特性：①残余误差的代数和等于零，即 $\sum v_i=0$；②残余误差的平方和

为最小，即 $\sum v_i^2$ 为最小。由此可见，用算术平均值作为测量结果是合理可靠的。

(3) 计算标准偏差(即单次测量精度 σ)。在实用中，常用贝塞尔(Bessel)公式计算标准偏差，贝塞尔公式为

$$\sigma = \sqrt{\frac{\sum\limits_{i=1}^{n} v_i^2}{n-1}} \tag{2-9}$$

若需要，可以写出单次测量结果表达式为

$$x_{ei} = x_i \pm 3\sigma$$

(4) 计算测量列的算术平均值的标准偏差 $\sigma_{\bar{x}}$。若在一定的测量条件下，对同一被测几何量进行多组测量(每组皆测量 n 次)，则对应每组 n 次测量都有一个算术平均值，各组的算术平均值不相同。不过，它们的分散程度要比单次测量值的分散程度小得多。描述它们的分散程度同样可以用标准偏差作为评定指标。根据误差理论，测量列算术平均值的标准偏差 $\sigma_{\bar{x}}$ 与测量列单次测量值的标准偏差 σ 存在如下关系：

$$\sigma_{\bar{x}} = \frac{\sigma}{\sqrt{n}} \tag{2-10}$$

显然，多次测量结果的精度比单次测量的精度高，即测量次数越多，测量精密度就越高。在图 2-16 中曲线也表明测量次数越多越好，一般取 $n > 10$(15 次左右)为宜。

(5) 计算测量列算术平均值的测量极限误差 $\delta_{\lim(\bar{x})}$。

$$\delta_{\lim(\bar{x})} = \pm 3\sigma_{\bar{x}} \tag{2-11}$$

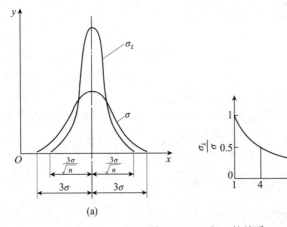

(a)   (b)

图 2-16 $\sigma_{\bar{x}}$ 与 σ 的关系

(6) 写出多次测量所得结果的表达式 x_e

$$x_e = \bar{x} \pm 3\sigma_{\bar{x}} \tag{2-12}$$

并说明置信概率为 99.73%。

2.4.2　测量列中系统误差的处理

系统误差是指在一定测量条件下，多次测量同一量时，误差的大小和符号均保持不变或按一定规律变化的误差。在实际测量中，系统误差对测量结果的影响是不能忽视的。提示系统误差出现的规律性，消除系统误差对测量结果的影响，是提高测量精度的有效措施。

1. 发现系统误差的方法

在测量过程中产生系统误差的因素是复杂多样的，查明系统误差的所有产生原因是很困难的事情。同时也不可能完全消除系统误差的影响。

发现系统误差必须根据具体测量过程和计量器具进行全面而仔细的分析，但目前还没有能够找到可以发现各种系统误差的方法，下面只介绍适用于发现某些系统误差常用的两种方法。

(1) 实验对比法。指通过改变产生系统误差的测量条件，进行不同测量条件下的测量来发现系统误差。这种方法适用于发现定值系统误差。例如，量块按标称尺寸使用时，在测量结果中，就存在着由于量块尺寸偏差而产生的大小和符号均不变的定值系统误差，重复测量也不能发现这一误差，只有用另一块更高等级的量块进行对比测量，才能发现它。

(2) 残差观察法。指根据测量列的各个残差大小和符号的变化规律，直接由残差数据或残差曲线图形来判断有无系统误差，这种方法主要适用于发现大小和符号按一定规律变化的变值系统误差。根据测量先后顺序，将测量列的残差作图，如图 2-17 所示，观察残差的规律。若残差大体上正、负相间，又没有显著变化，就认为不存在变值系统误差，如图 2-17(a)所示；若残差按近似的线性规律递增或递减，就可判断存在着线性系统误差，如图 2-17(b)所示；若残差的大小和符号有规律地周期变化，就可判断存在着周期性系统误差，如图 2-17(c)所示。但是残差观察法在测量次数不是足够多时，也有一定的难度。

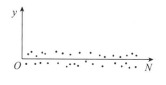
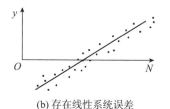
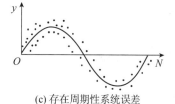

(a) 不存在变值系统误差　　　　　(b) 存在线性系统误差　　　　　(c) 存在周期性系统误差

图 2-17　变值系统误差的发现

2. 系统误差的消除

在实际测量中，应设法避免产生系统误差。如果难以避免，则应设法加以消除或减小系统误差。消除和减小系统误差的方法有以下几种。

(1) 从产生系统误差的根源消除。

从产生系统误差的根源消除系统误差是最根本的方法。例如调整好仪器的零位，正确选择测量基准，保证被测件和仪器都处于标准温度条件等。

(2) 用加修正值的方法消除。

对于标准量具或标准件或计量器具的刻度，都可事先用更精密的标准件检定其实际值与标称示值的偏差，然后将此偏差以其反号作为修正值加进测量结果中予以消除。

(3) 用抵消法消除。

若用两种测量法测量，产生的系统误差的符号相反，大小相等或相近，则可以用这两种测量

方法所得结果的算术平均值作为结果，从而消除系统误差。例如，用水平仪测量某一平面倾角，由于水平仪气泡原始零位不准确而产生系统误差为正值，若将水平仪调头再测一次，则产生系统误差为负值，且大小相等，因此可取两次读数之算术平均值作为结果。

(4) 利用被测量之间的内在联系消除。

有些被测量各测量值之间存在必然的关系。例如，多面棱体的各角度之和为封闭的，即$360°$，因此在用自准仪检定其各面角度时，可根据其各角度之和为$360°$这一封闭条件，消除检定中的系统误差。又如，在用调节仪(齿距仪)按相对法测量齿轮的齿距累积偏差时，可根据齿轮从第一个齿距偏差累积到最后一个齿距偏差时，其累积偏差应为零这一关系，来修正测量时的系统误差。

总之，消除和减小系统误差的关键是找出产生误差的根源和规律。实际上，系统误差不可能完全消除。一般来说，系统误差若能减小到使其影响相当于随机误差的程度，则可认为已被消除。

2.4.3 测量列中粗大误差的处理

粗大误差的特点是数值比较大，对测量结果产生明显的歪曲，应从测量数据中将其剔除。剔除粗大误差不能凭主观臆断，应根据判断粗大误差的准则予以确定。判断粗大误差常用拉依达准则(又称3σ准则)。所谓3σ准则，即在测量中，凡是测量值与算术平均值之差(也叫残余误差)的绝对值大于标准偏差σ的3倍，即认为该测量值中含有粗大误差，即应从测量值中将其剔除。

该准则的依据主要来自随机误差的正态分布规律。从随机误差的特性中可知，测量误差越大，出现的概率越小，误差的绝对值超过$\pm 3\sigma$的概率仅为0.27%，认为是不可能出现的。因此，凡绝对值大于3σ的残差，就看作粗大误差而予以剔除。其判断式为：

$$|v_i| > 3\sigma$$

剔除具有粗大误差的测量值后，应根据剩下的测量值重新计算σ，然后再根据3σ准则去判断剩下的测量值中是否还存在粗大误差。每次只能剔除一个，直到剔除完为止。

 特别提示

当测量次数n小于10次时，不能使用拉依达准则。

2.4.4 数据处理举例

例如：用立式光学计对某轴同一部位进行12次等精度测量，测得数值见表2-5，假设已消除了定值系统误差，试求其测量结果。

表2-5 测量数值计算结果表

序号	测得值 x_i/mm	残差 $v_i = x_i - \bar{x}$ /μm	残差的平方 v_i^2 /(μm)^2
1	28.784	−3	9
2	28.789	+2	4
3	28.789	+2	4
4	28.784	−3	9
5	28.788	+1	1

(续表)

序号	测得值 x_i/mm	残差 $v_i = x_i - \bar{x}$ /μm	残差的平方 v_i^2 /(μm)^2
6	28.789	+2	4
7	28.786	−1	1
8	28.788	+1	1
9	28.788	+1	1
10	28.785	−2	4
11	28.788	+1	1
12	28.786	-1	1
	$\bar{x}$=28.878	$\sum_{i=1}^{12} v_i = 0$	$\sum_{i=1}^{12} v_i^2 = 40$

注: 1. 残差的单位为 μm。

　　2. 残差的平方为(μm)^2。

解：

(1) 计算算术平均值。

$$\bar{x} = \frac{1}{n}\sum_{i=1}^{n} x_i = \frac{1}{12}\sum_{i=1}^{12} x_i = 28.787(\text{mm})$$

(2) 计算残差。

$$v_i = x_i - \bar{x}$$

同时计算出 v_i^2 和累加值，见表 2-5。

(3) 判断变值系统误差。根据残差观察法判断，测量列中的残差大体上正负相间，无明显的变化规律，所以认为无变值系统误差。

(4) 计算单次测量的标准偏差。

$$\sigma = \sqrt{\frac{\sum_{i=1}^{n} v_i^2}{n-1}} = \sqrt{\frac{40}{11}} = 1.9(\mu m)$$

(5) 判断粗大误差。由标准偏差求得粗大误差的界限 $v_i < 3\sigma = 5.7\mu m$，故不存在粗大误差。

(6) 计算算术平均值(即多次测量)的标准偏差。

$$\sigma_{\bar{x}} = \frac{\sigma}{\sqrt{n}} = \frac{1.9}{\sqrt{12}} = 0.55(\mu m)$$

此时可求出测量列算术平均值的测量极限误差为

$$\delta_{\lim(\bar{x})} = \pm 3\sigma_{\bar{x}} = 0.0016(\text{mm})$$

(7) 写出测量结果 x_0。

$$x_0 = \bar{x} \pm 3\sigma_{\bar{x}} = 28.787 \pm 0.0016(\text{mm})$$

此时的置信概率为 99.73%。

2.5 常用测量器具

2.5.1 测量长度尺寸的常用量具

1. 游标量具

游标量具是一种常用量具，具有结构简单、使用方便、测量范围大等特点。常用的长度游标量具有游标卡尺、深度游标卡尺和高度游标卡尺等，它们的读数原理相同，只是在外形、结构上有所差异。

1) 游标卡尺的结构和用途

游标卡尺的种类较多，最常用的 3 种游标卡尺的结构和测量指标见表 2-6。

表 2-6 常用游标卡尺

种类	结构图	测量范围	分度值
三用游标卡尺(Ⅰ型)	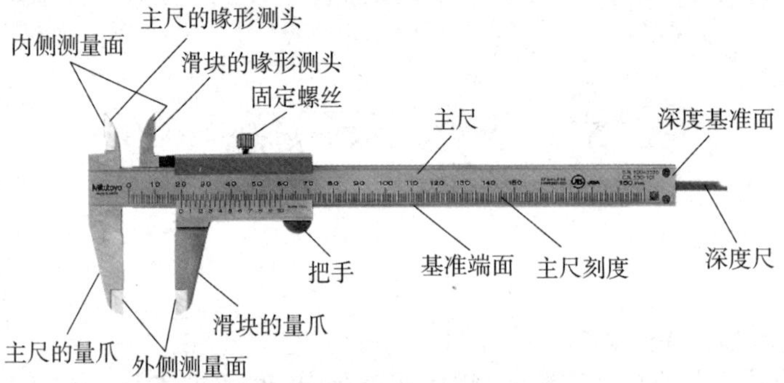 内侧测量面　主尺的喙形测头　滑块的喙形测头　固定螺丝　主尺　深度基准面　把手　基准端面　主尺刻度　深度尺　主尺的量爪　滑块的量爪　外侧测量面	0～125 0～150	0.02 0.05
双面游标卡尺(Ⅲ型)	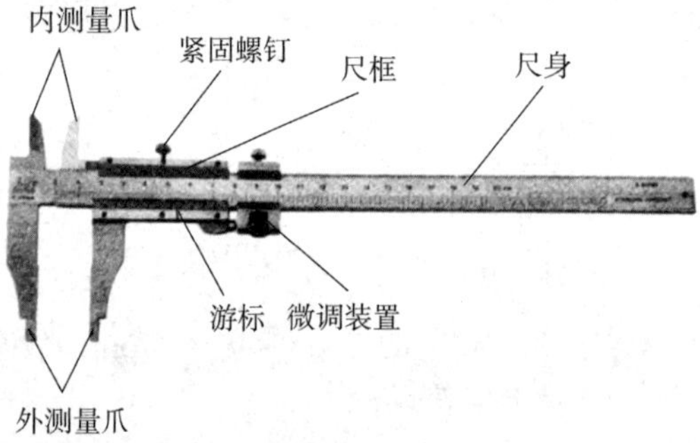 内测量爪　紧固螺钉　尺框　尺身　游标　微调装置　外测量爪	0～200 0～300	0.02 0.05
单面游标卡尺(Ⅳ型)	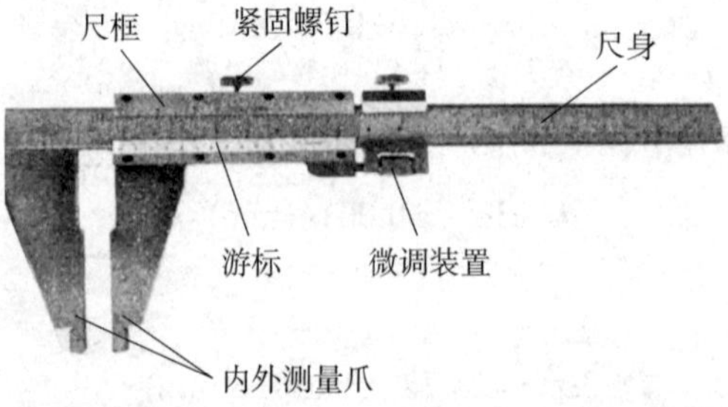 尺框　紧固螺钉　尺身　游标　微调装置　内外测量爪	0～200 0～300	0.02 0.05
		0～500	0.02 0.05 0.10
		0～1000	0.05 0.10

从表 2-6 中的"结构图"可以看出，游标卡尺的主体是一个刻有刻度的尺身，其上有固定

量爪。沿着尺身可移动的部分称为尺框，尺框上有活动量爪，并装有带刻度的游标和紧固螺钉。有的游标卡尺为了调节方便还装有微调装置。在尺身上滑动尺框，可使两量爪的距离改变，以完成对不同尺寸的测量。游标卡尺通常用来测量零件的长度、厚度、内外径、槽的宽度及深度等。

2) 其他类型的游标量具

其他类型的游标量具见表 2-7。

表 2-7　其他类型的游标卡尺

名称	图示	说明
深度游标卡尺	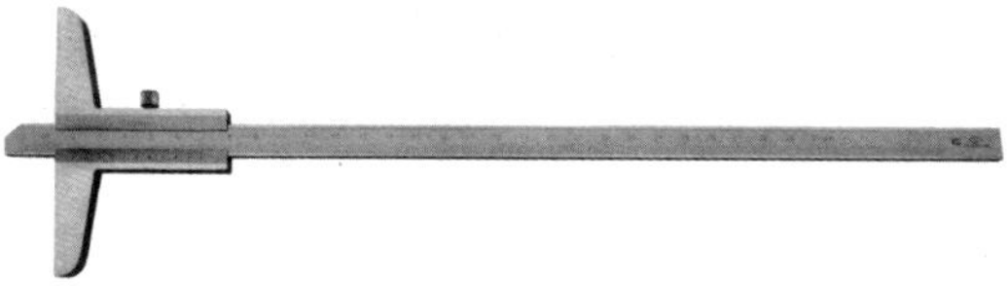	主要用于测量孔、槽的深度和台阶的高度
高度游标卡尺		主要用于测量工件的高度或进行划线
数显游标卡尺	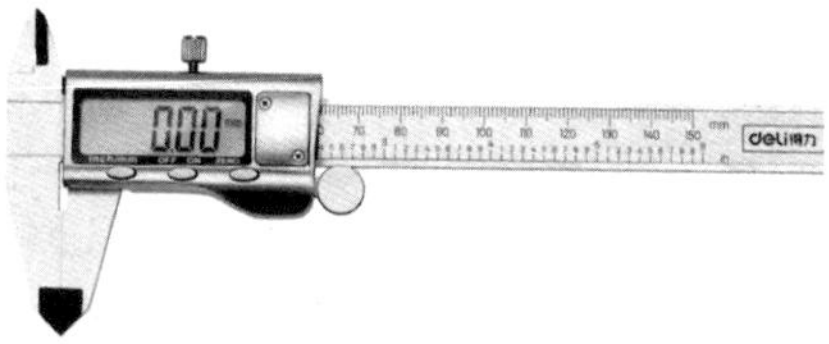	特点：以数字显示测量值，测量效率高，读数直观、清晰 分度值：常用的有 0.01mm 和 0.005mm 两种

2. 测微螺旋量具

测微螺旋量具是利用螺旋副的运动原理进行测量和读数的测微量具。按用途可分为外径千分尺、内径千分尺、深度千分尺及专门测量螺纹中径尺寸的螺纹千分尺和测量齿轮公法线长度的公法线千分尺等。

1) 外径千分尺

(1) 外径千分尺的结构

外径千分尺的外形、结构如图 2-18 所示。其尺架上装有砧座和锁紧装置，固定套管与尺架结合成一体，测微螺杆与微分筒和测力装置(棘轮)结合在一起。当旋转测力装置时，就带动微分筒和测微螺杆一起旋转，并利用螺纹传动副沿轴向移动，使砧座与测微螺杆和两个测量面之间的距离发生变化。

千分尺测微螺杆的移动量一般为 25mm，少数大型千分尺也有制成 100mm 的。

(2) 外径千分尺的特点

外径千分尺使用方便，读数准确，其测量精度比游标卡尺高，在生产中使用广泛。常用外径千分尺的规格按测量范围划分，≤500mm 一般 25mm 为一档，如 0～25mm、25～50mm 等，在 500～1000mm 范围内多以 100mm 为一档，如 500～600mm、600～700mm 等。

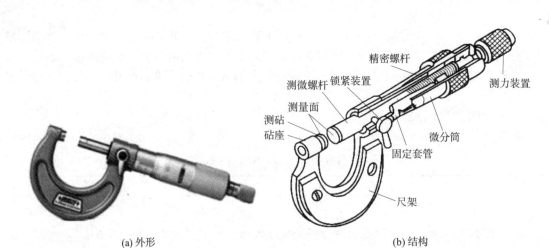

(a) 外形　　　　　　　　　　　　　　　(b) 结构

图 2-18　外径千分尺

2) 其他类型的千分尺

其他类型的千分尺的读数原理和读数方法与外径千分尺相同，只是由于用途不同，在外形和结构上有所差异，见表 2-8。

表 2-8　其他类型的千分尺

名称	图示	说明
内径千分尺 (单体式)		用来测量孔径等内尺寸，有 5～30mm 和 25～50mm 两种测量范围。其固定套管上的刻线与外径千分尺刻线方向相反，但读数方法与外径千分尺相同
内径千分尺 (接杆式)		在不加接长杆时，可测量 50～63mm 的孔径或内尺寸，去掉千分尺前端的保护螺母，把接长杆与内径千分尺旋合，便可改变(一般是增大)测量范围
内径千分尺 (三爪式)		测头有 3 个可伸缩的量爪，由于三爪式量爪有三点与孔壁接触，故测量比较准确，其刻线和内部结构与内径千分尺基本相同
深度千分尺		主要结构与外径千分尺相似，只是多了一个基座而没有尺架。深度千分尺主要用于测量孔和沟槽的深度及两平面间的距离。在测微螺杆的下面连接着可换测量杆，测量杆有 4 种尺寸，测量范围分别为 0～25mm、25～50mm、50～75mm、75～100mm

(续表)

名称	图示	说明
螺纹千分尺	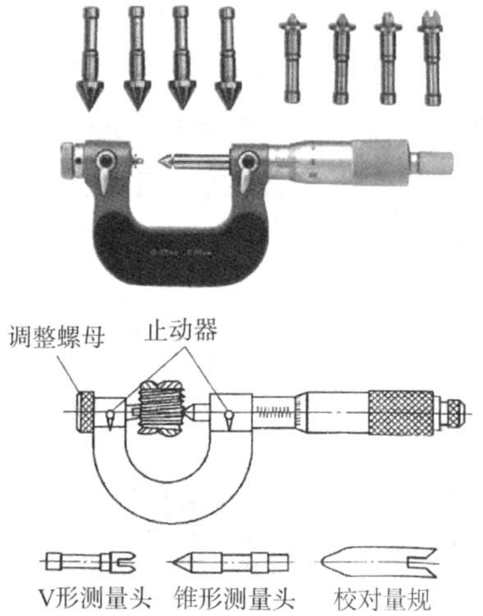 调整螺母　止动器 V形测量头　锥形测量头　校对量规	主要用于测量螺纹的中径尺寸，其结构与外径千分尺基本相同，只是砧座与测量头的形状有所不同。其附有不同规格的测量头，每对测量头用于一定的螺距范围，测量时可根据螺距选用相应的测量头。测量时，V形测量头与螺纹牙型的凸起部分相吻合，锥形测量头与螺纹牙型的沟槽部分相吻合，从固定套管和微分筒上可读出螺纹的中径尺寸
公法线千分尺	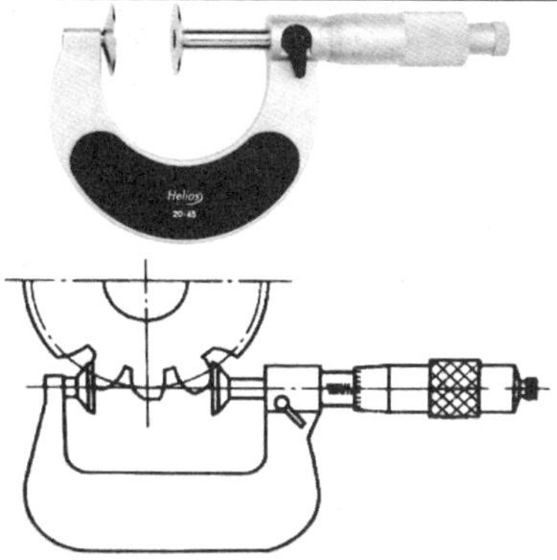	用于测量齿轮的公法线长度，两个测砧的测量面做成两个相互平行的圆平面。测量前先把公法线千分尺调到比被测尺寸略大，然后把测量头插到齿轮齿槽中进行测量，即可得到公法线的实际长度
壁厚千分尺	 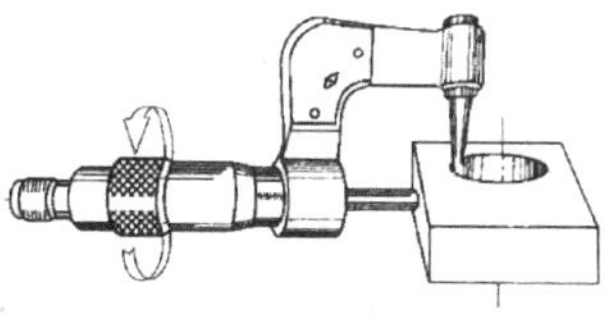	主要用来测量带孔零件的壁厚，前端做成杆状球头测砧，以便伸入孔内并使测砧与孔的内壁贴合
深弓千分尺	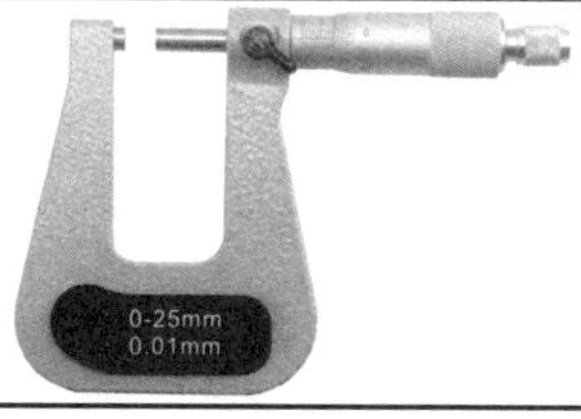 0-25mm 0.01mm	也称板厚千分尺，主要用来测量距端面较远处的厚度尺寸，其尺身的弓深较深

2.5.2　常用机械式量仪

机械式量仪借助杠杆、齿轮、齿条或扭簧的传动，将测量杆的微小直线移动经传动和放大机构转变为表盘上指针的角位移，从而指示出相应的数值，因而机械式量仪又称指示式量仪(俗称指示表)。机械式量仪的种类很多，常用的有下面几种。

1. 百分表

1) 百分表的结构

百分表是应用最为广泛的机械式量仪之一，其结构如图 2-19 所示。

从图 2-19 中可知，当与齿条相切的测量杆上下移动时，带动与齿条啮合的小齿轮转动，此时与小齿轮固定在同一轴上的大齿轮也随着转动。通过大齿轮即可带动中间齿轮及与中间齿轮同轴的指针转动。这样通过齿轮传动系统即可将测量杆的微小位移放大并转变成指针的转动，并在刻度盘上指示出相应的示值。

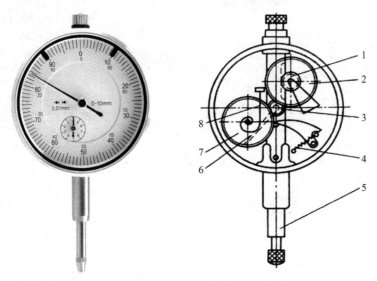

图 2-19　百分表的结构

1—小齿轮　2、7—大齿轮　3—中间齿轮　4—弹簧　5—测量杆　6—指针　8—游丝

为了消除由齿轮传动系统中齿侧间隙引起的测量误差，在百分表内装有游丝，由游丝产生的转矩作用在大齿轮 7 上，大齿轮 7 也和中间齿轮啮合，这样可以保证在齿的同一侧面啮合，因而可消除齿侧间隙的影响。

2) 百分表的分度原理

百分表的测量杆移动 1mm，通过齿轮传动系统使大指针回转 1 周。刻度盘沿圆周刻有 100 个刻度，当指针转过 1 格时，表示所测量的尺寸变化为 1/100=0.01mm，所以百分表的分度值为 0.01 mm。

3) 百分表的特点

百分表体积小、结构紧凑、读数方便、测量范围大、用途广泛。

百分表的示值范围通常有 0～3mm、0～5mm、0～10mm 三种。

4) 使用百分表时的注意事项

(1) 测量前应检查表盘玻璃是否破裂或脱落，测量头、测量杆、套筒等是否有碰伤或锈蚀，指针有无松动现象，指针的转动是否平稳等。

(2) 测量时应使测量杆垂直于零件被测表面，如图 2-20(a)所示。测量圆柱面的直径时，测量杆的中心线要通过被测圆柱面的轴线，如图 2-20(b)所示。

(3) 测量头开始与被测表面接触时，测量杆就应压缩 0.3～1mm，以保持一定的初始测量力。

(4) 测量时应轻提测量杆，移动工件至测量头下面(或将测量头移至工件上)，再缓慢放下与被测表面接触。不能急骤放下测量杆，否则易造成测量误差。不准将工件强行推入至测量头下，以免损坏量仪，如图 2-20(c)所示。

使用百分表座及表架，可对长度尺寸进行相对测量。图 2-21 所示为常用的百分表座和百分表架。测量前先用标准件或量块校对百分表，转动表圈，使表盘的零刻度线对准指针，然后再测量工件，从百分表中读出工件尺寸相对标准件或量块的偏差，从而确定工件尺寸。

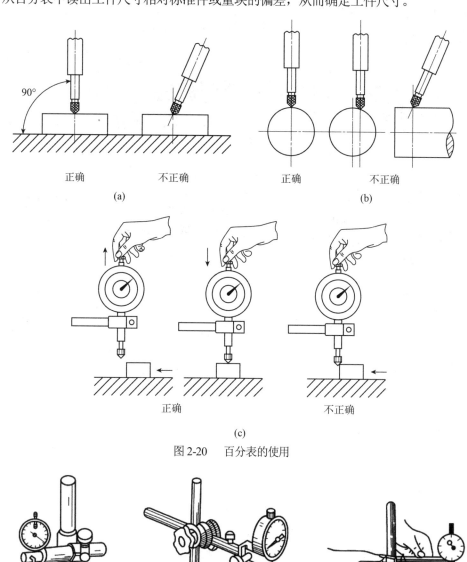

图 2-20　百分表的使用

(a) 百分表座

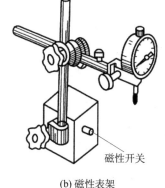

(b) 磁性表架

(c) 万能表架

图 2-21　常用的百分表座和百分表架

使用百分表及相应附件还可测量工件的直线度、平面度及平行度等误差，也可安装在机床上或在偏摆仪等专用装置上测量工件的跳动误差等。这些误差将在后面的章节中讲解。

2. 内径百分表

内径百分表由百分表和专用表架组成，用于测量孔的直径和孔的形状误差，特别适于对深孔的测量。

内径百分表的外形和结构如图 2-22 所示，百分表的测量杆 11 与传动杆 5 始终接触，测力弹簧 6 是控制测量力的，并经过传动杆 5、杠杆 8 向外顶住活动测头 1。

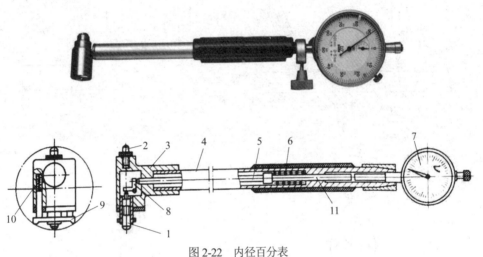

图 2-22　内径百分表

1—活动测头　2—可换测头　3—表架头　4—表架套杆　5—传动杆　6—测力弹簧　7—百分表
8—杠杆　9—定位装置　10—定位弹簧　11—测量杆

测量时，活动测头的移动使杠杆回转，通过传动杆推动百分表的测量杆，使百分表指针回转。由于杠杆是等臂的，百分表测量杆、传动杆及活动测头三者的移动量是相同的，所以，活动测头的移动量可以在百分表上读出来。

定位装置 9 起找正直径位置的作用。活动测头 1 和可换测头 2 同轴，其轴线位于定位装置的中心对称平面上，由于定位弹簧的推力作用，使孔的直径处于定位装置的中心对称平面上，因而保证了可换测头与活动测头的轴线与被测孔的直径重合。

内径百分表活动测头的移动量很小，它的测量范围是通过更换或调整可换测头的长度来实现的，每只内径百分表都配有一套可换测头。

用内径百分表测量孔径属于相对测量，测量前应根据被测孔径的大小，用千分尺或其他量具将其调整对零才能使用。测量时将表架套杆在测头轴线所在平面内轻微摆动，在摆动过程中读取最小读数即孔径的实际偏差，如图 2-23 所示。

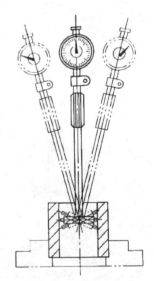

图 2-23　用内径百分表测量

2.5.3　测量角度的常用计量器具

1. 万能角度尺

万能角度尺是用来测量工件内外角度的量具。其分度值有 5′和 2′两种，按其尺身的形状不同可分为扇形(Ⅰ型)和圆形(Ⅱ型) 两种。以下对Ⅰ型万能角度尺的结构、刻线原理、读数方法和测量范围进行介绍。

(1) Ⅰ型万能角度尺的结构

Ⅰ型万能角度尺的结构如图 2-24 所示，它由尺身、基尺、游标、角尺、直尺、夹块、扇形板和制动器等组成。基尺随着尺身相对游标转动，转到所需角度时，再用制动器锁紧。

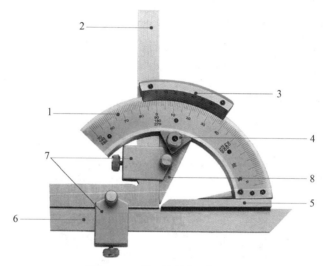

图 2-24　Ⅰ型万能角度尺的结构

1—尺身　2—角尺　3—游标　4—制动器　5—基尺　6—直尺　7—夹块　8—扇形板

(2) 万能角度尺的刻线原理及读数方法

如图 2-25(a)所示是分度值为 2′的Ⅰ型万能角度尺的刻线图。尺身刻线每格为 1°，游标刻线共 30 格为 29°，即每格为 $\dfrac{29°}{30}$，与尺身 1 格相差 $1° - \dfrac{29°}{30} = \dfrac{1°}{30} = 2′$，即万能角度尺的分度值为 2′。

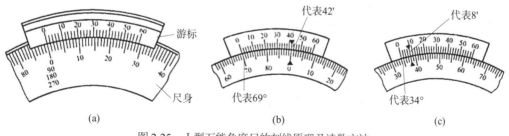

(a)　　　　　　　　　(b)　　　　　　　　　(c)

图 2-25　Ⅰ型万能角度尺的刻线原理及读数方法

万能角度尺的读数方法和游标卡尺相似，即先从尺身上读出游标零刻度线指示的整度数，再判断游标上第几格的刻线与尺身上的刻线对齐，就能确定"分"的数值，然后把两者相加，就是被测角度的数值。

在图 2-25(b)中，游标上的零刻度线落在尺身上 69°到 70°之间，因而该被测角度的"度"的数值为 69°；游标上第 21 格的刻线与尺身上的某一刻度线对齐，因而被测角度的"分"的数值为 2′×21=42′，所以被测角度的数值为 69°42′。利用同样的方法，可以得出图 2-25(c)中的被测角度的数值为 34°8′。

2. 万能角度尺的测量范围

Ⅰ型万能角度尺可以测量 0°～320°的任意角度，根据所测不同角度的需要，夹块 7 将角尺 2 和直尺 6 以不同的方式与扇形板 8 固定在所需的位置上，如图 2-26 所示。

图 2-26(a)为测量 0°～50°角时的情况，被测工件放在基尺和直尺的测量面之间，此时按尺身上的第一排刻度读数。

图 2-26(b)为测量 50°～140°角时的情况，此时应将角尺取下来，将直尺直接装在扇形板的夹块上，利用基尺和直尺的测量面进行测量，按尺身上第二排刻度表示的数值读数。

图 2-26(c)为测量 140°～230°角时的情况，此时应将直尺和角尺上固定直尺的夹块取下，调整角尺的位置，使角尺的直角顶点与基尺的尖端对齐，然后把角尺的短边和基尺的测量面靠在被测工件的被测量面上进行测量，按尺身上第三排刻度所示的数值读数。

图 2-26(d)为测量 230°～320°角时的情况，此时将角尺、直尺和夹块全部取下，直接用基尺和扇形板的测量面对被测工件进行测量，按尺身上第四排刻度所示的数值读数。此时，万能角度尺还能测量 40°～130°的内角。方法是先读出外角数值，然后用 360°减去外角数值，即得内角数值。

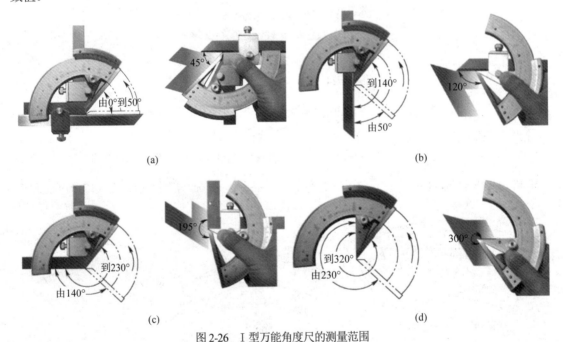

图 2-26 Ⅰ型万能角度尺的测量范围

3. 正弦规

正弦规是一种采用正弦函数原理，利用间接法来精密测量角度的量具。它的结构简单，主要由主体平板和两个直径相同的圆柱组成，如图 2-27 所示。为了便于被测工件在平板表面上定位和定向，装有侧挡板和后挡板。

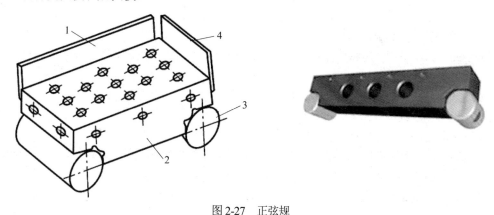

图 2-27 正弦规

1—侧挡板 2—主体平板 3—圆柱 4—后挡板

正弦规两个圆柱中心距精度很高，中心距常用的有 100mm 和 200mm 两种，中心距 100mm 的极限偏差仅为 ±0.003mm 或 ±0.002mm，同时，工作平面的平面度精度、两个圆柱的形状精度和它们之间的相互位置精度都很高。因此，其可以作精密测量用。正弦规常用的精度等级为 0 级和 1 级，其中 0 级精度较高。

使用时，将正弦规放在平板上，一圆柱与平板接触，另一圆柱下垫量块组，使正弦规的工作平面与平板间形成一角度 α，如图 2-28 所示。从图中可以看出

$$\sin\alpha = H/L \tag{2-13}$$

式中，α——正弦规放置的角度，($^\circ$)；

H——量块组的尺寸，mm；

L——正弦规两圆柱的中心距，mm。

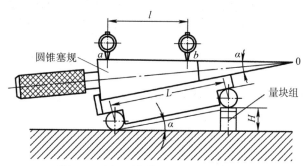

图 2-28 用正弦规检测圆锥塞规示意图

图 2-28 所示为用正弦规检测圆锥塞规的示意图。首先根据被检测的圆锥塞规的基本圆锥角 α，由 $H=L\sin\alpha$ 算出量块组尺寸并组合量块，然后将量块组放在平板上与正弦规一圆柱接触。此时正弦规主体工作平面相对于平板倾斜 α 角。放上圆锥塞规后，用千分表分别测量被测圆锥上 a、b 两点。a、b 两点读数之差 n 与 a、b 两点距离 l(可用直尺量得)之比即锥度偏差 Δc，并考虑正负号，即

$$\Delta c \approx \frac{n}{l} \qquad\qquad (2\text{-}14)$$

式中，n 和 l 的单位均取 mm。

根据 $1\text{rad} \approx (2 \times 10^5)''$，可将锥度偏差值以秒为单位表示，即可求得圆锥角偏差 $\Delta\alpha$，即

$$\Delta\alpha \approx 2\Delta c \times 10^5 \qquad\qquad (2\text{-}15)$$

式中，$\Delta\alpha$ 的单位为秒($''$)。

用此法也可测量其他精密零件的角度。

【例】用中心距 $L=100$mm 的正弦规测量莫氏 2 号锥度塞规，其基本圆锥角为 $2°51'40.8''$ ($2.861333°$)，按图 2-28 所示的方法进行测量，试确定量块组的尺寸。若测量时千分表两测量点 a、b 相距为 $l=60$mm，两点处的读数差 $n=0.010$mm，且 a 点比 b 点高(即 a 点的读数比 b 点大)，试确定该锥度塞规的锥度误差，并确定实际锥角的大小。

解：

$H = L\sin\alpha = 100 \times \sin 2.861333° \approx 4.992$(mm)

$\Delta c \approx \dfrac{n}{l} = \dfrac{0.010}{60} = 0.0001667$

$\Delta\alpha \approx 2\Delta c \times 10^5 = 2 \times 0.0001667 \times 10^5 = 33.3''$

由于 a 点比 b 点高，因而实际圆锥角比基本圆锥角大，所以

$\alpha_{实} = \alpha + \Delta\alpha = 2°51'40.8'' + 33.3'' = 2°52'14.1''$

2.5.4 其他计量器具简介

1. 塞尺

塞尺又称为厚薄规，是用于检验两表面间缝隙大小的量具。它由若干厚薄不一的钢制塞片组成，按其厚度尺寸系列配套编组，一端用螺钉或铆钉把一组塞尺组合起来，外面用两块保护板保护塞片，如图 2-29 所示。用塞尺检验间隙时，如果用 0.09mm 厚度的塞片能塞入缝隙，而用 0.10mm 厚度的塞片无法塞入缝隙，则说明此间隙为 0.09～0.10 mm。塞尺可以单片使用，也可以几片重叠在一起使用。

2. 直角尺

直角尺(90°角尺) 是一种用来检测直角和垂直度误差的定值量具，直角尺的结构形式较多，其中最常用的是宽座直角尺，如图 2-30 所示。宽座直角尺结构简单，可以检测工件的内外角，结合塞尺使用还可以检测工件被测表面与基准面之间的垂直度误差，并可用于划线和基准的校正等，如图 2-31 所示。

图 2-29　塞尺

图 2-30　宽座直角尺

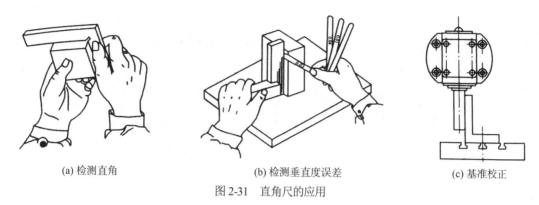

(a) 检测直角　　　　　　　　(b) 检测垂直度误差　　　　　　　(c) 基准校正

图 2-31　直角尺的应用

直角尺的制造精度有 00 级、0 级、1 级和 2 级 4 个精度等级。00 级的精度最高，一般作为实用基准，用来检定精度较低的直角量具，0 级和 1 级用于检验精密工件，2 级用于检验一般工件。

3. 检验平尺

检验平尺是用来检验工件的直线度和平面度的量具。

检验平尺有两种类型：一种是样板平尺，根据形状不同，它又可以分为刀口尺(刀形样板平尺)、三棱样板平尺和四棱样板平尺，如图 2-32 所示；另一种是宽工作面平尺，常用的有工字形平尺、桥形平尺和矩形平尺，如图 2-33 所示。

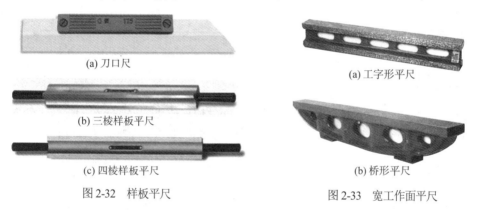

(a) 刀口尺

(b) 三棱样板平尺

(c) 四棱样板平尺

图 2-32　样板平尺

(a) 工字形平尺

(b) 桥形平尺

图 2-33　宽工作面平尺

检验时将样板平尺的棱边或宽工作面平尺的工作面紧贴工件的被测表面，样板平尺通过透光法、宽工作面平尺通过着色法来检验工件的直线度或平面度。

4. 水平仪

水平仪是一种用来测量被测平面相对水平面的微小角度的计量器具。主要用于检测机床等设备导轨的直线度，机件工作面间的平行度、垂直度及调整设备安装的水平位置，也可用于测量工件的微小倾角。水平仪有电子水平仪和水准式水平仪。常用的水准式水平仪有条式水平仪(见图 2-34(a))、框式水平仪(见图 2-34(b))和合像水平仪三种结构形式，其中框式水平仪应用最多。

框式水平仪由铸铁框架和纵向、横向两个水准器组成。框架为正方形，除有安装水准器的下测量面外，还有一个与之相垂直的侧测量面(两测量面均带 V 形槽)，故当其侧测量面与被测表面相靠时，便可检测被测表面与水平面的垂直度。其规格有 150mm×150mm、200mm×200mm、

(a) 条式水平仪　　　　(b) 框式水平仪

图 2-34　水平仪

250mm×250mm、300mm×300mm 等几种，其中
200mm×200mm 规格最为常用。水平仪的玻璃管
上有刻度，管内装有乙醚或乙醇，不装满而留有
一个气泡。气泡的位置随被测表面相对水平面的
倾斜程度而变化，它总是向高的方向移动，若气
泡在正中间，说明被测表面水平。如图 2-35 所示，
气泡向右移动了一格，说明右边高。如水平仪的
分度值为 0.02mm/1000mn(4")，就表示被测表面倾
斜了 4"，在 1000mm 长度上两端高度差为
0.02mm。

图 2-35　水平仪原理

设被测表面长度为 l，测量时气泡移动了 n 格。

则相对倾斜角为：　　　　　　　$\alpha = 4'' \times n$　　　　　　　　　　(2-16)

两端高度差为：　　　　　　　$h = \dfrac{0.02}{1000} \times l \times n$　　　　　　　(2-17)

【例】用一分度值为 0.02mm/1000mn(4") 的水平仪测量一长度为 600mm 的导轨工作面的倾斜
程度，测量时水平仪的气泡移动了 3 格，则该导轨工作面相对水平面倾斜了多少？

解：

相对倾斜角为　　　　　　　$\alpha = 4'' \times n = 4'' \times 3 = 12''$

两端高度差为　　　$h = \dfrac{0.02}{1000} \times l \times n = (0.02/1000) \times 600 \times 3 = 0.036mm$

5. 检验平板

检验平板一般用铸铁或花岗岩制成，有非常精
确的工作平面，其平面度误差极小，在检验平板上，
利用指示表和方箱、V 形架等辅助工具，可以进行
多种检测。常用的检验平板如图 2-36 所示。

6. 偏摆仪

图 2-36　检验平板

偏摆仪是工厂中常用的一种计量器具，一般用
铸铁制成，带有可调整的前、后顶尖座和高精度的纵向、横向导轨，并配有专用表架。利用百分
表、千分表可对回转体零件进行各种跳动量的检测，如图 2-37 所示。

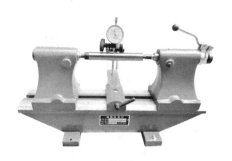

(a) 偏摆仪

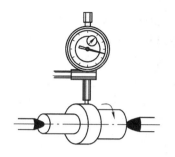

(b) 用偏摆仪测量径向圆跳动

图 2-37　偏摆仪及应用

2.6　三坐标测量

2.6.1　三坐标测量概述

三坐标测量机(coordinate measuring machine，CMM)是 20 世纪 60 年代发展起来的一种新型、高效、多功能的精密测量仪器。它的出现，一方面是由于自动机床、数控机床高效率加工以及越来越多复杂形状零件加工需要快速、可靠的测量设备与之配套，另一方面是由于电子技术、计算机技术、数控技术以及精密加工技术的发展为坐标测量机的产生提供了技术基础。1963 年，海克斯康 DEA 公司研制出世界上第一台龙门式三坐标测量机。

图 2-38　三坐标测量机

现代 CMM 不仅能在计算机控制下完成各种复杂测量，而且可以通过与数控机床交换信息实现在线监测，对加工中的零件质量进行控制，并且还可根据测量的数据实现逆向工程。图 2-38 所示为现代三坐标测量机的典型代表。

目前，CMM 已经广泛用于机械制造业、汽车工业、电子工业、航空航天工业和国防工业等行业，成为现代工业检测和质量控制不可缺少的万能测量设备。

2.6.2　三坐标测量机的测量原理

任何形状都是由空间点组成的，所有的几何量测量都可以归结为空间点的测量，因此精确进行空间点坐标的采集，是评定任何几何形状的基础。

三坐标测量机的基本原理是将被测零件放入它允许的测量空间，精确地测出被测零件表面的点在空间三个坐标位置的数值，将这些点的坐标数值经过计算机数据处理，拟合形成测量元素，如圆、球、圆柱、圆锥、曲面等，再经过数学计算得出其形状、位置及其他几何量数据。

1. 三坐标测量机的类型

三坐标测量机发展至今已经历了若干个阶段，从数字显示及打印型，到带有小型计算机，再到目前的计算机数字控制(CNC)型。三坐标测量机的分类方法很多，接下来介绍其分类方式及分类。

公差配合与测量技术

1) 按自动化程度分类

可分为手动、半自动和自动三类。

(1) 手动测量：人工处理测量数据，数字显示，输出测量结果。

(2) 半自动测量：用小型计算机处理测量数据，数字显示，输出测量结果。

(3) 自动测量：用计算机进行数字控制自动测量。

2) 按主机结构形式分类

可分为悬臂式、坐标镗式、桥式及龙门式等，如图 2-39 所示。

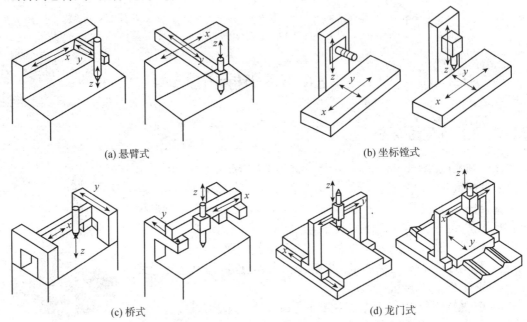

(a) 悬臂式   (b) 坐标镗式

(c) 桥式   (d) 龙门式

图 2-39   三坐标测量机的结构形式

3) 按测量范围分类

可分为小型、中型和大型。

(1) 小型测量机用于测量小型模具、刀具、工具、集成线路板等，测量范围小于 600 mm(z 坐标)。

(2) 中型测量机用于测量箱体、模具等零件，测量范围为 600～2000 mm。

(3) 大型测量机用于测量汽车、船舶、飞机外壳等大型零件，测量范围大于 2000 mm。

4) 按测量精度分类

可分为低精度、中精度及高精度。

(1) 低精度测量机(画线型)用于画线。

(2) 中精度测量机(生产型)用于生产场所进行零件测量。

(3) 高精度测量机(计量型)用于计量室进行精密测量。

2.6.3   三坐标测量机的运行环境

由于三坐标测量机是一种高精度的检测设备，其机房环境条件的好坏，对测量机的影响至关重要，其中包括温度、湿度、振动、电源、气源、工件清洁和恒温等因素。

46

1. 温度

在高精度测量仪器与测量工作中，温度的影响是不容忽视的。温度引起的变形包括膨胀以及结构上的一些扭曲。测量机环境温度的变化主要包括温度范围、温度时间梯度和温度空间梯度。为有效防止由于温度造成的变形问题，保证测量精度，测量机制造厂商对此都有严格的限定，一般要求如下。

(1) 温度范围：$20℃ \pm 2℃$。

(2) 温度时间梯度：$\leqslant 1℃/h$ 且 $\leqslant 2℃/24h$。

(3) 温度空间梯度：$\leqslant 1℃/m$。

 特别提示

　　测量机全年 24 小时开放空调，不应受到太阳照射，不应靠近暖气，不应靠近进出通道，推荐根据房间大小使用相应功率的变频空调。在现代化生产中，有许多测量机在生产现场使用，鉴于现场条件往往不能满足对温度的要求，大多数测量机制造商开发了温度自动修正系统。温度自动修正系统是通过对测量机光栅和检测零件温度的监控，根据不同金属的温度膨胀系数，对测量结果进行基于标准温度的修正。

2. 湿度

通常湿度对坐标测量机的影响主要集中在机械部分的运动和导向装置方面，以及非接触式测头方面。事实上，湿度对某些材料的影响非常大，为防止块规或其他计量设备的氧化和锈蚀，要求保持空气相对湿度为 25%～75%(推荐 40%～60%)。

注意：湿度过高会导致机器表面、光栅尺和电机凝结水分，增加测量设备的故障率，降低使用寿命。推荐现场配备高灵敏度干湿温度计。

3. 振动

由于在生产现场有较多的机器设备，振动成为一个值得重视的问题。比如锻造机、压力机等振动较大的设备在测量机周围将会对测量机产生严重的影响。较难察觉的小幅振动，也会对测量精度产生影响。因此，测量机的使用对于测量环境的振动频率和振幅都有一定的要求。

如果测量机周围有大的振源，需要根据减振地基图纸准备地基或配置主动减振设备。

4. 电源

电源对测量机的影响主要体现在测量机的控制部分。用户需要注意的主要是接地问题。一般配电要求如下。

(1) 电压：交流 220V+10%。

(2) 电流：15A。

(3) 独立专用接地线：接地电阻 $\leqslant 4\Omega$。

注意：独立专用接地线是指非供电网络中的地线，是独立专用的安全地线，以避免供电网络中的干扰与影响，建议配置稳压电源或 UPS。

5. 气源

许多三坐标测量机由于使用了精密的空气轴承而需要压缩空气，因此应当满足测量机对压缩空气的要求，防止由于水和油侵入压缩空气而对测量机产生影响，同时应防止突然断气，以免对测量机的空气轴承和导轨产生损害。

气源要求如下。

(1) 供气压力>0.5MPa。

(2) 耗气量>100NL/ min=25dm³/s (NL：标准升，代表在20℃时，1个大气压下的1升)。

(3) 含水<6g/m³。

(4) 含油<5mg/m³。

(5) 微粒大小<40μm。

(6) 微粒浓度< 10mg/m³。

(7) 气源的出口温度为20℃±4℃。

注意：测量机的运动导轨为空气轴承，气源决定测量机的使用状况和气动部件寿命，空气轴承对气源的要求非常高，推荐使用空压机+前置过滤+冷冻干燥机+二级过滤。

6. 零件的清洁和恒温

零件的物理形态对测量结果有一定的影响，最普遍的是零件表面粗糙度和加工留下的切屑。冷却液和机油对测量误差也有影响。如果这些切屑和油污黏附在探针的宝石球上，就会影响测量机的性能和精度。类似影响测量精度的情况还有很多，但大多数可以避免。建议在测量机开始工作之前和完成工作之后分别对零件进行必要的清洁和保养工作，还要确保在检测前对零件有足够的恒温保存时间。

实践练习一：用游标尺检测钢套

一、实验目的

(1) 了解游标量具的读数原理、结构。

(2) 掌握游标量具的使用方法。

二、实验设备

游标卡尺、深度游标卡尺、高度游标卡尺。

三、实验原理

1. 游标卡尺的结构

游标卡尺是车间常用的计量器具之一，是一种测量精度较高、使用方便、应用广泛的量具，可直接测量零件的外径、内径、长度、宽度、深度尺寸等，其测量范围由125mm、150mm、200mm直至2000mm，其结构如图2-40所示。

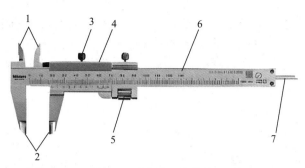

图 2-40　游标卡尺的结构

1—内测量爪　2—外测量爪　3—紧固螺钉　4—游标尺　5—微调装置　6—主标尺　7—深度尺

2. 游标卡尺的测量原理

游标卡尺的读数部分由主标尺与游标尺两部分组成。其原理是利用主标尺的标尺间距和游标尺的标尺间距之差来进行小数读数。通常，主标尺的标尺间距 a 为 1mm，主标尺上 $(n-1)$ 格的长度等于游标尺上 n 格的长度，相应游标尺的标尺间距 $b=\dfrac{(n-1)a}{n}$，主标尺的标尺间距 a 与游标尺标尺间距 b 之差即为游标卡尺的分度值。游标卡尺的分度值有 0.1mm、0.05mm 和 0.02mm 三种，如图 2-41 所示。

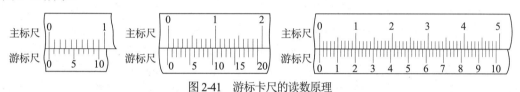

图 2-41　游标卡尺的读数原理

3. 游标卡尺的读数方法

用游标卡尺测量零件尺寸时，首先要知道游标卡尺的分度值和测量范围。游标尺上的零线是读数的基准，读数时要同时看清主标尺和游标尺的标尺标记，结合读取。其读数方法和步骤如下。

(1) 读整数。读出游标尺零线左边最近的主标尺标记的数值，该数值就是被测尺寸的整数值。

(2) 读小数。找出游标尺上第几根标记与主标尺上的标记对齐，将该游标尺标记的序号乘以游标卡尺的分度值即可得到小数部分的数值。

(3) 求和。将上面整数部分和小数部分的数值相加即可得到被测尺寸的测量结果。

图 2-42 所示为游标卡尺读数示例。图 2-42(a)中，被测尺寸为 19mm+45×0.02mm=19.90mm。图 2-42(b)中，被测尺寸为 23mm+1×0.02mm= 23.02mm。

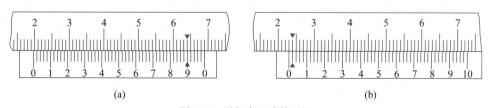

(a)　　　　　　　　　　　　　　　　　　(b)

图 2-42　游标卡尺读数示例

为了方便读数，有的游标卡尺上装有测微表，图 2-43 所示为带表游标卡尺，它是通过机械传动装置将两测量爪的相对移动转变为指示表的回转运动，并借助主标尺读数和指示表读数对两测量爪相对移动的距离进行测量。图 2-44 所示为数显卡尺，它具有非接触性电容式测量系统，测量结果由液晶显示器显示。数显卡尺测量方便可靠。

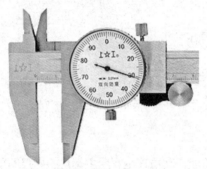
图 2-43　带表游标卡尺

图 2-44　数显卡尺

四、实验步骤

(1) 根据被测件的尺寸选择游标卡尺的规格。

(2) 对零位。测量之前必须先校对游标卡尺的零位。用手轻轻推动尺框，让两个外测量爪的测量面紧密接触，观察游标尺零线与主标尺零线是否对齐，如果对齐，说明零位正确。

(3) 测量尺寸。测量轴的外径时，先将两个外测量爪之间的距离调整到大于被测轴的外径，然后轻轻推动尺框，使两个外测量爪的测量面与被测面接触，加少许推力，同时轻轻摆动卡尺，找到最小尺寸，锁紧制动螺钉，然后读数。读数结束后，松开制动螺钉，轻轻拉开尺框，使测量爪与被测面分开，然后移开卡尺。在测量轴径时，由于存在形状误差，所以应在被测量轴轴向的不同截面及径向截面的不同方向上进行多次测量，取其平均值作为测量结果。测量长度、宽度、高度、深度及内孔直径的方法与测量外径的方法基本相同。

(4) 填写检测报告，按被测件的验收极限判断尺寸是否合格。

五、注意事项

(1) 测量前应用软布将卡尺擦干净，卡尺的测量爪合拢，应密不透光。如漏光严重，则需进行修理。测量爪合拢后，游标尺零线应与主标尺零线对齐，如不对齐，就存在零位偏差，一般不能使用。有零位偏差时如要使用，应加修正值。游标尺在主标尺上滑动要灵活自如，不能过松或过紧，不能晃动，以免产生测量误差。

(2) 测量时，要先看清楚尺框上的分度值标记，以免读错小数部分，产生粗大误差。应使测量爪轻轻接触零件的被测表面，保持合适的测量力，测量爪位置要摆正，不能歪斜，如图 2-45 所示。

(3) 在游标尺上读数时，视线应与主标尺表面垂直，避免产生视觉误差。

游标卡尺的一些错误放置方式如图 2-45 所示。

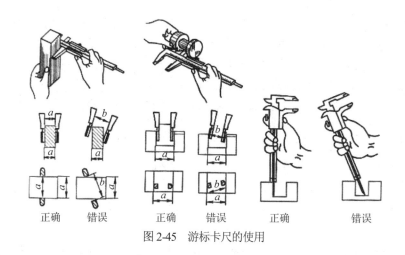

图 2-45　游标卡尺的使用

实践练习二：用外径千分尺检测轴径

一、实验目的

(1) 掌握外径千分尺的结构及工作原理。

(2) 能够熟练、正确地使用外径千分尺。

(3) 掌握外径千分尺测量轴径的方法及步骤。

二、实验设备

　　外径千分尺是一种重要的精密测量器具，它具有体积小、坚固耐用、测量准确度较高、使用方便、容易调整以及测力恒定的特点，主要用来测量工件外尺寸，如长度、厚度、外径以及凸肩板厚或壁厚等。按精度的不同，分为 0 级、1 级和 2 级。测量范围一般有 0～25mm，25～50mm，50～75mm，…，275～300mm。外径千分尺的结构如图 2-46 所示，它由尺架、测微头、测力装置和锁紧装置等组成。

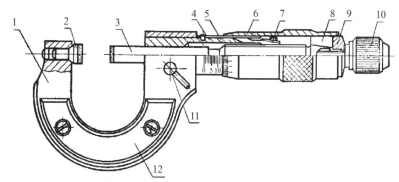

1—尺架　2—固定测砧　3—测微螺杆　4—螺纹轴套　5—固定刻度套筒　6—微分筒

7—调节螺母　8—接头　9—垫片　10—测力装置　11—锁紧螺钉　12—绝热板

图 2-46　外径千分尺结构图

尺架 1 是千分尺主体，一端压入固定测砧 2，另一端压入螺纹轴套 4。固定测砧和测微螺杆的测量面上都镶有硬质合金，以提高测量面的使用寿命。尺架的两侧面覆盖着绝热板 12，使用千分尺时，手拿在绝热板上，防止人体的热量影响千分尺的测量精度。测微螺杆 3 中部为外螺纹与螺纹轴套的内螺纹配合组成的精密螺旋副。螺纹轴套内螺纹做成三瓣。在三瓣的外圆锥纹上与调节螺母 7 配合，对调节螺母进行调节，可调整螺旋副配合间隙。测微螺杆的前段是光滑圆柱与螺纹轴套的孔配合，作为测微螺杆移动的导向，其端部焊接硬质合金片，并与固定砧座端部焊接的硬质合金片组成两平行的测量面。测微螺杆另一端的圆锥与锥度接头 8 配合，通过测力装置的螺纹紧固，压迫垫片 9，使开槽的锥度接头下压，并涨开，从而使测微螺杆与微分筒 6 和测力装置 10 连接在一起。

三、实验原理

用千分尺测量零件的尺寸，就是把被测零件置于千分尺的两个测量面之间，所以两测砧面之间的距离，就是零件的测量尺寸。当测微螺杆在螺纹轴套中旋转时，由于螺旋线的作用，测量螺杆就有轴向移动，使两测砧面之间的距离发生变化，如测微螺杆按顺时针的方向旋转一周，两测砧面之间的距离就缩小一个螺距。同理，若按逆时针方向旋转一周，则两砧面的距离就增大一个螺距。常用千分尺测微螺杆的螺距为 0.5mm。因此，当测微螺杆顺时针旋转一周时，两测砧面之间的距离就缩小 0.5mm。当测微螺杆顺时针旋转不到一周时，缩小的距离就小于一个螺距，它的具体数值，可从与测微螺杆结成一体的微分筒的圆周刻度上读出。微分筒的圆周上刻有 50 个等分线，当微分筒转一周时，测微螺杆就推进或后退 0.5mm，微分筒转过它本身圆周刻度的一小格时，两测砧面之间转动的距离为 0.01mm。

在千分尺的固定套筒上刻有轴向中线，作为微分筒读数的基准线。另外，为了计算测微螺杆旋转的整数转，在固定套筒中线的两侧，刻有两排刻线，刻线间距均为 1mm，上下两排相互错开0.5mm。外径千分尺的读数方法如下：

(1) 先读整数。微分筒的棱边作为整数毫米的读数指示线，在固定套管上露出来的刻度线数值，就是被测尺寸的毫米整数和半毫米数。

(2) 再读小数。读出微分筒上的尺寸，要看清微分筒圆周上哪一格与固定套筒的中线基准对齐，将格数乘 0.01mm 即得微分筒上的尺寸。

(3) 将上面两个数相加，即为千分尺上测得的尺寸。

如图 2-47(a)，在固定套筒上读出的尺寸为 8mm，微分筒上读出的尺寸为 27.0(格)×0.01mm=0.270mm，将这两个数相加即得被测零件的尺寸为 8.270mm；在图 2-47(b)中，在固定套筒上读出的尺寸为 8.5mm，在微分筒上读出的尺寸为 27.0(格)×0.01mm =0.270mm，将这两个数相加即得被测零件的尺寸为 8.770mm。

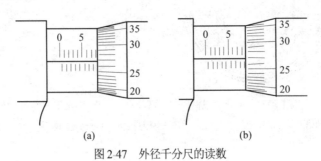

(a)　　　　　　　　　　(b)

图 2-47　外径千分尺的读数

【例】读出图 2-48 所示外径千分尺所示的读数。

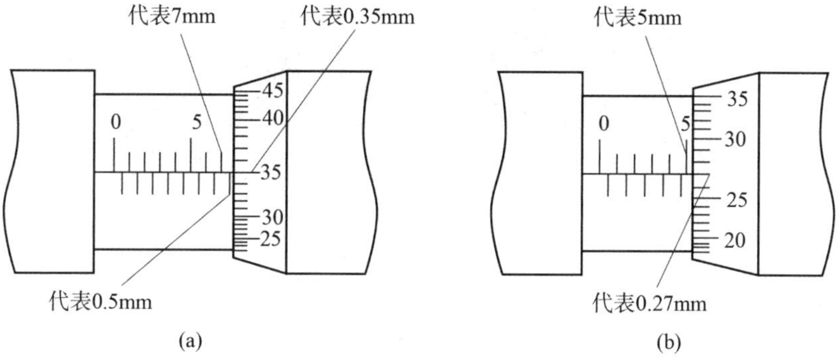

图 2-48　外径千分尺读数示例

解:

从图 2-48(a)中可以看出,距微分筒最近处刻线为中线下侧的刻线,表示 0.5mm 的小数,中线上侧距离微分筒最近的为 7mm 的刻线,表示整数,微分筒上数值为 35 的刻线对准中线,所以外径千分尺的读数=7+0.5+0.01×35=7.85(mm)。

从图 2-48(b)中可以看出,距微分筒最近的刻线为 5mm 的刻线,而微分筒上数值为 27 的刻线对准中线,所以外径千分尺的读数=5+0.01×27=5.27(mm)。

四、实验步骤

(1) 根据被测轴径的大小正确选择外径千分尺。

(2) 测量前,应把零件的被测量表面擦干净,以免有脏物存在时影响测量精度。同时两测头应光洁平整,微分筒应转动灵活并没有旷动和串动的感觉,锁住活动测砧后拧动测力装置时应能发出均匀的"喀、喀"声响。

(3) 对外径千分尺进行零位校准。对于量程为 0～25mm 的外径千分尺,转动测微螺杆使动、定测头微接触后(若测量范围大于 0～25mm 时,应该在两测砧面间放上校对样棒),拧动测力装置至发出"喀、喀"的声响时,检查微分筒的端面是否正好使固定套筒上的"0"刻线露出来,同时微分筒圆周上的"0"刻线是否对准固定套筒的中线,如果两者位置都是正确的,就认为千分尺的零位是对的,否则就要进行零位校准。

进行零位校准时,锁紧测微螺杆,用千分尺的专用扳手,插入固定套管的小孔,扳转固定套管,使固定套管纵刻线与微分筒上零线对准;若偏离零线较大时,需用小的螺钉旋具将固定套管上的紧固螺钉松脱,并使用测微螺杆与微分筒松动,转动微分筒,则能进行初步的调整(即粗调),然后再按上述步骤进行微调即可。

(4) 千分尺测量采用双手操作,左手捏住尺架上的绝热垫,右手先转动微分筒,后拧紧测力装置,如图 2-49(a)所示。对于小工件测量,可用支架固定住千分尺,左手拿工件,右手拧测力装置,如图 2-49(b)所示。测量时还必须正确选择测砧与被测面的接触位置。进尺时,先调整可动测砧与固定测砧之间距离,使其稍大于被测尺寸。放入测量位置后,拧动测力装置并同时微微前后左右摆动测杆或工件,使测杆与被测尺寸线重合,当测力装置发出"喀、喀"声响时,表明测量力合适,即可读数。

(5) 在靠近轴的两端和轴的中间部位共取 3 个截面,并在互相垂直的两个方向上共测量 6 次。

图 2-49　外径千分尺的使用方法

(6) 将测量结果填入实验报告用表，并按是否超出工件设计公差带所限定的上、下极限尺寸，判断其合格性。

五、注意事项

(1) 使用外径千分尺时，一般用手握住隔热装置。如果手直接握住尺架，就会使千分尺和工件温度不一致而增加测量误差。一般情况下，外径千分尺和被测工件应具有相同的温度。

(2) 测量前，应先把测量面和被测工件表面擦干净，同时检查各部分相互作用是否灵活、平稳。检查千分尺的测杆是否有磨损，测杆紧密贴合时，应无明显的间隙。

(3) 千分尺两测量面将与工件接触时，要使用测力装置，不要转动微分筒。千分尺测量轴的中心线要与工件被测长度方向一致，不要歪斜。

(4) 在测量被加工的工件时，工件要在静态下测量，不要在工件转动或加工时测量，否则易使测量面磨损，测杆扭弯，甚至折断。

(5) 按被测尺寸调整外径千分尺时，要缓慢平稳地旋转微分筒或测力装置，不要握住微分筒挥动或摇转尺架，以避免测微螺杆变形。

(6) 测量时，应使测砧测量面与被测表面接触，然后摆动测微头端找到正确位置后，使测微螺杆测量面与被测表面接触，在千分尺上读取被测值。当千分尺离开被测表面读数时，应先用锁紧装置将测微螺杆锁紧再进行读数。

(7) 千分尺用毕后，应用纱布擦干净，在测砧与螺杆之间留出一点空隙，放入盒中。如长期不用可抹上黄油或机油，放置在干燥的地方。注意不要让它接触腐蚀性的气体。

习　题

一、填空题

1. 检测是_____和_____的统称。

2. 量块分长度量块和_____两类。

3. 长度量块按制造精度分为_____级。

4. 长度量块按检定精度分为_____等。

5. 测量按示值是否为被测几何量的量值分为_____和相对测量。

6. 测量值只能近似地反映被测几何量的_____。

7. 测量实质上是将被测几何量与作为计量单位的标准量进行_____，从而确定被测几何量_____的过程。

8. 一个完整的测量过程应包括_____、_____、_____和_____等 4 个方面。

9. 测量对象主要是指几何量，包括_____、_____、_____、_____和_____等。

10. 测量范围是指计量器具能够测出的被测尺寸的_____值到_____值的范围。

11. 校正值与示值误差的大小_____，符号_____。

12. 间接测量是指通过测量与被测尺寸有一定_____的其他尺寸，然后通过_____获得被测尺寸量值的方法。

13. 相对测量是指被测量与它只有微小差别的已知同种量(一般为标准量)，通过测量这两个量值间的_____，以确定被测量值的方法。

14. 综合测量能得到工件上几个相关几何量的_____，以判断工件是否_____，因而实质上综合测量一般属于_____。

15. 示值范围是指计量器具标尺或刻度盘所指示的_____值到_____值的范围。

16. 游标卡尺的分度值有_____mm、_____mm 和_____mm 三种，其中_____mm 最常用。

二、判断题

1. 直接测量必为绝对测量。　　　　　　　　　　　　　　　　　　　　　　（　　）

2. 为减少测量误差，一般不采用间接测量。　　　　　　　　　　　　　　　（　　）

3. 用游标卡尺测量两孔中心距属于相对测量法。　　　　　　　　　　　　　（　　）

4. 为提高测量的准确性，应尽量选用高等级量块作为基准进行测量。　　　　（　　）

5. 使用的量块数越多，组合出的尺寸越准确。　　　　　　　　　　　　　　（　　）

6. 0～25mm 千分尺的示值范围和测量范围是一样的。　　　　　　　　　　（　　）

7. 计量器具的校正值又称修正值，计量器具的校正值等于计量器具的示值误差。（　　）

8. 如果量具的零位未对齐，则用此量具测量所产生的误差，从误差产生原因上看属于计量器具误差。　　　　　　　　　　　　　　　　　　　　　　　　　　（　　）

9. 用游标卡尺测量轴径时，由于没有看准对齐的刻线而产生的误差，从误差产生原因上看属于方法误差。　　　　　　　　　　　　　　　　　　　　　　　　　（　　）

10. 选择较大的测量力，有利于提高测量的精确度和灵敏度。　　　　　　　（　　）

11. 游标卡尺是利用尺身刻度间距和游标刻度间距之差来进行小数部分读数的。差值越小，其分度值越小，游标卡尺的测量精度越高。　　　　　　　　　　　　（　　）

12. 分度值为 0.02mm 的游标卡尺，尺身上的刻度间距比游标上的刻度间距大 0.02mm。　　　　　　　　　　　　　　　　　　　　　　　　　　　　　　　（　　）

13. 分度值为 0.02mm 的游标卡尺，尺身上 50 格的长度与游标上 49 格的长度相等。（　　）

14. 游标卡尺是精密量具，因此在测量前不需要进行零位校正。　　　　　　（　　）

15. 校正游标卡尺的零位就是校正尺身零刻线与游标零刻线对齐。　　　　　（　　）

16. 各种千分尺的分度值均为千分之一毫米，即 0.001mm。　　　　　　　　（　　）

17. 百分表的示值范围最大为 0～10mm，因而百分表只能用来测量尺寸较小的工件。（　　）

18. 用百分表测量时，测量杆的行程不应超出它的测量范围。　　　　　　　（　　）

19. 用内径百分表测量孔径属于相对测量法，可以直接读出被测尺寸的数值。（　　）

20. 用百分表测量时，应使测量杆垂直于零件被测表面。　　　　　　　　　（　　）

21. 由于万能角度尺是万能的，因而 I 型万能角度尺可以测量 0°～360°的任意角度。　　　　　　　　　　　　　　　　　　　　　　　　　　　　　　　　（　　）

22. 利用万能角度尺的基尺和直尺、角尺、扇形板的不同搭配，可测量不同范围内的角度。
　　　　　　　　　　　　　　　　　　　　　　　　　　　　　　　　　　　　（　　）

23. 用万能角度尺测角度时，只装直尺可测的角度为0°～50°。　　　　　　　（　　）

24. 万能角度尺的刻线原理与读数方法和游标卡尺相似。　　　　　　　　　　（　　）

三、选择题

1. 检验与测量相比，其最主要的特点是(　　)。
   A. 检验适合大批量生产
   B. 检验所使用的计量器具比较简单
   C. 检验只判定零件的合格性，而无须得出具体量值
   D. 检验的精度比较低

2. 用游标卡尺测量轴径属于(　　)。
   A. 直接接触测量　　　B. 直接非接触测量　　　C. 间接接触测量　　　D. 比较接触测量

3. 绝对误差与真值之比叫做(　　)。
   A. 随机误差　　　　　B. 极限误差　　　　　　C. 剩余误差　　　　　D. 相对误差

4. 可以用剔除的方法处理的误差是(　　)。
   A. 系统误差　　　　　B. 粗大误差　　　　　　C. 随机误差　　　　　D. 实际误差

5. 我国采用的法定长度计量单位是(　　)
   A. 米(m)　　　　　　B. 分米(dm)　　　　　　C. 厘米(cm)　　　　　D. 毫米(mm)

6. 量块按制造精度分为(　　)。
   A. 2级　　　　　　　B. 3级　　　　　　　　　C. 4级　　　　　　　D. 5级

7. 量块按检定精度分为(　　)。
   A. 2等　　　　　　　B. 4等　　　　　　　　　C. 5等　　　　　　　D. 8等

8. 量块按"等"使用比按"级"使用的测量精度(　　)。
   A. 要高　　　　　　　B. 要低　　　　　　　　　C. 一样　　　　　　　D. 不可比

9. 一般来说，直接测量的精度比间接测量的精度(　　)。
   A. 要高　　　　　　　B. 要低　　　　　　　　　C. 相同　　　　　　　D. 近似

10. 测量中，读数错误属于(　　)。
    A. 量具误差　　　　　B. 方法误差　　　　　　C. 环境误差　　　　　D. 人员误差

11. 计量器具能准确读出的最小单位数值就是计量器具的(　　)。
    A. 校正值　　　　　　B. 示值误差　　　　　　C. 分度值　　　　　　D. 刻度间距

12. 分度值和刻度间距的关系是(　　)。
    A. 分度值越大，则刻度间距越大
    B. 分度值越小，则刻度间距越小
    C. 分度值与刻度间距成反比
    D. 分度值的大小与刻度间距的大小没有直接关系

13. 在一定测量条件下，多次测量取同一值时，绝对值和符号均保持不变的误差称为(　　)。
    A. 随机误差　　　　　B. 粗大误差　　　　　　C. 系统误差　　　　　D. 环境误差

14. 测量精度中的准确度高，只是指(　　)。
    A. 正确度高　　　　　　　　　　　　　　　　B. 精密度高
    C. 正确度、精密度都高　　　　　　　　　　　D. 正确度、精密度都低

15. 分度值为 0.02mm 的游标卡尺,当游标上的零刻线对齐尺身上 15mm 的刻线,游标上第 50 格刻线与尺身上 64 mm 的刻线对齐,此时读数值为( )mm。

    A. 16   B. 15   C. 64   D. 14

16. 用游标卡尺的深度尺测量槽深时,尺身应( )槽底。

    A. 垂直于   B. 平行于   C. 倾斜于

17. 千分尺上棘轮的作用是( )。

    A. 校正千分尺的零位   B. 便于旋转微分筒

    C. 限制测量力   D. 补偿温度变化的影响

18. 关于外径千分尺的特点,下列说法中错误的是( )。

    A. 使用灵活,读数准确

    B. 测量精度比游标卡尺高

    C. 在生产中使用广泛

    D. 螺纹传动副的精度很高,因而适合测量精度要求很高的零件

19. 用百分表测量工件的长度尺寸时,所采用的测量方法是( )。

    A. 直接测量、绝对测量   B. 直接测量、相对测量

    C. 间接测量、绝对测量   D. 间接测量、相对测量

20. 用百分表测量轴表面时,测量杆的中心线应( )。

    A. 垂直于轴表面   B. 通过轴中心线

    C. 垂直于轴表面且通过轴中心线   D. 与轴表面成一定的倾斜角度

21. 百分表校正零位后,若测量时长针沿逆时针方向转过 20 格,指向标有 80 的刻度线,则测量杆沿轴线相对于测头方向( )。

    A. 缩进 0.2 mm   B. 缩进 0.8 mm   C. 伸出 0.2 mm   D. 伸出 0.8 mm

22. 下列计量器具中,测量范围与示值范围相等的是( )。

    A. 比较仪   B. 游标卡尺   C. 百分表   D. 杠杆表

23. 将万能角度尺的角尺、直尺和夹块全部取下,直接用基尺和扇形板的测量面进行测量,所测量的范围为( )。

    A. 0°~50°   B. 50°~140°   C. 140°~230°   D. 230°~320°

24. 关于万能角度尺,下列说法中错误的是( )。

    A. 万能角度尺是用来测量工件内外角度的一种通用量具

    B. 万能角度尺的刻线原理与游标卡尺相似,也是利用尺身与游标的刻度间距之差来进行小数部分读数的

    C. 万能角度尺在使用时,要根据被测工件的不同角度,正确搭配使用直尺和角尺

    D. II型万能角度尺可以测量 0°~320°的任意角度

四、思考题

1. 测量的实质是什么?一个完整的测量过程包括哪几个要素?

2. 什么是量值传递系统?为什么要建立量值传递系统?

3. 量块分等、分级的依据是什么?按级使用和按等使用量块有何不同?

4. 试从 91 块一套的量块中同时组合下列尺寸(单位 mm):

            29.875,   48.98,   40.79

5. 以机械比较仪为例说明计量器具有哪些基本度量指标?

6. 试说明分度值、刻度间距和灵敏度三者有何区别。

7. 试说明绝对测量方法与相对测量方法、绝对误差与相对误差的区别。

8. 测量误差分哪几类？产生各类测量误差的因素有哪些？

9. 举例说明随机误差、系统误差和粗大误差的特性和不同如何进行处理？

10. 用立式光学计，对某轴径的同一位置重复测量 12 次，各次的测得值按顺序记录如下(单位 mm)，假设已消除了定值系统误差，试求测量结果。

　　　　10.012　　　10.013　　　10.012　　　10.011　　　10.016　　　10.013　　　10.010　　　10.014

　　　　10.013　　　10.012　　　10.011　　　10.016

11. 按照游标卡尺的读数方法，确定图 2-50 所示的各游标卡尺的读数。

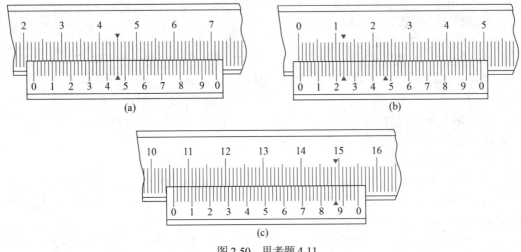

(a) 　　　　　　　　　　　　　　　　　　　　(b)

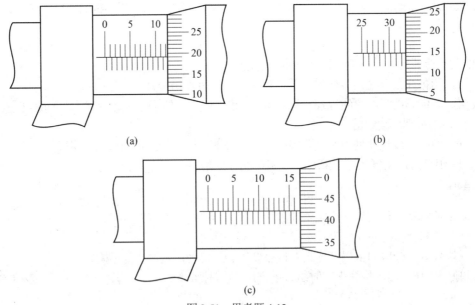

(c)

图 2-50　思考题 4-11

12. 按照千分尺的读数方法，确定图 2-51 所示的各千分尺的读数。

(a) 　　　　　　　　　　　　　　　　　　　　(b)

(c)

图 2-51　思考题 4-12

13. 按照万能角度尺的读数方法，读出图 2-52 所示的角度。

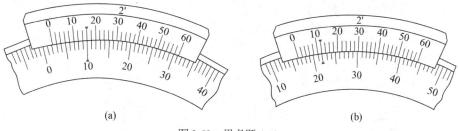

(a)   (b)

图 2-52   思考题 4-13

第3章

孔、轴的公差与配合

◇ **学习重点**
1. 公差与配合的基本术语。
2. 尺寸公差带与配合。
3. 公差与配合的选择。

◇ **学习难点**
1. 尺寸公差带与配合。
2. 公差与配合的选择。

◇ **学习目标**
1. 理解有关尺寸、偏差、公差、配合等方面的术语和定义。
2. 掌握标准中有关标准公差、公差等级的规定。
3. 掌握标准中规定的孔和轴各28种基本偏差代号及其分布规律。
4. 牢固掌握公差带的概念和公差带图的画法，并能熟练查取标准公差和基本偏差表格，正确进行有关计算。
5. 了解标准中关于一般、常用和优先公差带与配合的规定。
6. 了解标准中关于未标注公差的线性尺寸的公差与配合的规定。
7. 学会公差与配合的正确选用，并能正确标注在图上。

3.1　概　述

机械产品通常是由许多经过机械加工的零部件组成的,而圆柱体的结合(配合)是孔、轴最基本和普遍的形式。这些零部件在加工、检测及装配过程中都会不可避免地产生尺寸误差。为了经济地满足使用要求,保证互换性和精度要求,应对尺寸公差与配合进行标准化。

3.2　基本术语及定义

3.2.1　孔和轴的定义

1. 孔

通常指圆柱形内表面,也包括非圆柱形内表面(由两平行平面或切平面形成的包容面)。

2. 轴

通常指圆柱形外表面,也包括非圆柱形外表面(由两平行平面或切平面形成的被包容面)。

3. 孔与轴的区别

(1) 从装配关系看,孔是包容面,在它之内无材料,如图 3-1(a)所示;轴是被包容面,在它之外无材料,如图 3-1(b)所示。

(2) 从加工过程看,孔的尺寸由小变大;轴的尺寸由大变小。

(3) 从测量方法看,测孔用内卡脚;测轴用外卡脚,如图 3-1(c)所示。

孔、轴具有广泛的含义。它们不仅表示通常理解的概念,即圆柱形的内、外表面,而且也包括由二平行平面或切面形成的包容面和被包容面。如图 3-1(d)、(e)所示的各表面,其中 D_1、D_2、D_3 和 D_4 各尺寸确定的各组平行平面或切面所形成的包容面都称为孔;如 d_1、d_2、d_3 和 d_4 各尺寸确定的圆柱形外表面和各组平行平面或切平面所形成的被包容面都称为轴。因而孔、轴分别具有包容和被包容的功能。

如果二平行平面或切平面既不能形成包容面,也不能形成被包容面,则它们既不是孔,也不是轴。如图 3-1(d)、(e)中的由 L_1、L_2 和 L_3 各尺寸确定的各组平行平面或切面。

4. 孔和轴结合的使用要求

孔、轴结合在机械产品中应用非常广泛,根据使用要求不同,可归纳为以下三类。

(1) 用作相对运动副

这类结合主要用于具有相对转动和移动的机构中。如滑动轴承与轴颈的结合,即为相对转动的典型结构;导轨与滑块的结合,即为相对移动的典型结构。对这类结合,必须保证有一定的配合间隙。

(2) 用作固定连接

机械产品有许多旋转零件,由于结构上的特点或考虑节省较贵重材料等原因,将整体零件拆成两件,如涡轮又可分为轮缘与轮毂的结合等,然后再经过装配而形成一体,构成固定的连接。对这类结合,必须保证有一定的过盈量,使之能够在传递足够的扭矩或轴向力时不打滑。

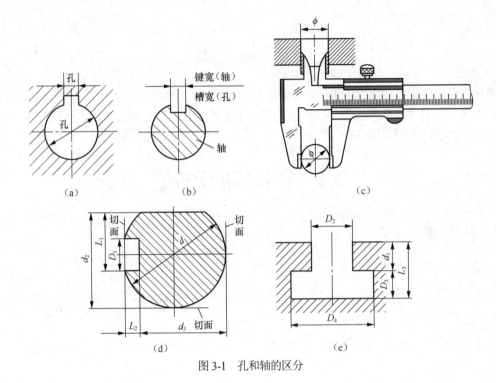

图 3-1 孔和轴的区分

(3) 用作定位可拆连接

这类结合主要用于保证有较高的同轴度和在不同修理周期下能拆卸的一种结构。如一般减速器中齿轮与轴的结合，定位销与销孔的结合等，其特点是它传递的扭矩比固定连接小，甚至不传递扭矩，而只起定位作用，但由于要求有较高的同轴度，因此，必须保证有一定的过盈量，但也不能太大。

此外，有些典型零件的结合，如螺纹、平键、花键等，也不外乎是上述三种类型的连接。

3.2.2 有关尺寸的术语及定义

1. 尺寸

尺寸是指用特定单位表示线性尺寸值的数值，如直径、半径、宽度、深度、高度、中心距等。在机械制造中，一般用毫米(mm)作为特定单位，在图样上标注尺寸时，可将单位省略，仅标注数值。当以其他单位表示尺寸时，则应注明相应的长度单位，如 $50\mu m$。

2. 公称尺寸

由图样规范确定的理想形状要素的尺寸，称为公称尺寸(旧国标中称为基本尺寸)。孔的公称尺寸用 D 表示，轴的公称尺寸用 d 表示。它是根据零件的强度、刚度等要求计算得出或通过试验和类比方法确定，又经过圆整后得到的尺寸。公称尺寸一般按照标准尺寸系列选取，它是尺寸精度设计中用来确定极限尺寸和极限偏差的一个基准。

3. 极限尺寸

由一定大小的线性尺寸或角度尺寸确定的几何形状称为尺寸要素。尺寸要素的尺寸所允许的极限值称为极限尺寸。尺寸要素允许的最大尺寸称为上极限尺寸(旧国标中称为最大极限尺寸)，用 D_{max}、d_{max} 表示。尺寸要素允许的最小尺寸称为下极限尺寸(旧国标中称为最小极限尺寸)，用 D_{min}、

$d_{\min}$ 表示，如图 3-2 所示。

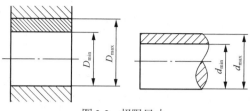

图 3-2　极限尺寸

 特别提示

　　设计中规定极限尺寸是为了限制加工中零件的尺寸变动，实际尺寸在两个极限尺寸之间，即下极限尺寸≤实际尺寸≤上极限尺寸，则零件合格。

4. 提取组成要素的局部尺寸

　　提取组成要素的局部尺寸是一切提取组成要素上两对应点之间距离的统称。新的国家标准没有给出实际尺寸的定义，提到了提取组成要素的局部尺寸。实际(组成)要素、提取组成要素的定义见第 4 章。

3.2.3　有关偏差、公差的术语及定义

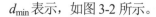

有关公差的术语
和定义

1. 尺寸偏差

　　某一尺寸减去其公称尺寸所得的代数差称为尺寸偏差(简称偏差)。孔用 E 表示，轴用 e 表示。由于极限尺寸或实际尺寸可能大于、等于或小于公称尺寸，所以偏差可能为正值或负值，也可能为零。

 特别提示

　　因为偏差为代数值，可能为正值或负值，也可为零，故偏差值除零外，数值前面必须标有正号或负号。

2. 极限偏差

　　即极限尺寸减去公称尺寸所得的代数差。

　　(1) 上极限偏差(旧国标称为上偏差)，即最大极限尺寸减去其公称尺寸所得的代数差。孔用 ES 表示，轴用 es 表示。

　　(2)下极限偏差(旧国标称为下偏差)，即最小极限尺寸减去其公称尺寸所得的代数差。孔用 EI 表示，轴用 ei 表示。

$$ES=D_{\max}-D \qquad es=d_{\max}-d$$
$$EI=D_{\min}-D \qquad ei=d_{\min}-d \tag{3-1}$$

上极限偏差和下极限偏差统称为极限偏差，且上极限偏差总是大于下极限偏差。

　　在图样和技术文件上标注极限偏差数值时，上极限偏差标在公称尺寸的右上角，下极限偏差标在公称尺寸的右下角，如 $50^{+0.034}_{+0.009}$，$50^{-0.009}_{-0.020}$。特别要注意的是，当偏差为零值时，必须在相应的位置

上标注"0"，不能省略，如$30_{-0.007}^{0}$，$30_{0}^{+0.011}$。当上、下极限偏差数值相等而符号相反时，可简化标注，如80±0.015。

3. 基本偏差

极限与配合国家标准中，用以确定尺寸公差带相对零线位置的那个极限偏差称为基本偏差。它可以是上极限偏差或下极限偏差，一般为靠近零线的极限偏差。

特别提示 --

> 虽然基本偏差既可以是上极限偏差，也可以是下极限偏差，但对一个尺寸公差只能规定其中一个为基本偏差。

4. 尺寸公差

尺寸公差(简称公差)是上极限尺寸与下极限尺寸之差，或上极限偏差与下极限偏差之差。它是允许的尺寸变动量。孔的公差用T_D表示，轴的公差用T_d表示，其关系为

$$T_D = |D_{max} - D_{min}| = |ES - EI| \tag{3-2}$$

$$T_d = |d_{max} - d_{min}| = |es - ei| \tag{3-3}$$

公差是一个没有符号的绝对值，不存在正、负公差，也不允许为零。公差表示尺寸允许的变动范围，即某种区域大小的数量指标，这个范围的大小能够反映零件的加工精度。当其他条件相同时，公差值的大小能决定零件加工精度的高低(公差值越大，加工精度越低)，也能决定零件加工的难易程度(公差值越大，越容易加工)。

尺寸公差是允许的尺寸误差。尺寸误差是一批零件的实际尺寸相对于理想尺寸的偏离范围。若工件的加工误差在公差范围内，则合格；反之，则不合格。当加工条件一定时，尺寸误差表征了加工方法的精度。尺寸公差则是设计规定的误差允许值，体现了设计者对加工方法精度的要求。通过对一批零件的测量，可以估算出其尺寸误差，而公差是设计给定的，不能通过测量得到。

特别提示 --

> 公差与偏差是有区别的：偏差是代数值，有正负号；而公差则是绝对值，没有正负之分，计算时决不能加正负号，而且尺寸公差不能为零。

5. 标准公差

在进行产品设计时，需要针对不同的零件、不同的使用要求、不同的精度要求等各种条件来确定一个零件的具体的公差数值。为了实现产品的互换性要求，需要使这个具体的公差数值标准化。公差与配合国家标准中所规定的用以确定公差带大小的任一公差值称为标准公差。用"国际公差"的英文缩略语 IT 表示。

6. 公差带图

(1) 尺寸公差带

在公差与配合示意图中，由代表上、下极限偏差或上、下极限尺寸的两条直线所限定的一个

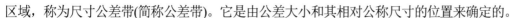

区域，称为尺寸公差带(简称公差带)。它是由公差大小和其相对公称尺寸的位置来确定的。

(2) 尺寸公差带图

为了表明尺寸、极限偏差及公差之间的关系，可不必画出孔与轴，而采用简单明了的公差带图表示，如图 3-3 所示。

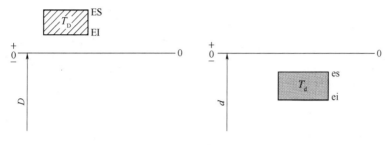

图 3-3   公差带图

以公称尺寸为零线(零偏差线)，用适当的比例画出两极限偏差，以表示尺寸允许变动的界限及范围，即为公差带图，如图 3-3 所示。

显然，尺寸公差带图由两个要素决定：一是公差带的大小，二是公差带偏离零线的位置。公差带的大小是指公差带在零线垂直方向上的宽度，由代表上、下极限偏差的两条偏差线段的垂直距离即尺寸公差确定；公差带的位置是指公差带沿零线垂直方向的坐标位置，由公差带距离零线最近的极限偏差(上极限偏差或下极限偏差)即基本偏差确定。公差带图的实例画法如图 3-4 所示。

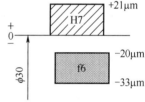

图 3-4   公差带图的实例画法

7. 公差与极限偏差的异同点说明

(1) 两者都是设计时给定的，反映了使用或设计要求，而且尺寸公差=|上偏差－下偏差|。

(2) 公差是没有符号的绝对值，且不能为零；极限偏差是代数值，可以为正值、负值或零。

(3) 公差反映了对尺寸分布的密集、均匀程度的要求，是用以限制尺寸误差的；极限偏差表示对公称尺寸偏移程度的要求，是用以限制实际偏差的。

(4) 极限偏差决定了加工零件时机床进刀、退刀位置，一般与零件加工精度要求无关，通常任何机床可加工任一极限偏差的零件；公差反映对制造精度的要求，体现了加工的难易程度。某一精度等级的机床只能够加工公差值在某一范围内的零件。

(5) 公差在公差带图中决定公差带的大小；极限偏差决定公差带的位置。

(6) 公差影响配合松紧程度的一致性；极限偏差影响配合的松紧程度。

(7) 公差不能用来判断零件尺寸的合格性；极限偏差可以用来判断零件尺寸的合格性。

3.2.4   有关配合的术语及定义

在孔和轴的配合中，在保证公称尺寸相同的情况下，加工后有时孔比轴大点，有时轴比孔大点，就形成不同的配合。

1. 配合

配合是指公称尺寸相同的、相互结合的孔和轴公差带之间的关系。同时，也泛指非圆包容面与被包容面之间的结合关系，如键槽和键的配合。配合反映了相互结合的零件之间结合的松紧程度。

🔧 **特别提示** --

　　配合是指一批孔、轴的装配关系，而不是指单个孔、轴的装配。

2. 间隙或过盈

　　在孔与轴的配合中，孔的尺寸减去轴的尺寸所得的代数差，当差值为正时称为间隙，用符号 X 表示；当差值为负时称为过盈，用符号 Y 表示。在孔与轴的配合中，间隙的存在是配合后能产生相对运动的基本条件，而过盈的存在是使配合零件位置固定或传递载荷。

🔧 **特别提示** --

　　当间隙或过盈不为零时，间隙值的前面必须标注正号，过盈值的前面必须标注负号。

3. 配合种类

　　根据孔、轴公差带的不同位置关系，孔、轴配合性质也不同，可分为间隙配合、过盈配合和过渡配合 3 种，如图 3-5。

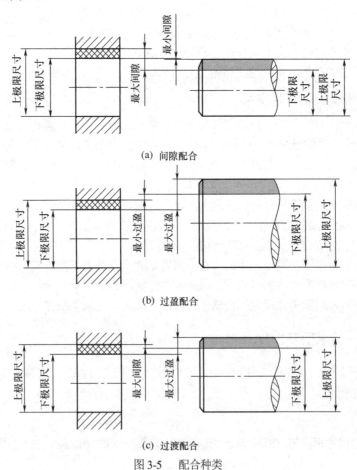

(a) 间隙配合

(b) 过盈配合

(c) 过渡配合

图 3-5　配合种类

(1) 间隙配合

孔和轴装配时总是存在间隙(包括最小间隙等于零)的配合称为间隙配合。在间隙配合中，孔的公差带在轴的公差带之上，如图 3-6 所示。

间隙配合

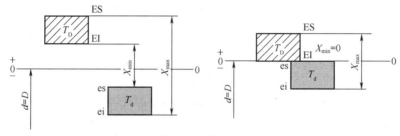

图 3-6 间隙配合

当孔为上极限尺寸，而与其相配合的轴为下极限尺寸时，配合处于最松状态，此时的间隙为最大间隙，用 X_{max} 表示。因此，最大间隙等于孔的上极限尺寸与轴的下极限尺寸之差。

最大间隙：

$$X_{max}=D_{max}-d_{min}=ES-ei \tag{3-4}$$

当孔为下极限尺寸，而与其相配合的轴为上极限尺寸时，配合处于最紧状态，此时的间隙为最小间隙，用 X_{min} 表示。因此，最小间隙等于孔的下极限尺寸与轴的上极限尺寸之差。

最小间隙：

$$X_{min}=D_{min}-d_{max}=EI-es \tag{3-5}$$

最大间隙与最小间隙统称为极限间隙，它们表示间隙配合中允许间隙变动的两个界限值。在正常生产中，两者出现的机会很少。间隙配合的平均松紧程度称为平均间隙(X_{av})。

平均间隙：

$$X_{av}=\frac{1}{2}(X_{max}+X_{min}) \tag{3-6}$$

显然，在间隙配合中孔的尺寸大于轴的尺寸，两者很容易装配到一起，装配后轴在孔中能够转动或移动。

(2) 过盈配合

孔和轴的装配总存在过盈(包括最小过盈等于零)的配合称为过盈配合。在过盈配合中，孔的公差带在轴的公差带之下，如图 3-7 所示。

过盈配合、过渡配合

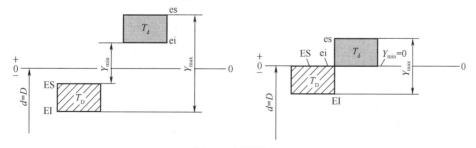

图 3-7 过盈配合

在过盈配合中，孔的下极限尺寸与轴的上极限尺寸之差，称为最大过盈，用符号 Y_{max} 表示，此时配合处于最紧状态；孔的上极限尺寸与轴的下极限尺寸之差，称为最小过盈，用符号 Y_{min} 表示，此时配合处于最松状态。

最大过盈：

$$Y_{max}=D_{min}-d_{max}=EI-es \tag{3-7}$$

最小过盈：

$$Y_{min}=D_{max}-d_{min}=ES-ei \tag{3-8}$$

最大过盈和最小过盈统称为极限过盈，它们表示过盈配合中允许过盈的两个界限值。在正常的生产中，两者出现的机会很少。平均过盈(Y_{av})为最大过盈与最小过盈的平均值。

平均过盈：

$$Y_{av}=\frac{1}{2}(Y_{max}+Y_{min}) \tag{3-9}$$

显然，在过盈配合中孔的尺寸小于轴的尺寸，两者很不容易装配在一起，必须借助外力。装配后轴在孔中不能够运动，因此在工作时能够传递一定的转矩和承受一定的轴向力而不至于打滑。

(3) 过渡配合

孔和轴装配时可能具有间隙或过盈的配合称为过渡配合。此时，孔的公差带与轴的公差带相互交迭，如图 3-8 所示。过渡配合是对于孔、轴群体而言，若单对孔、轴配合则无过渡之说。任取其中一对孔和轴相配，可能具有间隙，也可能具有过盈，绝不会出现又间隙又过盈的情况。

在过盈配合中，孔的上极限尺寸与轴的下极限尺寸之差，称为最大间隙(X_{max})，此时配合处于最松状态；孔的下极限尺寸与轴的上极限尺寸之差，称为最大过盈，用符号 Y_{max} 表示，此时配合处于最紧状态。

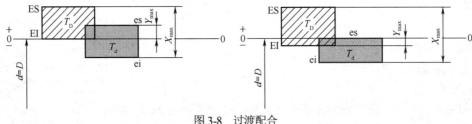

图 3-8 过渡配合

最大间隙：

$$X_{max}=D_{max}-d_{min}=ES-ei \tag{3-10}$$

最大过盈：

$$Y_{max}=D_{min}-d_{max}=EI-es \tag{3-11}$$

在过渡配合中，平均间隙或平均过盈为最大间隙与最大过盈的平均值，所得值为正，则为平均间隙；若为负，则为平均过盈。

$$X_{av}(Y_{av})=\frac{1}{2}(X_{max}+Y_{max}) \tag{3-12}$$

　　显然，过渡配合就是介于间隙配合和过盈配合之间的一种配合。在过渡配合中，孔与轴的尺寸大小差不多，装配后它既不像间隙配合那么松，也没有过盈配合那么紧，所以过渡配合适用于有些既需要传递转矩又要经常拆卸的场合。

 特别提示

　　配合的类型可以根据孔、轴公差带间的相互位置来判断，也可以根据孔、轴的极限偏差来判断。由三种配合的孔、轴公差带位置可以看出：

　　当 EI≥es 时，为间隙配合。

　　当 ES≤ei 时，为过盈配合。

　　当以上两式都不成立时，为过渡配合。

(4) 配合公差

　　配合公差是指组成配合的孔与轴的公差之和。它是允许间隙或过盈的变动量，表明配合松紧的变化程度，是衡量配合精度的重要指标。配合公差用 T_f 表示，是一个没有符号的绝对值。

　　对间隙配合：

$$T_f=|X_{max}-X_{min}|$$

过盈配合与过渡配合的计算及配合公差

　　对过盈配合：

$$T_f=|Y_{min}-Y_{max}|$$

　　对过渡配合：

$$T_f=|X_{max}-Y_{max}| \tag{3-13}$$

　　在式(3-13)中，把最大、最小间隙和过盈分别用孔、轴的极限尺寸或偏差带入，可得 3 种配合的配合公差都为

$$T_f=T_D+T_d \tag{3-14}$$

　　式(3-14)表明配合件的装配精度与零件的加工精度有关，要提高装配精度，使配合后间隙或过盈的变动量小，则应减小零件的公差，提高零件的加工精度。但是，从使用角度考虑，配合公差越小，表示一批孔、轴结合的松紧程度变化小，配合精度高，使用性能好；可是从制造角度考虑，配合公差越小，要求相配的孔、轴的尺寸公差越小，加工越困难，成本越高。因此，设计者在确定公差与配合时就要综合考虑，协调好这一对矛盾。

　　间隙配合、过盈配合和过渡配合的计算实例如表 3-1 所示。

表 3-1　三类配合作图计算及综合比较表

项目　　　　　　配合类型	间隙配合	过盈配合	过渡配合
定义：一批合格轴孔按互换性原则组成	具有间隙(包括最小间隙等于零)的配合	具有过盈(包括最小过盈等于零)的配合	可能具有间隙或过盈的配合
轴孔公差带关系：实例	孔公差带在轴公差带之上 $\phi30\dfrac{\text{H7}\binom{+0.021}{0}}{\text{g6}\binom{-0.007}{-0.020}}$	孔公差带在轴公差带之下 $\phi30\dfrac{\text{H7}\binom{+0.021}{0}}{\text{p6}\binom{+0.005}{+0.022}}$	孔公差带与轴公差带交迭 $\phi30\dfrac{\text{H7}\binom{+0.021}{0}}{\text{k6}\binom{+0.015}{+0.022}}$

(续表)

配合类型 项目	间隙配合	过盈配合	过渡配合
轴孔公差带关系：实例	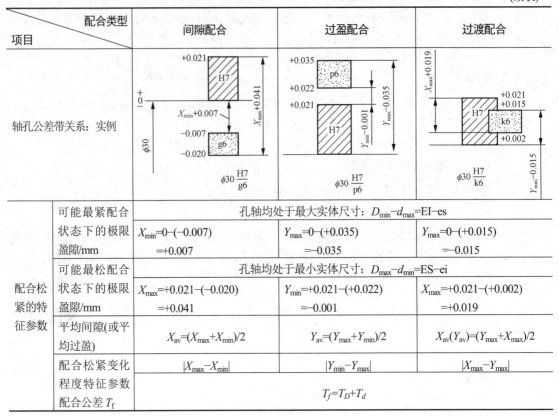		

配合松紧的特征参数	可能最紧配合状态下的极限盈隙/mm	孔轴均处于最大实体尺寸：$D_{min}-d_{max}=EI-es$		
		$X_{min}=0-(-0.007)$ $=+0.007$	$Y_{max}=0-(+0.035)$ $=-0.035$	$Y_{max}=0-(+0.015)$ $=-0.015$
	可能最松配合状态下的极限盈隙/mm	孔轴处于最小实体尺寸：$D_{max}-d_{min}=ES-ei$		
		$X_{max}=+0.021-(-0.020)$ $=+0.041$	$Y_{min}=+0.021-(+0.022)$ $=-0.001$	$X_{max}=+0.021-(+0.002)$ $=+0.019$
	平均间隙(或平均过盈)	$X_{av}=(X_{max}+X_{min})/2$	$Y_{av}=(Y_{max}+Y_{min})/2$	$X_{av}(Y_{av})=(Y_{max}+X_{max})/2$
	配合松紧变化程度特征参数	$\lvert X_{max}-X_{min}\rvert$	$\lvert Y_{min}-Y_{max}\rvert$	$\lvert X_{max}-Y_{max}\rvert$
	配合公差 T_f	$T_f=T_D+T_d$		

3.3 极限与配合国家标准的组成与特点

3.3.1 基准制配合

同一极限制的孔和轴组成配合的一种制度，也称基准制。由于相配合的孔、轴的公差带位置可有各种不同的方案，均可达到相同的配合要求。为了简化和有利于标准化，以尽可能少的标准公差带形成最多种的配合，国标规定了两种基准制：基孔制配合和基轴制配合。它们可以将配合的种类进一步简化，有利于组织互换性生产。

配合制、标准
公差

1. 基孔制

基本偏差为零的孔的公差带与不同基本偏差的轴的公差带形成各种配合的制度，称为基孔制配合，简称基孔制。基孔制的孔称为基准孔，孔的下极限偏差为基本偏差，其下极限偏差为零，其代号为"H"。在基孔制中，先将孔的尺寸固定，再改变轴的尺寸，从而获得不同性质的配合，如图3-9(a)所示。

2. 基轴制配合

基本偏差为零的轴的公差带与不同基本偏差的孔的公差带形成各种配合的制度，称为基轴制配合，简称基轴制。基轴制的轴称为基准轴，基本偏差为上极限偏差，其上极限偏差为零，其代号为"h"。在基轴制中，先将轴的尺寸固定，再改变孔的尺寸，从而获得不同性质的配合，如图 3-9(b)所示。

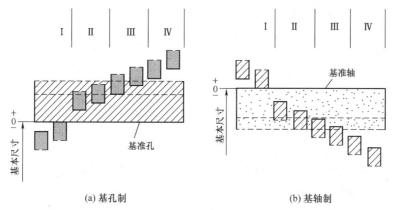

(a) 基孔制　　　　　　　　　　　(b) 基轴制

Ⅰ—间隙配合；　Ⅱ—过渡配合；　Ⅲ—过渡配合或过盈配合；　Ⅳ—过盈配合

图 3-9　基孔制配合和基轴制配合

 特别提示

　　区别某种配合是基孔制还是基轴制，只与其公差带的位置有关，而与孔、轴的加工顺序无关，不能理解成基孔制就是先加工孔，后加工轴。

　　我国《极限与配合》标准中规定的配合制，不仅适用于圆柱(包括平行平面)结合，同样也适用于螺纹、圆锥、键与花键等典型零件的结合。就是齿轮传动中的侧隙规范也是按配合制原则规定了基齿厚制(相当于基轴制)和基中心距制(相当于基孔制)的两种制度。

3.3.2　标准公差系列

1. 标准公差及其分级

　　标准公差是我国《极限与配合》国家标准中，用以确定公差带大小的任一公差值，也是为了限制各类加工误差而给出的标准的公差数值。标准公差数值由公差等级和公称尺寸决定。

　　生产实践表明，在相同的工艺条件下，尺寸大的零件，其加工误差也比较大。因为公差是限制加工误差的，所以在确定标准公差的时候，要考虑零件的直径。极限与配合国家标准在公称尺寸至 500mm 内规定了 IT01，IT0，IT1，…，IT18 共 20 个等级；在 500～3150mm 内规定了 IT1～IT18 共 18 个标准等级，精度依次降低。

　　IT(ISO tolerance)表示国际公差，数字表示公差等级代号。公差等级高，零件的精度高，使用性能提高，但加工难度大，生产成本高；公差等级低，零件的精度低，使用性能降低，但加工难度小，生产成本降低。

 特别提示

　　公差等级是划分尺寸精确程度高低的标志。要注意的是，在同一公差等级中，虽然不同公称尺寸对应不同的标准公差值，但这些尺寸被认为具有同等的精确程度。

2. 公差单位

公差单位也称公差因子，是计算标准公差值的基本单位，也是制定标准公差数值系列的基础。利用统计法在生产中可发现，在相同的加工条件下，公称尺寸不同的孔或轴加工后产生的加工误差不相同，且加工误差的大小与工件直径的大小成一定的函数关系：在尺寸较小时加工误差与公称尺寸呈立方抛物线性关系，在尺寸较大时接近线性关系，如图 3-10 所示。由于误差由公差来控制，而加工

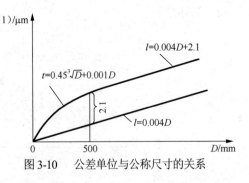

图 3-10　公差单位与公称尺寸的关系

误差范围与公称尺寸有一定关系，因此公差与公称尺寸也应有一定关系，所以利用这个规律可反映公差与公称尺寸之间的关系。

当公称尺寸小于或等于 500mm 时，公差单位(以 i 表示)按下式计算：

$$i = 0.45\sqrt[3]{D} + 0.001D$$

式中，D——公称尺寸的计算尺寸(mm)。

在上式中，等号右边第一项主要反映加工误差，与尺寸的三次方根成正比；第二项用来补偿测量时温度变化引起的与公称尺寸成正比的测量误差。但是随着公称尺寸逐渐增大，第二项的影响越来越显著。

对大尺寸而言，温度变化引起的误差随直径的增大呈线性关系。

当公称尺寸为 500～3150mm 时，公差单位(以 i 表示)按下式计算：

$$i = 0.004D + 2.1$$

当公称尺寸大于 3150mm 时，以上式来计算标准公差，也不能完全反映误差出现的规律，但目前没有发现更加合理的公式，仍然按此式来计算。

由上述两个公式可见，尺寸越大，误差越大，公差也应越大。

3. 公差等级系数

在公称尺寸一定的情况下，公差等级系数 a 的大小反映了加工方法的难易程度，也是决定标准公差大小 IT＝ai 的唯一参数，成为 IT5～IT18 各级标准公差包含的公差因子数。

标准公差由公差等级系数和公差单位的乘积决定。

(1) 公称尺寸小于或等于 500mm，标准公差的计算式见表 3-2。公称尺寸小于或等于 500mm 时，常用公差等级 IT5～IT18 的公差值按 IT＝ai 计算。

为了使公差值标准化，公差等级系数 a 选取优先数系 R5 系列，即 $q_5 = \sqrt[5]{10} \approx 1.6$，如 IT6～IT18，每隔 5 项增大 10 倍。

对于 IT01、IT0，IT1 高精度等级，主要考虑测量误差，其公差计算用线性关系式，而 IT2～IT4 的公差值在 IT1～IT5 的公差值之间，按几何级数分布。

表 3-2　公称尺寸小于或等于 500mm 的标准公差数值计算公式

公差等级	公式	公差等级	公式	公差等级	公式
IT01	$0.3+0.008D$	IT1	$0.8+0.020D$	IT3	$(IT1)(IT5/IT1)^{2/4}$
IT0	$0.5+0.012D$	IT2	$(IT1)(IT5/IT1)^{1/4}$	IT4	$(IT1)(IT5/IT1)^{3/4}$

公差等级	公式	公差等级	公式	公差等级	公式
IT5	$7i$	IT10	$64i$	IT15	$640i$
IT6	$10i$	IT11	$100i$	IT16	$1000i$
IT7	$16i$	IT12	$160i$	IT17	$1600i$
IT8	$25i$	IT13	$250i$	IT18	$2500i$
IT9	$40i$	IT14	$400i$		

(2) 当公称尺寸大于 500mm 时，其公差值的计算方法与小于或等于 500mm 相同，标准公差的计算式见表 3-3。

表 3-3　公称尺寸 500mm～3150mm 的标准公差数值计算公式

公差等级	公式	公差等级	公式	公差等级	公式
IT01	$1i$	IT6	$10i$	IT13	$250i$
IT0	$2^{1/4}i$	IT7	$16i$	IT14	$400i$
IT1	$2i$	IT8	$25i$	IT15	$640i$
IT2	$(IT1)(IT5/IT1)^{1/4}$	IT9	$40i$	IT16	$1000i$
IT3	$(IT1)(IT5/IT1)^{2/4}$	IT10	$64i$	IT17	$1600i$
IT4	$(IT1)(IT5/IT1)^{3/4}$	IT11	$100i$	IT18	$2500i$
IT5	$7i$	IT12	$160i$		

4. 尺寸分段

由于公差单位 i 是公称尺寸的函数，按标准公差公式计算标准公差值时，每一个公称尺寸都要有一个公差值，这会使编制的公差表非常庞大。而且相近的公称尺寸，其标准公差值相差很小，为了简化标准公差数值表，国家标准将公称尺寸分成若干段，具体分段见表 3-4。

分段后的公称尺寸 D 按其计算尺寸代入公式计算标准公差值，计算尺寸即为每个尺寸段内首尾两个尺寸的几何平均值，如 30mm～50mm 尺寸段的计算尺寸 $D = \sqrt{30 \times 50} \approx 38.73\text{(mm)}$，只要属于这一尺寸分段内的公称尺寸，其标准公差的计算直径均按 38.73mm 进行计算。对于小于或等于 3mm 的尺寸段用 $D = \sqrt{1 \times 3} \approx 1.73\text{(mm)}$ 来计算。

表 3-4　公称尺寸小于或等于 500mm 的尺寸分段

主段落	中间段落	主段落	中间段落
≤3	无细分段	>250～315	>250～280
>3～6			>280～315
>6～10		>315～400	>315～355
>10～18	>10～14		>355～400
	>14～18	>400～500	>400～450
>18～30	>18～24		>450～500
	>24～30	>500～630	>500～560
>30～50	>30～40		>560～630
	>40～50	>630～800	>630～710

主段落	中间段落	主段落	中间段落
>50~80	>50~65		>710~800
	>65~80	>800~1000	>800~900
>80~120	>80~100		>900~1000
	>100~120	>1000~1250	>1000~1120
>120~180	>120~140		>1120~1250
	>140~160	>1250~1600	>1250~1400
	>160~180		>1400~1600
		>1600~2000	>1600~1800
			>1800~2000
>180~250	>120~140	>2000~2500	>2000~2240
	>140~160		>2240~2500
	>160~180	>2500~3150	>2500~2800
			>2800~3150

【例】计算确定直径尺寸为 $\phi25\text{mm}$ 的 IT6、IT7 级公差的标准公差值。

解：$\phi25\text{mm}$ 属于 18mm~30mm 尺寸段。

计算尺寸为　　$D = \sqrt{18 \times 30} = 23.24(\text{mm})$

公差单位为　　$i = 0.45\sqrt[3]{D} + 0.001D$

$$= (0.45\sqrt[3]{23.24} + 0.001 \times 23.24) \approx 1.31(\mu\text{m})$$

查表 3-2 可得

$$\text{IT6} = 10i = 10 \times 1.31 \approx 13(\mu\text{m})$$

$$\text{IT7} = 16i = 16 \times 1.31 \approx 21(\mu\text{m})$$

根据以上方法分别对各尺寸段进行计算，再按规则圆整，即得出标准公差数值，GB/T 1800.1—2020 规定的标准公差数值表见表 3-5。这样，就使得同一公差等级、同一尺寸分段内各公称尺寸的标准公差值是相同的。实践证明：这样计算公差值差别很小，对生产影响也不大，但是对公差值的标准化很有利。

表 3-5　标准公差数值

公称尺寸/mm		公差等级																	
		IT1	IT2	IT3	IT4	IT5	IT6	IT7	IT8	IT9	IT10	IT11	IT12	IT13	IT14	IT15	IT16	IT17	IT18
大于	至	μm											mm						
—	3	0.8	1.2	2	3	4	6	10	14	25	40	60	0.10	0.14	0.25	0.40	0.60	1.0	1.4
3	6	1	1.5	2.5	4	5	8	12	18	30	48	75	0.12	0.18	0.30	0.48	0.75	1.2	1.8
6	10	1	1.5	2.5	4	6	9	15	22	36	58	90	0.15	0.22	0.36	0.58	0.90	1.5	2.2
10	18	1.2	2	3	5	8	11	18	27	43	70	110	0.18	0.27	0.43	0.70	1.10	1.8	2.7
18	30	1.5	2.5	4	6	9	13	21	33	52	84	130	0.21	0.33	0.52	0.84	1.30	2.1	3.3
30	50	1.5	2.5	4	7	11	16	25	39	62	100	160	0.25	0.39	0.62	1.00	1.60	2.5	3.9
50	80	2	3	5	8	13	19	30	46	74	120	190	0.30	0.46	0.74	1.20	1.90	3.0	4.6
80	120	2.5	4	6	10	15	22	35	54	87	140	220	0.35	0.54	0.87	1.40	2.20	3.5	5.4
120	180	3.5	5	8	12	18	25	40	63	100	160	250	0.40	0.63	1.00	1.60	2.50	4.0	6.3

(续表)

公称尺寸 /mm		公 差 等 级																	
		IT1	IT2	IT3	IT4	IT5	IT6	IT7	IT8	IT9	IT10	IT11	IT12	IT13	IT14	IT15	IT16	IT17	IT18
大于	至	μm											mm						
180	250	4.5	7	10	14	20	29	46	72	115	185	290	0.46	0.72	1.15	1.85	2.90	4.6	7.2
250	315	6	8	12	16	23	32	52	81	130	210	320	0.52	0.81	1.30	2.10	3.20	5.2	8.1
315	400	7	9	13	18	25	36	57	89	140	230	360	0.57	0.89	1.40	2.30	3.60	5.7	8.9
400	500	8	10	15	20	27	40	63	97	155	250	400	0.63	0.97	1.55	2.50	4.00	6.3	9.7

注：公称尺寸小于或等于 1mm 时，无 IT14~IT18。

从表 3-5 中可以看出，同一公称尺寸范围，不同的公差等级对应不同的标准公差数值，公差等级越高，标准公差数值越小；而同一公差等级，虽然公称尺寸越大，公差数值越大，但却有相同的精度，如 IT7 都是 7 级精度。因此，当公称尺寸不同时，不能凭公差数值的大小来判断精度高低，而只能根据公差等级来判断。

3.3.3 基本偏差系列

基本偏差是用来确定公差带相对零线位置的，不同的公差带位置与基准件将形成不同的配合。基本偏差的数量将决定配合种类的数量。在对公差带的大小进行标准化后，还需对公差带相对于零线的位置进行标准化。

基本偏差系列

1. 代号

国家标准中已将基本偏差标准化，为了满足机器中各种不同性质和不同松紧程度的配合需要，标准对孔和轴分别规定了 28 个公差带位置，分别由 28 个基本偏差代号来确定。基本偏差代号用拉丁字母表示，孔用大写字母表示，轴用小写字母表示。28 种基本偏差代号，由 26 个拉丁字母中除去 5 个容易与其他参数混淆的字母 I、L、O、Q、W(i、l、o、q、w)，剩下的 21 个字母加上 7 个双写的字母 CD、EF、FG、JS、ZA、ZB、ZC(cd、ef、fg、js、za、zb、zc)组成。这 28 种基本偏差构成了基本偏差系列。

2. 基本偏差系列图及其特征

图 3-11 所示为基本偏差系列图，该图主要有以下特征。

(1) 基本偏差系列中的 H(h)其基本偏差为零。

(2) JS(js)与零线对称，上极限偏差 ES(es)＝+IT/2，下极限偏差 EI(ei)＝−IT/2，上、下极限偏差均可作为基本偏差。

JS 和 js 将逐渐代替近似对称于零线的基本偏差 J 和 j，因此在国家标准中，孔仅有 J6、J7 和 J8，轴仅保留了 j5、j6、j7 和 j8。

(3) 在孔的基本偏差系列中，A~H 的基本偏差为下极限偏差 EI，J~ZC 的基本偏差为上极限偏差 ES。

在轴的基本偏差系列中，a~h 的基本偏差为上极限偏差 es，j~zc 的基本偏差为下极限偏差 ei。A~H(a~h)的基本偏差的绝对值逐渐减小，J~ZC(j~zc)的基本偏差的绝对值一般为逐渐增大。

(4) 图 3-11 中各公差带只画出基本偏差一端，另一端取决于标准公差值的大小。

3. 轴的基本偏差数值

轴的基本偏差数值是以基孔制配合为基础，按照各种配合要求，再根据生产实践经验和统计分析结果得出的一系列公式再计算后再圆整尾数而得出。轴的基本偏差计算公式见表 3-6。为了方便使用,国家标准按有关轴的基本偏差公式计算列出了轴的基本偏差数值表,如表 3-7 所示。

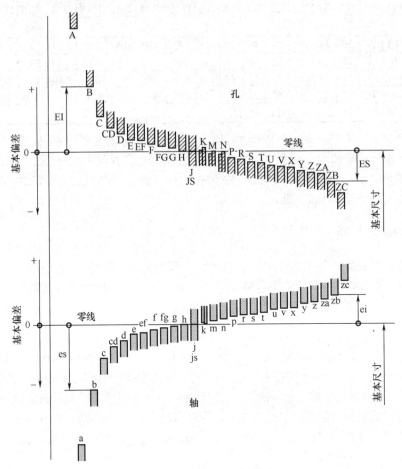

图 3-11 基本偏差系列示意图

表 3-6 公称尺寸≤500mm 的轴的基本偏差计算公式

基本偏差代号	适用范围	基本偏差为上偏差 es(单位为 μm)	基本偏差代号	适用范围	基本偏差为下偏差 (单位为 μm)
a	$D \leq 120mm$	$-(265+1.3D)$	j	IT5~IT8	—
	$D > 120mm$	$-3.5D$		≤IT3	0
b	$D \leq 150mm$	$-(140+0.85D)$	k	IT4~IT7	$+0.6D^{1/3}$
	$D > 150mm$	$-1.8D$		≥IT8	0
c	$D \leq 40mm$	$-52D^{0.2}$	m		$+(IT7~IT6)$
	$D > 40mm$	$-(95+0.8D)$	n		$+5D^{0.34}$
cd		$-(cd)^{1/2}$	p		$+IT7+(0~5)$
d		$-16D0.14$	r		$+ps1/2$
e		$-11D^{0.41}$	s	$D \leq 120mm$	$+IT8+(1~4)$

（续表）

基本偏差代号	适用范围	基本偏差为上偏差 es(单位为 μm)	基本偏差代号	适用范围	基本偏差为下偏差 (单位为 μm)
ef		$-(ef)^{1/2}$		$D>50\text{mm}$	$+IT7+0.4D$
f		$-5.5D^{0.41}$	t	$D>24\text{mm}$	$+IT0.7+0.63D$
fg		$-(fg)^{1/2}$	u		$+IT7+D$
g		$-2.5F^{0.14}$	v	$D>14\text{mm}$	$+IT7+1.254D$
h		0	x		$+IT7+1.64D$
基本偏差代号	适 用 范 围	基本偏差为上偏差 或下偏差	y	$D>18\text{mm}$	$+IT7+2D$
			z		$+IT7+2.5D$
js	$+IT/2$		za		$+IT8+3.5D$
			zb		$+IT9+5D$
			zc		$+IT10+5D$

注：(1) 表中 D 的单位为 mm；
　　(2) 除 j 和 js 外，表中所列的公式与公差等级无关

　　轴的基本偏差可查表确定，另一个极限偏差可根据轴的基本偏差数值和标准公差值按下列关系计算：

$$ei = es-IT \tag{3-15}$$
$$es = ei+IT \tag{3-16}$$

4．孔的基本偏差数值

　　孔的基本偏差数值是由同名的轴的基本偏差换算得到的。换算原则为：同名配合，配合性质相同。所谓"同名配合"，是指公差等级和非基准件的基本偏差代号都相同，只是基准制不同的配合，其配合性质相同，如基孔制的配合($\phi 60H9/f9$、$\phi 40H7/p6$)变成同名基轴制的配合($\phi 60F9/h9$、$\phi 40P7/h6$)时，其配合性质不变。

　　根据上述原则，孔的基本偏差按以下两种规则换算。

　　(1) 通用规则

　　用同一字母表示的孔、轴的基本偏差的绝对值相等，符号相反。孔的基本偏差是轴的基本偏差对于零线的倒影，即

$$EI = -es(适用于 A \sim H) \tag{3-17}$$
$$ES = -ei(适用于同级配合的 J \sim ZC) \tag{3-18}$$

　　(2) 特殊规则

　　用同一字母表示的孔、轴的基本偏差的符号相反，而绝对值相差一个Δ值，即

$$ES = -ei +\Delta$$
$$\Delta = IT_n - IT_{n-1} \tag{3-19}$$

　　特殊规则适用于公称尺寸≤500mm，标准公差≤IT8 的 J、K、M、N 和标准公差≤IT7 的 P～ZC。

　　孔的另一个极限偏差可根据孔的基本偏差数值和标准公差值按下列关系式计算。

$$EI = ES - IT \tag{3-20}$$
$$ES = EI + IT \tag{3-21}$$

　　按上述换算规则，国家标准制定出孔的基本偏差数值表，如表 3-8 所示。

表 3-7　尺寸≤500mm 的轴的基本偏差数值

基本偏差/μm

公称尺寸/mm	a	b	c	cd	d	e	ef	f	fg	g	h	js	j (5~6)	j (7)	j (8)	k (4~7)	k (≤3,>7)	m	n	p	r	s	t	u	v	x	y	z	za	zb	zc
	上偏差 (es)　所有公差等级																	下偏差 (ei)　所有公差等级													
≤3	−270	−140	−60	−34	−20	−14	−10	−6	−4	−2	0	±IT/2	−2	−4	−6	0	0	+2	+4	+6	+10	+14	—	+18	—	+20	—	+26	+32	+40	+60
3~6	−270	−140	−70	−46	−30	−20	−14	−10	−6	−4	0	±IT/2	−2	−4	—	+1	0	+4	+8	+12	+15	+19	—	+23	—	+28	—	+35	+42	+50	+80
6~10	−280	−150	−80	−56	−40	−25	−18	−13	−8	−5	0	±IT/2	−2	−5	—	+1	0	+6	+10	+15	+19	+23	—	+28	—	+34	—	+42	+52	+67	+97
10~14	−290	−150	−95	—	−50	−32	—	−16	—	−6	0	±IT/2	−3	−6	—	+1	0	+7	+12	+18	+23	+28	—	+33	—	+40	—	+50	+64	+90	+130
14~18	−290	−150	−95	—	−50	−32	—	−16	—	−6	0	±IT/2	−3	−6	—	+1	0	+7	+12	+18	+23	+28	—	+33	+39	+45	—	+60	+77	+108	+150
18~24	−300	−160	−110	—	−65	−40	—	−20	—	−7	0	±IT/2	−4	−8	—	+2	0	+8	+15	+22	+28	+35	+41	+41	+47	+54	+63	+73	+98	+136	+188
24~30	−300	−160	−110	—	−65	−40	—	−20	—	−7	0	±IT/2	−4	−8	—	+2	0	+8	+15	+22	+28	+35	+48	+48	+55	+64	+75	+88	+118	+160	+218
30~40	−310	−170	−120	—	−80	−50	—	−25	—	−9	0	±IT/2	−5	−10	—	+2	0	+9	+17	+26	+34	+43	+54	+60	+68	+80	+94	+112	+148	+200	+274
40~50	−320	−180	−130	—	−80	−50	—	−25	—	−9	0	±IT/2	−5	−10	—	+2	0	+9	+17	+26	+34	+43	+66	+70	+81	+97	+114	+136	+180	+242	+325
50~65	−340	−190	−140	—	−100	−60	—	−30	—	−10	0	±IT/2	−7	−12	—	+2	0	+11	+20	+32	+41	+53	+75	+87	+102	+122	+144	+172	+226	+300	+405
65~80	−360	−200	−150	—	−100	−60	—	−30	—	−10	0	±IT/2	−7	−12	—	+2	0	+11	+20	+32	+43	+59	+91	+102	+120	+146	+174	+210	+274	+360	+480
80~100	−380	−220	−170	—	−120	−72	—	−36	—	−12	0	±IT/2	−9	−15	—	+3	0	+13	+23	+37	+51	+71	+104	+124	+146	+178	+214	+258	+335	+445	+585
100~120	−410	−240	−180	—	−120	−72	—	−36	—	−12	0	±IT/2	−9	−15	—	+3	0	+13	+23	+37	+54	+79	+122	+144	+172	+210	+256	+310	+400	+525	+690
120~140	−460	−260	−200	—	−145	−85	—	−43	—	−14	0	±IT/2	−11	−18	—	+3	0	+15	+27	+43	+63	+92	+134	+170	+202	+248	+300	+365	+470	+620	+800
140~160	−520	−280	−210	—	−145	−85	—	−43	—	−14	0	±IT/2	−11	−18	—	+3	0	+15	+27	+43	+65	+100	+146	+190	+228	+280	+340	+415	+535	+700	+900
160~180	−580	−310	−230	—	−145	−85	—	−43	—	−14	0	±IT/2	−11	−18	—	+3	0	+15	+27	+43	+68	+108	+166	+210	+252	+310	+380	+465	+600	+780	+1000
180~200	−660	−340	−240	—	−170	−100	—	−50	—	−15	0	±IT/2	−13	−21	—	+4	0	+17	+31	+50	+77	+122	+180	+236	+284	+350	+425	+520	+670	+880	+1150
200~225	−740	−380	−260	—	−170	−100	—	−50	—	−15	0	±IT/2	−13	−21	—	+4	0	+17	+31	+50	+80	+130	+196	+258	+310	+385	+470	+575	+740	+960	+1250
225~250	−820	−420	−280	—	−170	−100	—	−50	—	−15	0	±IT/2	−13	−21	—	+4	0	+17	+31	+50	+84	+140	+218	+284	+340	+425	+520	+640	+820	+1050	+1350
250~280	−920	−480	−300	—	−190	−110	—	−56	—	−17	0	±IT/2	−16	−26	—	+4	0	+20	+34	+56	+94	+158	+240	+315	+385	+475	+580	+710	+920	+1200	+1550
280~315	−1050	−540	−330	—	−190	−110	—	−56	—	−17	0	±IT/2	−16	−26	—	+4	0	+20	+34	+56	+98	+170	+268	+350	+425	+525	+650	+790	+1000	+1300	+1700
315~355	−1200	−600	−360	—	−210	−125	—	−62	—	−18	0	±IT/2	−18	−28	—	+4	0	+21	+37	+62	+108	+190	+294	+390	+475	+590	+730	+900	+1150	+1500	+1900
355~400	−1350	−680	−400	—	−210	−125	—	−62	—	−18	0	±IT/2	−18	−28	—	+4	0	+21	+37	+62	+114	+208	+330	+435	+530	+660	+820	+1000	+1300	+1650	+2100
400~450	−1500	−760	−440	—	−230	−135	—	−68	—	−20	0	±IT/2	−20	−32	—	+5	0	+23	+40	+68	+126	+232	+360	+490	+595	+740	+920	+1100	+1450	+1850	+2400
450~500	−1650	−840	−480	—	−230	−135	—	−68	—	−20	0	±IT/2	−20	−32	—	+5	0	+23	+40	+68	+132	+252	+400	+540	+660	+820	+1000	+1250	+1600	+2100	+2600

（js 列：偏差等于 ±IT/2）

注：1. 公称尺寸小于 1mm 时，各级的 a 和 b 均不采用。

2. js 的数值：对 IT7～IT11，若 IT 的数值(μm)为奇数，则取 $js=\pm\dfrac{IT-1}{2}$。

表3-8 尺寸≤500mm 的孔的基本偏差数值

基本偏差/μm

注：下偏差 EI（A～H）适用于所有的公差等级；JS 的偏差等于 ±IT/2。上偏差 ES（J～ZC 中 J 为 6、7、8 级）。K、M、N 栏中"≤8""＞8"指公差等级。N 的"＞8"含义为 ＞8*；P～ZC 栏（＞7 级）：在大于 IT7 级的相应数值上增加一个 Δ 值。

公称尺寸/mm	A	B	C	CD	D	E	EF	F	FG	G	H	JS	J6	J7	J8	K≤8	K＞8	M≤8	M＞8	N≤8	N＞8	P	R	S	T	U	V	X	Y	Z	ZA	ZB	ZC	Δ3	Δ4	Δ5	Δ6	Δ7	Δ8
≤3	270	140	60	34	20	14	10	6	4	2	0	±IT/2	2	4	6	0	0	−2	−2	−4	−4	−6	−10	−14	—	−18	—	−20	—	−26	−32	−40	−60	0	0	0	0	0	0
3~6	270	140	70	46	30	20	14	10	6	4	0	±IT/2	5	6	10	−1+Δ	0	−4+Δ	−4	−8+Δ	0	−12	−15	−19	—	−23	—	−28	—	−35	−42	−50	−80	1	1.5	1	3	4	6
6~10	280	150	80	56	40	25	18	13	8	5	0	±IT/2	5	8	12	−1+Δ	0	−6+Δ	−6	−10+Δ	0	−15	−19	−23	—	−28	—	−34	—	−42	−52	−67	−97	1	1.5	2	3	6	7
10~14	290	150	95	—	50	32	—	16	—	6	0	±IT/2	6	10	15	−1+Δ	0	−7+Δ	−7	−12+Δ	0	−18	−23	−28	—	−33	—	−40	—	−50	−64	−90	−130	1	2	3	3	7	9
14~18	290	150	95	—	50	32	—	16	—	6	0	±IT/2	6	10	15	−1+Δ	0	−7+Δ	−7	−12+Δ	0	−18	−23	−28	—	−33	−39	−45	—	−60	−77	−108	−150	1	2	3	3	7	9
18~24	300	160	110	—	65	40	—	20	—	7	0	±IT/2	8	12	20	−2+Δ	0	−8+Δ	−8	−15+Δ	0	−22	−28	−35	—	−41	−47	−54	−63	−73	−98	−136	−188	1.5	2	3	4	8	12
24~30	300	160	110	—	65	40	—	20	—	7	0	±IT/2	8	12	20	−2+Δ	0	−8+Δ	−8	−15+Δ	0	−22	−28	−35	−41	−48	−55	−64	−75	−88	−118	−160	−218	1.5	2	3	4	8	12
30~40	310	170	120	—	80	50	—	25	—	9	0	±IT/2	10	14	24	−2+Δ	0	−9+Δ	−9	−17+Δ	0	−26	−34	−43	−48	−60	−68	−80	−94	−112	−148	−200	−274	1.5	3	4	5	9	14
40~50	320	180	130	—	80	50	—	25	—	9	0	±IT/2	10	14	24	−2+Δ	0	−9+Δ	−9	−17+Δ	0	−26	−34	−43	−54	−70	−81	−95	−114	−136	−180	−242	−325	1.5	3	4	5	9	14
50~65	340	190	140	—	100	60	—	30	—	10	0	±IT/2	13	18	28	−2+Δ	0	−11+Δ	−11	−20+Δ	0	−32	−41	−53	−66	−87	−102	−122	−144	−172	−226	−300	−400	2	3	5	6	11	16
65~80	360	200	150	—	100	60	—	30	—	10	0	±IT/2	13	18	28	−2+Δ	0	−11+Δ	−11	−20+Δ	0	−32	−43	−59	−75	−102	−120	−146	−174	−210	−274	−360	−480	2	3	5	6	11	16
80~100	380	220	170	—	120	72	—	36	—	12	0	±IT/2	16	22	34	−3+Δ	0	−13+Δ	−13	−23+Δ	0	−37	−51	−71	−91	−124	−146	−178	−214	−258	−335	−445	−585	2	4	5	7	13	19
100~120	410	240	180	—	120	72	—	36	—	12	0	±IT/2	16	22	34	−3+Δ	0	−13+Δ	−13	−23+Δ	0	−37	−54	−79	−104	−144	−172	−210	−254	−310	−400	−525	−690	2	4	5	7	13	19
120~140	460	260	200	—	145	85	—	43	—	14	0	±IT/2	18	26	41	−3+Δ	0	−15+Δ	−15	−27+Δ	0	−43	−63	−92	−122	−170	−202	−248	−300	−365	−470	−620	−800	3	4	6	7	15	23
140~160	520	280	210	—	145	85	—	43	—	14	0	±IT/2	18	26	41	−3+Δ	0	−15+Δ	−15	−27+Δ	0	−43	−65	−100	−134	−190	−228	−280	−340	−415	−535	−700	−900	3	4	6	7	15	23
160~180	580	310	230	—	145	85	—	43	—	14	0	±IT/2	18	26	41	−3+Δ	0	−15+Δ	−15	−27+Δ	0	−43	−68	−108	−146	−210	−252	−310	−380	−465	−600	−770	−1000	3	4	6	7	15	23
180~200	660	340	240	—	170	100	—	50	—	15	0	±IT/2	22	30	47	−4+Δ	0	−17+Δ	−17	−31+Δ	0	−50	−77	−122	−166	−236	−284	−350	−425	−520	−670	−880	−1150	3	4	6	9	17	26
200~225	740	380	260	—	170	100	—	50	—	15	0	±IT/2	22	30	47	−4+Δ	0	−17+Δ	−17	−31+Δ	0	−50	−80	−130	−180	−258	−310	−385	−470	−575	−740	−960	−1250	3	4	6	9	17	26
225~250	820	420	280	—	170	100	—	50	—	15	0	±IT/2	22	30	47	−4+Δ	0	−17+Δ	−17	−31+Δ	0	−50	−84	−140	−196	−284	−340	−425	−520	−640	−820	−1050	−1350	3	4	6	9	17	26
250~280	920	480	300	—	190	110	—	56	—	17	0	±IT/2	25	36	55	−4+Δ	0	−20+Δ	−20	−34+Δ	0	−56	−94	−158	−218	−315	−385	−475	−580	−710	−920	−1200	−1550	4	4	7	9	20	29
280~315	1050	540	330	—	190	110	—	56	—	17	0	±IT/2	25	36	55	−4+Δ	0	−20+Δ	−20	−34+Δ	0	−56	−98	−170	−240	−350	−425	−525	−650	−790	−1000	−1300	−1700	4	4	7	9	20	29
315~355	1200	600	360	—	210	125	—	62	—	18	0	±IT/2	29	39	60	−4+Δ	0	−21+Δ	−21	−37+Δ	0	−62	−108	−190	−268	−390	−475	−590	−730	−900	−1150	−1500	−1900	4	5	7	11	21	32
355~400	1350	680	400	—	210	125	—	62	—	18	0	±IT/2	29	39	60	−4+Δ	0	−21+Δ	−21	−37+Δ	0	−62	−114	−208	−294	−435	−530	−660	−820	−1000	−1300	−1650	−2100	4	5	7	11	21	32
400~450	1500	760	440	—	230	135	—	68	—	20	0	±IT/2	33	43	66	−5+Δ	0	−23+Δ	−23	−40+Δ	0	−68	−126	−232	−330	−490	−595	−740	−920	−1100	−1450	−1850	−2400	5	5	7	13	23	34
450~500	1650	840	480	—	230	135	—	68	—	20	0	±IT/2	33	43	66	−5+Δ	0	−23+Δ	−23	−40+Δ	0	−68	−132	−252	−360	−540	−660	−820	−1000	−1250	−1600	−2100	−2600	5	5	7	13	23	34

有了轴和孔的基本偏差数值表后，我们就能直接查出某一尺寸的基本偏差数值。查表时注意：

(1) 注意公称尺寸分段的界限值。

(2) 查孔的基本偏差数值表时，在标准公差≤IT8 的 K、M、N 以及≤IT7 的 P 至 ZC 时，从表的右侧选取 Δ 值。

【例】查表确定 $\phi 35j6$、$\phi 72K8$、$\phi 90R7$ 的基本偏差与另一极限偏差。

解：

$\phi 35j6$：查表 3-5，IT6 时，$T_d = 16\mu m$；

查表 3-7，ei $= -5\mu m$，则 es $=$ ei $+ T_d = +11\mu m$；

即 $\phi 35j6 \rightarrow \phi 35^{+0.011}_{-0.005}$ mm。

$\phi 72K8$：查表 3-5，IT8 时，$T_D = 46\mu m$；

查表 3-8，ES $= -2\mu m +\Delta = (-2+16)\mu m = +14\mu m$，EI $=$ ES $- T_D = (+14-46)\mu m = -32\mu m$，

即 $\phi 72K8 \rightarrow \phi 72^{+0.014}_{-0.032}$ mm。

$\phi 90R7$：查表 3-5，IT7 时，$T_D = 35\mu m$；

查表 3-8，ES $= -51\mu m +\Delta = (-51+13)\mu m = -38\mu m$，EI $=$ ES $- T_D = (-38-35)\mu m = -73\mu m$，

即 $\phi 90R7 \rightarrow \phi 90^{-0.038}_{-0.073}$ mm。

查表确定零件的标准公差及极限偏差

3.3.4　公差与配合在图样上的标注

1. 公差带代号与配合代号

尺寸公差标注、优先及常用公差带、一般公差

国标规定孔、轴的公差带代号由基本偏差代号和公差等级数字组成，它能完整表达零件的加工精度和尺寸的合格范围。例如，H7、F7、K7、P6 等为孔的公差带代号；h7、g6、m6、r7 等为轴的公差带代号。孔、轴公差带代号标注在零件图上。

当孔和轴组成配合时，配合代号写成分数形式，分子为孔的公差带代号，分母为轴的公差代号，如 $\dfrac{H7}{g6}$ 或 H7/g6。若指某公称尺寸的配合，则公称尺寸标在配合代号之前，如 $\phi 30H7/g6$。配合代号标注在装配图上。

2. 图样中尺寸公差的标准形式

零件图中尺寸公差有 3 种标注形式，如图 3-12 所示。

(1) 标注公称尺寸和公差带代号。如图 3-12(a)所示，此种标注适用于大批量生产的产品零件。

(2) 标注公称尺寸和极限偏差值。如图 3-12(b)所示，此种标注一般在单件或小批生产的产品零件图样上采用，应用较广泛。

(3) 标注公称尺寸、公差带代号和极限偏差值。如图 3-12(c)所示，此种标注适用于中小批量生产的产品零件。

3. 图样中配合代号的标注形式

在装配图上主要标注配合代号，即标注孔、轴的基本偏差代号及公差等级代号，如图 3-13 所示。

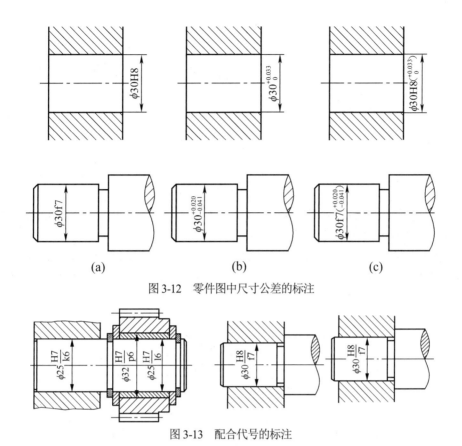

图 3-12　零件图中尺寸公差的标注

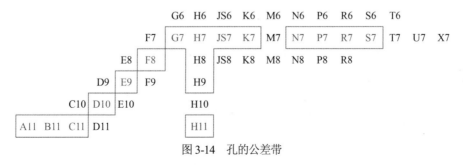

图 3-13　配合代号的标注

3.3.5　优先和常用配合

国家标准提供了 20 种公差等级和 28 种基本偏差代号，其中基本偏差 j 限用于 4 个公差等级，基本偏差 J 限用于 3 个公差等级，由此可组成孔的公差带有 543 种、轴的公差带有 544 种。孔和轴又可以组成大量的配合，数量如此之多，一方面可以满足广泛需要，但另一方面，公差带种类太多，对生产不利，这会导致定值刀具、量具和工艺装备数量繁杂。同时，应避免与实际应用要求显然不符的公差带，如 a2 等。所以，应对公差带和配合加以限制。

(1) 国标中规定的公差带。在 GB/T1800.2—2020《产品几何技术规范(GPS)线性尺寸公差 ISO 代号体系第 2 部分：标准公差带代号和孔、轴的极限偏差表》中，对于公称尺寸≤500mm，规定了 203 个孔的公差带代号和 204 个轴的公差带代号。图 3-14 中有 45 个孔的公差带代号，图 3-15

```
                    G6  H6  JS6 K6  M6  N6  P6  R6  S6  T6
                F7  G7  H7  JS7 K7  M7  N7  P7  R7  S7  T7  U7  X7
            E8  F8      H8  JS8 K8  M8  N8  P8  R8
        D9  E9  F9      H9
    C10 D10 E10         H10
A11 B11 C11 D11         H11
```

图 3-14　孔的公差带

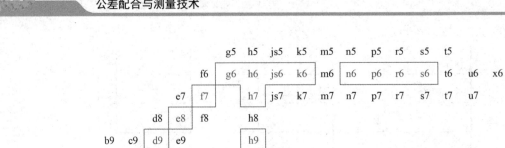

图 3-15　轴的公差带

中有 50 个轴的公差带代号，这些代号应用于不需要对公差带代号进行特定选取的一般性用途。框中所示的孔和轴各有 17 个公差带代号优先选取。

(2) 国标中规定的配合。对于通常的工程目的，只需要许多可能配合中的少数配合。表 3-9 和表 3-10 中的配合满足普通工程机构需要。基于经济因素，如有可能，配合优先选用框中所示的公差带代号。

表 3-9　基孔制配合的优先配合

基准孔	间隙配合							过渡配合				过盈配合						
H6						g5	h5	js5	k5	m5		n5	p5					
H7					f6	g6	h6	js6	k6	m6	n6		p6	r6	s6	t6	u6	x6
H8				c6	f7		h7	js7	k7	m7					s7		u7	
			d8	c8	f8		h8											
H9			d8	c8	f8		h8											
H10	b9	c9	d9	c9			h9											
H11	b11	c11	d10				h10											

表 3-10　基轴制配合的优先配合

基准孔	间隙配合							过渡配合				过盈配合						
h5						G6	H6	JS6	K6	M6		N9	P6					
h6					F7	G7	H7	JS7	K7	M7	N7		P7	R7	S7	T7	U7	X7
h7				E8	F8		H8											
h8			D9	E9	F9		H9											
				E8	F8		H8											
h9			D9	E9	F9		H9											
	B11	C10	D10				H10											

特别提示

在实际应用中，选择各类公差带的顺序为：首先选择优先公差带，其次选择常用公差带，最后选择一般公差带。

3.3.6　一般公差线性尺寸的未注公差

设计时，对机器零件上的各部位提出尺寸、形状和位置等的精度要求，取决于它们的使用功能要求。零件上的某些部位在使用功能上无特殊要求时，则可给出一般公差。

一般公差是指在车间通常加工条件下可保证的公差，是机床设备在正常维护和操作情况下，能达到的经济加工精度。采用一般公差时，在该尺寸后不标注极限偏差或其他代号，所以也称未注公差。

一般公差主要用于较低精度的非配合尺寸。当功能上允许的公差等于或大于一般公差时，均应采用一般公差；当要素的功能允许比一般公差大的公差，且该公差在制造上比一般公差更为经济时，如装配所钻盲孔的深度，则相应的极限偏差值在尺寸后注出。在正常情况下，一般可不必检验。

一般公差适用于金属切削加工的尺寸、一般冲压加工的尺寸。对非金属材料和其他工艺方法加工的尺寸亦可参照采用。

国标中规定了 f、m、c、v 四个公差等级，其线性尺寸一般公差的公差等级及其极限偏差数值见表 3-11；其倒圆角半径和倒角高度尺寸一般公差等级及其极限偏差数值见表 3-12。未注公差角度尺寸的极限偏差见表 3-13。

表 3-11　线性尺寸一般公差的公差等级及其极限偏差数值　　　　单位：mm

公差等级	尺寸分段							
	0.5~3	>3~6	>6~30	>30~120	>120~400	>400~1000	>1000~2000	>2000~4000
f(精密级)	±0.05	±0.05	±0.1	±0.15	±0.2	±0.3	±0.65	—
m(中等级)	±0.1	±0.1	±0.2	±0.3	±0.5	±0.8	±1.2	±2
c(粗糙级)	±0.2	±0.3	±0.5	±0.8	±1.2	±2	±3	±4
v(最粗级)	—	±0.5	±1	±1.5	±2.5	±4	±6	±8

表 3-12　倒圆半径与倒角高度尺寸一般公差的公差等级及其极限偏差数值　　　　单位：mm

公差等级	尺寸分段			
	0.5~3	>3~6	>6~30	>30
f(精密级)	±0.2	±0.05	±1	±2
m(中等级)				
c(粗糙级)	±0.4	±1	±2	±4
v(最粗级)				

表 3-13　未注公差角度尺寸的极限偏差

公差等级	长度/mm				
	≤10	>10~50	>50~120	>120~400	>400
f(精密级)、m(中等级)	±1°	±30′	±20′	±10′	±5′
c(粗糙级)	±1°30′	±1°	±30′	±15′	±10′
v(最粗级)	±3°	±2°	±1°	±30′	±20′

采用一般公差时，应在图样的技术要求或有关技术文件中标明是按照哪一个等级。

在图样上、技术文件或技术标准中，线性尺寸的一般公差用标准号和公差等级符号表示。例如，当一般公差选用中等级时，可在零件图样上(标题栏上方)标明：未标注公差尺寸按 GB/T 1804—m。

 特别提示

　　一般零件上的多数尺寸属于一般公差。零件图上不予注出，可简化制图，使图样清晰易读。同时，图样上突出了标有公差要求的部位，以便在加工和检测时引起重视，还可简化零件上某些部位的检测。

3.4　公差与配合的选用

极限与配合国家标准的应用，就是如何根据使用要求正确合理地选择符合标准规定的孔、轴的公差带大小和公差带位置。即在公称尺寸确定之后，来选择公差等级、配合制和配合种类的问题。公差与配合的选择是机械设计与机械制造的重要环节。其基本原则是经济地满足使用性能要求，并获得最佳技术经济效益。满足使用性能是第一位的，这是产品质量的保证。在满足使用性能的要求条件下，充分考虑生产、使用、维护过程的经济性。

正确合理地选择孔、轴的公差等级，配合制和配合种类，不仅要对极限与配合国家标准的构成原理和方法有较深的了解，而且应对产品的工作状况、使用条件、技术性能和精度要求、可靠性和预计寿命及生产条件进行全面的分析和估计，特别应该在生产实践和科学实践中不断积累设计经验，提高综合实际工作能力，才能真正达到正确合理选择的目的。

公差与配合的选择一般有 3 种方法：类比法、计算法和试验法。类比法就是通过对类似的机器和零部件进行调查研究，分析对比，吸取经验教训，结合各自的实际情况选取公差与配合。这是应用最多、最主要的方法。计算法是按照一定的理论和公式来确定所需要的间隙或过盈。由于影响因素较复杂，理论均是近似的，计算结果不尽符合实际，应进行修正。试验法是通过试验或统计分析来确定间隙或过盈，此法较为合理可靠，但成本较高，只用于重要的配合。

公差与配合的选择主要包括基准制的选择、公差等级的选择和配合种类的选择。

3.4.1　基准制的选择

基准制的选择主要考虑结构的工艺性及加工的经济性，一般原则如下。

1. 一般情况下优先选用基孔制

优先选用基孔制，这主要是从工艺性和经济性来考虑的。孔通常用定值刀具(如钻头、铰刀、拉刀等)加工，用极限量规(塞规)检验。当孔的公称尺寸和公差等级相同而基本偏差改变时，就需要更换刀具、量具。而一种规格的磨轮或车刀，可以加工不同基本偏差的轴，轴还可以用通用量具进行测量。所以，为了减少定值刀具、量具的规格和数量，利于生产，提高经济性，应优先选用基孔制。

2. 有明显经济效益时应选用基轴制

(1) 当在机械制造中采用具有一定公差等级(IT7～IT9)的冷拉钢材,其外径不经切削加工即能满足使用要求(如农业机械和纺织机械等)时,就应选择基轴制,再按配合要求选用适当的孔公差带加工孔就可以了。由于可以避免冷拉钢材的尺寸规格过多,节省冷拉模具的制造费用,因而在技术上、经济上都是合理的。

(2) 加工尺寸小于 1mm 的精密轴要比加工同级的孔困难得多,因此在仪器仪表制造、钟表生产、无线电和电子行业中,通常使用经过光轧成形的细钢丝直接作轴,这时选用基轴制配合要比基孔制经济效益好。

(3) 由于结构上的特点,宜采用基轴制。如图 3-16(a)所示为发动机的活塞销轴与连杆铜套孔和活塞孔之间的配合,根据工件要求,活塞销轴与活塞孔应为过渡配合,而活塞销轴与连杆之间由于有相对运动应为间隙配合。若采用基孔制配合,如图 3-16(b)所示,销轴将做成阶梯状,这样既不便于加工,又不利于装配。另外,活塞销轴两端直径大于活塞孔径,装配时会刮伤轴和孔的表面,影响配合质量。若采用基轴制配合,如图 3-16(c)所示,销轴做成光轴,既方便加工,又利于装配。

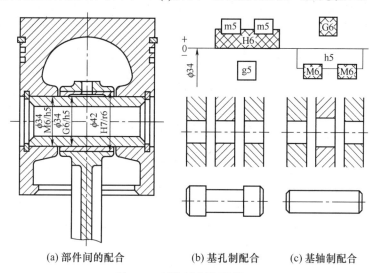

(a) 部件间的配合　　　(b) 基孔制配合　　　(c) 基轴制配合

图 3-16　基准制选择示例之一

3. 与标准件配合时,应服从标准件的既定表面

标准件通常由专业工厂大量生产,在制造时其配合部位的基准制已确定。所以与其配合的轴和孔一定要服从标准件既定的基准制。例如,与滚动轴承内圈配合的轴应选用基孔制,而与滚动轴承外圈外径相配合的外壳孔应选用基轴制,如图 3-17 所示。

4. 在特殊需要时可采用非基准制配合

非基准制配合是指由不包含基本偏差 H 和 h 的任一孔、轴公差带组成的配合。图 3-17 所示为轴承座孔同时与滚动轴承外径和端盖的配合,滚动轴承是标准件,它与轴承座孔的配合应为基轴制过渡配合,选取轴承座孔公差带为 ϕ110J7,而轴

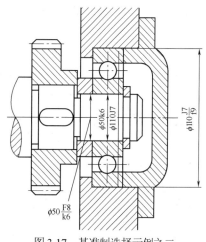

图 3-17　基准制选择示例之二

承座孔与端盖的配合应为较低精度的间隙配合，座孔公差带已定为 J7，现在只能对端盖选定一个位于 J7 下方的公差带，以形成所要求的间隙配合。考虑到端盖的性能要求和加工的经济性，采用 f9 的公差带，最后确定端盖与轴承座孔之间的配合为 $\phi110J7/f9$。

3.4.2 公差等级的选择

正确合理地选择公差等级，就是需要处理好零件的使用要求与制造工艺和成本之间的关系。选择公差等级的基本原则是，在满足零件使用要求的前提下，尽量选取较低的公差等级。

公差等级的选择常采用类比法，即参考从生产实践中总结出来的经验资料，联系待定零件的工艺、配合和结构等特点，经分析后再确定公差等级。其一般过程如下。

(1) 了解各个公差等级的应用范围，可参考表 3-14。

表 3-14 公差等级的应用

应用	公差等级(IT)																		
	01	0	1	2	3	4	5	6	7	8	9	10	11	12	13	14	15	16	17	18
量块	—	—	—																
量规			—	—	—	—	—	—	—										
配合尺寸							—	—	—	—	—	—	—	—	—				
特别精密的配合					—	—	—	—											
非配合尺寸													—	—	—	—	—	—	—	—
原材料尺寸										—	—	—	—	—	—				

(2) 掌握配合尺寸公差等级的应用情况，可参考表 3-15。

表 3-15 配合尺寸公差等级的应用

公差等级	重要处		常用处		次要处	
	孔	轴	孔	轴	孔	轴
精密机械	IT4	IT4	IT5	IT5	IT7	IT6
一般机械	IT5	IT5	IT7	IT6	IT8	IT9
较粗机械	IT7	IT6	IT8	IT9	IT10~IT12	

(3) 熟悉各种工艺方法的加工精度。

公差等级与加工方法的关系如表 3-16 所示。要慎重选择使用高精度公差等级，否则会使加工成本急剧增加。

表 3-16 各种加工方法可能达到的公差等级

加工方法	公差等级(IT)																		
	01	0	1	2	3	4	5	6	7	8	9	10	11	12	13	14	15	16	17	18
研磨	—	—	—	—	—	—													
珩							—	—	—										
圆磨							—	—	—	—									
平磨							—	—	—	—									
金刚石车							—	—	—	—									
金刚石镗							—	—	—	—									
拉削							—	—	—	—									

(续表)

加工方法	公差等级(IT)																		
	01	0	1	2	3	4	5	6	7	8	9	10	11	12	13	14	15	16	17	18
铰孔								—	—	—	—	—								
车									—	—	—	—	—							
镗									—	—	—	—	—							
铣										—	—	—	—							
刨、插										—	—	—	—							
钻												—	—	—	—					
滚压、挤压												—	—							
冲压												—	—	—						
压铸													—	—	—					
粉末冶金成形							—	—	—											
粉末冶金烧结									—	—	—									
砂型铸造、气割																	—	—	—	
锻造																—	—			

(4) 注意孔、轴配合时的工艺等价性。

孔和轴的工艺等价性是指孔和轴加工难易程度应相同。在公差等级≤8 级时，从目前来看，中小尺寸的孔加工比相同尺寸、相同等级的轴加工要困难，加工成本也要高些，其工艺是不等价的。为了使组成配合的孔、轴工艺等价，其公差等级应按优先、常用配合(见表 3-9、表 3-10)孔、轴相差一级选用，这样就可保证孔、轴工艺等价。当然，在实践中如有必要仍允许同级组成配合。按工艺等价选择公差等级可参考表 3-17。

表 3-17　按工艺等价性选择轴的公差等级

要求配合	条件：孔的公差等级	轴应选的公差等级	实例
间隙配合 } 过渡配合 }	≤IT8	轴比孔高一级	H7/f6
	>IT8	轴与孔同级	H9/d9
过盈配合	≤IT7	轴比孔高一级	H7/p6
	>IT7	轴与孔同级	H8/s8

精度要求不高的配合允许孔、轴的公差等级相差 2～3 级，如图 3-17 中轴承端盖凸缘与箱体外壳孔的配合代号为 $\phi110J7/f9$，孔、轴的公差等级相差 2 级。各种公差等级的应用情况见表 3-18。

表 3-18　配合尺寸精度为 IT5～IT13 级的应用(尺寸≤500mm)

公差等级	适用范围	应用举例
IT5	用于仪表、发动机和机床中特别重要的配合，加工要求较高，一般机械制造中较少应用。特点是能保证配合性质的稳定性	航空及航海仪器中特别精密的零件；与特别精密的滚动轴承相配的机床主轴和外壳孔，高精度齿轮的基准孔和基准轴
IT6	应用于机械制造中精度要求很高的重要配合，特点是能得到均匀的配合性质，使用可靠	与 E 级滚动轴承配合的孔、轴径，机床丝杠轴径，矩形花键的定心直径，摇臂钻床的立柱等

(续表)

公差等级	适用范围	应用举例
IT7	广泛用于机械制造中精度要求较高、较重要的配合	联轴器中，带轮、凸轮等孔径，机床卡盘座孔，发动机中的连杆孔、活塞孔等
IT8	机械制造中属于中等精度，用于对配合性质要求不太高的次要配合	轴承座衬套沿宽度方向尺寸，IT9 至 IT12 级齿轮基准孔，IT11 至 IT12 级齿轮基准轴
IT9~IT10	属较低精度，用于配合性质要求不太高的次要配合	机械制造中轴套外径与孔，操纵件与轴，空轴带轮与轴，单键与花键
IT11~IT13	属低精度，只适用于基本上没有什么配合要求的场合	非配合尺寸及工序间尺寸，滑块与滑移齿轮，冲压加工的配合件，塑料成形尺寸公差

3.4.3　配合的选择

当选定了基准制和公差等级后，基准件(基准孔或基准轴)的公差带和非基准件的公差带的大小就随之确定。因此，选择配合就是确定非基准件的公差带位置，即选择非基准件的基本偏差代号。

1. 配合类别的选择

配合类别的选择主要是根据使用要求选择间隙配合、过盈配合和过渡配合 3 种配合类型之一。当相配合的孔、轴间有相对运动时，选择间隙配合；当相配合的孔、轴间无相对运动，且不经常拆卸，而需要传递一定的扭矩时，选择过盈配合；当相配合的孔、轴间无相对运动，而需要经常拆卸时，选择过渡配合。

表 3-19 提供了 3 类配合选择的大体方向。

表 3-19　配合类别选择的大体方向

无相对运动	要传递转矩	要精确同轴	永久结合	过盈配合
			可拆结合	过渡配合或基本偏差为 H(h)[2]的间隙配合加紧固件[1]
		不要精确同轴		间隙配合加紧固件[1]
	不需要传递转矩			过渡配合或轻的过盈配合
有相对运动	只有移动			基本偏差为 H(h)、G(g)[2]等间隙配合
	转动或转动和移动复合运动			基本偏差 A~F(a~f)[2]等间隙配合

注：① 紧固件指键、销钉和螺钉等。
　　② 指非基准件的基本偏差代号。

2. 配合代号的选择

配合代号的选择是指在确定了配合制度和标准公差等级后，根据所选部位松紧程度的要求，确定与基准件配合的孔或轴的基本偏差代号。

配合代号的选择方法通常有 3 种，分别是计算法、试验法和类比法。

(1) 计算法

根据配合的性能要求，按一定理论建立极限间隙或过盈的计算公式，由理论公式计算出所需要的极限间隙或极限过盈，然后选择相配合孔、轴的公差等级和配合代号。由于影响配合间隙和过盈量的因素很多，所以理论计算往往把条件理想化和简单化，因此结果往往也是近似的，不完全符合实际，所以实际应用时还需要通过实验来确定。故目前计算法只在重要的配合件和有成熟

用计算法选用
公差与配合实例

理论公式时才采用。但这种方法理论根据比较充分，具有指导意义，随着计算机技术的发展，将会得到越来越多的应用。

根据极限间隙(或极限过盈)确定公差与配合的步骤如下：

① 由极限间隙(或极限过盈)求配合公差 T_f。

$$T_f = |X_{max} - X_{min}| = |Y_{min} - Y_{max}| = |X_{max} - Y_{max}|$$

② 根据配合公差求孔、轴公差。由 $T_f = T_D + T_d$，查标准公差表，可得到孔、轴的公差等级。如果在公差表中找不到任何两个相邻或相同等级的公差之和恰为配合公差，此时应按下列关系确定孔、轴的公差等级，即

$$T_D + T_d \leqslant T_f$$

同时考虑到孔、轴精度匹配和"工艺等价性原则"，孔和轴的公差等级应相同或孔比轴低一级而不是用任意两个公差等级进行组合。

③ 确定基准制。

④ 由极限间隙(或极限过盈)确定非基准件的基本偏差代号。

以基准孔的间隙配合为例：轴的基本偏差为上偏差 es，且为负值，其公差带在零线以下，如图 3-18 所示。由图 3-18 可知，轴的基本偏差 $|es| = X_{min}$。由 X_{min} 查轴的基本偏差表便可得到轴的基本偏差代号。

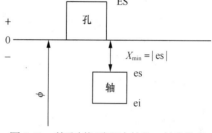

图 3-18　基孔制间隙配合的孔、轴公差带

⑤ 验算极限间隙或过盈。首先按孔、轴的标准公差计算出另一极限偏差，然后按所取的配合代号计算极限间隙或极限过盈，看是否符合由已知条件限定的极限间隙或极限过盈。如果验算结果不符合设计要求，可采用更换基本偏差代号或变动孔、轴公差等级的方法来改变极限间隙或极限过盈的大小，直至所选用的配合符合设计要求为止。

【例】某配合的公称尺寸是 $\phi 25mm$，要求配合的最大间隙为+0.013mm，最大过盈为-0.021mm，试决定孔、轴公差等级，并选择适当的配合。

解：

① 确定公差等级。此为过渡配合，配合公差为

$$T_f = |X_{max} - Y_{max}| = |+13 - (-21)| = 34(\mu m)$$

又因　　　　　　　　　　$T_f = T_D + T_d$

按　　　　　　　　　　$T_D = T_d = T_f/2 = 17(\mu m)$(估计值)

查标准公差数值表得：　　　　IT6=13μm，IT7=21μm

同时，考虑工艺等价性，当 $T_D \leqslant$IT8 时，应使 $T_d < T_D$(差一级)

所以选取：T_D=IT7=21μm，T_d=IT6=13μm。

同时验算：　　　　　　T_f'=IT7+IT6=34μm，所以符合要求。

② 确定基准制。无特殊要求，采用基孔制，孔的基本偏差为 H，基本偏差 EI=0，所以基准孔的公差带号应为 $\phi 25H7\left(^{+0.021}_{0}\right)$。

③ 确定配合代号(确定轴的公差带代号)。此为过渡配合，因此轴的基本偏差为 js～n，且为下偏差。

由公式 X_{max}=ES-ei，求得

$$ei=ES'-X_{max}=+0.021-0.013=+0.008\text{(mm)}$$

查表 3-7 可确定轴的基本偏差代号为 m6(ei=+8μm)，所以确定配合代号为 $\phi 25H7/m6$

④ 验算。

$$X_{max}'=ES-ei=+21-(+8)=+13(\mu m)$$

$$Y_{max}'=EI-es=0-(+21)=-21(\mu m)$$

可见：$X_{max}'\sim Y_{max}'$ 恰在 $X_{max}\sim Y_{max}$ 之内，所选配合符合要求。

【例】图 3-19 所示为发动机中的铝制活塞在钢制气缸孔内高速往复运动，其工作间隙要求为 80～230μm。工作时，气缸的温度 $t_H=110$ ℃，活塞的温度 $t_s=180$℃。气缸材料的线膨胀系数 $\alpha_H=12\times10^{-6}$/K，活塞材料的线膨胀系数 $\alpha_s=24\times10^{-6}$/K，已知活塞与气缸的公称尺寸为 $\phi 80$mm，装配时的温度 $t=20$℃，试确定活塞与气缸孔的尺寸偏差。

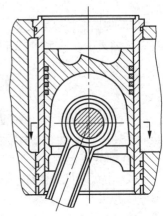

图 3-19　活塞与气缸孔的配合

解：

① 确定基准制。

由题意可知，无特殊要求，优先选用基孔制。

② 确定孔、轴公差等级。

由于 $T_f=|X_{max}-X_{min}|=|(230-80)|\mu m=150(\mu m)$

又因为　　　　　　　　　　　　$T_f=T_D+T_d=150(\mu m)$

按　　　　　　　　　　　　$T_D=T_d=T_f/2=75(\mu m)\text{(估计值)}$

查表标准公差数值表可知：　　　　　　　　IT9=74μm

考虑工艺等价性，所以选取气缸孔 T_D=IT9=74μm，T_d=IT9=74μm。

同时验算：　　　　　　　T_f'=IT9+IT9=148(μm)

因为 $T_f'<T_f$，所以符合要求。故基准孔的公差带代号为 $\phi 80H9\binom{+0.074}{0}$。

③ 确定轴的尺寸偏差。由公式 $X_{min}=EI-es$

求得：　　　　　　　　es =EI$-X_{min}=-80(\mu m)$

查表 3-7 可知轴的基本偏差数值(es $=-80\mu m$)在 e(es $=-60\mu m$)和 d(es $=-100\mu m$)之间。

为了确保工作时不因间隙偏小导致磨损，所以非基准件轴的代号暂定为 $\phi 80d9\binom{-0.100}{-0.174}$

④ 计算热变形所引起的间隙变化量。

$$\Delta X=D[\alpha_H(t_H-t)-\alpha_s(t_s-t)]$$
$$=80\times[12\times10^{-6}\times(110-20)-24\times10^{-6}\times(180-20)]$$
$$=-0.22\text{(mm)}=-220(\mu m)$$

以上计算结果为负值，说明工作间隙因受热变形而减小。为了补偿热变形，必须在轴的上、下偏差中加入补偿值 ΔX，即

$$es'=es+\Delta X=(-100-220)=-320(\mu m)$$

$$ei'=ei+\Delta X=(-174-220)=-394(\mu m)$$

⑤ 计算气缸孔与活塞的尺寸偏差，气缸为 $\phi 80^{+0.074}_{0}$ mm，活塞为 $\phi 80^{-0..320}_{-0.394}$ mm。

　特别提示

　　计算法是根据使用要求通过理论计算来确定配合种类的。其优点是理论依据充分，成本较实验法低，但由于理论计算不可能把机器设备工作环境的各种实际因素考虑得十分周全，因此设计方案不如实验法准确。

(2) 试验法

试验法是应用试验的方法确定满足产品工作性能的配合种类，常用于对产品性能影响很大的一些配合，需通过一系列不同配合的试验，以得出最佳配合方案。这种方法要进行大量试验，成本高，周期长，一般在大量生产中的重要配合件才采用。

(3) 类比法

在对机械设备上现有行之有效的一些配合有充分了解的基础上，分析零件的工作条件及使用要求，用参照类比的方法确定配合，这是目前选择配合的主要方法。用类比法选择配合，必须掌握各类配合的特点和应用场合，并充分研究配合件的工作条件和使用要求，进行合理选择。各种基本偏差的应用说明见表 3-20。

用类比法选用公差与配合实例

表 3-20　各种基本偏差的应用说明

配合	基本偏差	特点及应用实例
间隙配合	a(A) b(B)	可得到特别大的间隙，应用很少，主要用于工作时温度高、热变形大的零件的配合，如发动机中活塞与缸套的配合为 H9/a9
	c(C)	可得到很大的间隙，一般用于工作条件较差(如农业机械)、工作时受力变形大及装配工艺性不好的零件的配合，也适用于高温工件的间隙配合，如内燃机排气阀杆与导管的配合为 H8/c7
	d(D)	与 IT7~IT11 对应，适用于较松的间隙配合(如滑轮、空转的带轮与轴的配合)，以及大尺寸滑动轴承与轴颈的配合(如涡轮机、球磨机等的滑动轴承)。活塞环与活塞槽的配合可用 H9/d9
过渡配合	e(E)	与 IT6~IT9 对应，具有明显的间隙，用于大跨距及多支点的转轴与轴承的配合，以及高速、重载的大尺寸轴与轴承的配合，如大型电机、内燃机的主要轴承处的配合为 H8/e7
	f(F)	多与 IT6~IT8 对应，用于一般转动的配合，受温度影响不大、采用普通润滑油的轴与滑动轴承的配合，如齿轮箱、小电动机、泵等的转轴与滑动轴承的配合为 H7/f6
	g(G)	多与 IT5、IT6、IT7 对应，形成配合的间隙较小，用于轻载精密装置中的转动配合，用于插销的定位配合，滑阀、连杆销等处的配合，钻套孔多用 G
	h(H)	多与 IT4~IT11 对应，广泛用于无相对转动的配合、一般的定位配合。若没有温度、变形的影响，也可用于精密滑动轴承，如车床尾座孔与滑动套筒的配合为 H6/h5
	js(JS)	多用于 IT4~IT7 具有平均间隙的过渡配合，用于略有过盈的定位配合，如联轴节、齿圈与轮毂的配合，滚动轴承外圈与外壳孔的配合多用 JS7，一般用手或木槌装配
	k(K)	多用于 IT4~IT7 平均间隙接近零的配合，用于定位配合，如滚动轴承的内、外圈分别与轴颈、外壳孔的配合，用木槌装配
	m(M)	多用于 IT4~IT7 平均过盈较小的配合，用于精密定位的配合，如蜗轮的青铜轮缘与轮毂的配合为 H7/m6
	n(N)	多用于 IT4~IT7 平均过盈较大的配合，很少形成间隙，用于加键传递较大扭矩的配合，如冲床上齿轮与轴的配合，用槌子或压力机装配
过盈配合	p(P)	用于小过盈配合，与 H6 或 H7 的孔形成过盈配合，而与 H8 的孔形成过渡配合。碳钢和铸铁制零件形成的配合为标准压入配合，如绞车的绳轮与齿圈的配合为 H7/p6。合金钢制零件的配合需要小过盈时可用 p(或 P)
	r(R)	用于传递大扭矩或受冲击负荷而需要加键的配合，如蜗轮与轴的配合为 H7/r6。H8/r8 配合在公称尺寸<100mm 时，为过渡配合
	s(S)	用于钢和铸铁零件的永久性和半永久性结合，可产生相当大的结合力，如套环压在轴、阀座上用 H7/s6 配合

(续表)

配合	基本偏差	特点及应用实例
过盈配合	t(T)	用于钢和铸铁制零件的永久性结合,不用键可传递扭矩,需用热套法或冷轴法装配,如联轴节与轴的配合为 H7/t6
	u(U)	用于大过盈配合,最大过盈需验算,用热套法进行装配,如火车轮毂和轴的配合为 H6/u5
	v(V)、x(X) y(Y)、z(Z)	用于特大过盈配合,目前使用的经验和资料很少,需经试验后才能应用,一般不推荐

特别提示

类比法应用最广,但要求设计人员掌握充分的参考资料并具有相当的经验。用类比法确定配合时,应考虑受力的大小、拆装情况和结构特点、配合长度和几何误差、装配变形的影响,甚至包括材料、温度和生产批量等因素。

3. 工程中常用机构的配合

工程中常用机构的配合如图 3-20 所示。简要说明如下。

(1) 图 3-20(a)所示为车床尾座和顶尖套筒的配合,套筒在调整时要在车床尾座孔中滑动,需有间隙,但在工作时要保证顶尖高的精度,所以要严格控制间隙量以保证同轴度,故选择了最小间隙为零的间隙定位配合 H/h 类。

(2) 图 3-20(b)所示为三角皮带轮与转轴的配合,皮带轮上的力矩通过键连接作用于转轴上,为了防止冲击和振动,两配合件采用了轻微定心配合 H/js 类。

(3) 图 3-20(c)所示为起重机吊钩铰链配合,这类粗糙机械只要求动作灵活,便于装配,且多为露天作业,对工作环境要求不高,故采用了特大间隙低精度配合。

(4) 图 3-20(d)所示为管道的法兰连接,为使管道连接时能对准,一个法兰上有一凸缘和另一法兰上的凹槽相结合,用凸缘和凹槽的内径作为对准的配合尺寸。为了防止渗漏,在凹槽底部放有密封填料,并由凸缘将之压紧。凸缘和凹槽的外径处的配合本来只要求有一定间隙,易于装配即可;但由于凸缘和凹槽的外径在加工时,不可避免地会产生相对于内径的同轴度误差,所以在外径处采用大的间隙配合,这里用的是 H12/h12。

(5) 图 3-20(e)所示为内燃机排气阀与导管的配合,由于气门导杆工作时温度很高,为补偿热变形,故采用很大间隙 H7/c6 配合,以确保气门导杆不被卡住。

(6) 图 3-20(f)所示为滑轮与心轴的配合(注:心轴是只承受弯矩作用而不承受转矩作用的轴,传动轴正好相反,转轴则兼而有之,既承受弯矩作用又承受转矩作用)。为使滑轮在心轴上能灵活转动,宜采用较大的间隙配合,故采用了 H/d 配合。机器中有些结合本来只需稍有间隙,能有活动作用即可,但为了补偿形位误差对装配的影响,需增大间隙,这时也常采用这种配合。

(7) 图 3-20(g)所示为连杆小头孔与衬套的配合,这类配合的过盈能产生足够大的夹紧力,确保两相配件连为一个整体,而又不致于在装配时压坏衬套。

(8) 图 3-20(h)所示为联轴器与传动轴的配合,这种配合过盈较大,对钢和铸铁件适于作永久性结合,图 3-20(e)中的内燃机阀座和缸头的配合也属于 H/t 类。

(9) 图 3-20(i)所示为火车轮缘与轮毂的配合,这种配合过盈量很大,需用热套法装配,且应验算在最大过盈时其内应力不许超出材料的屈服强度。

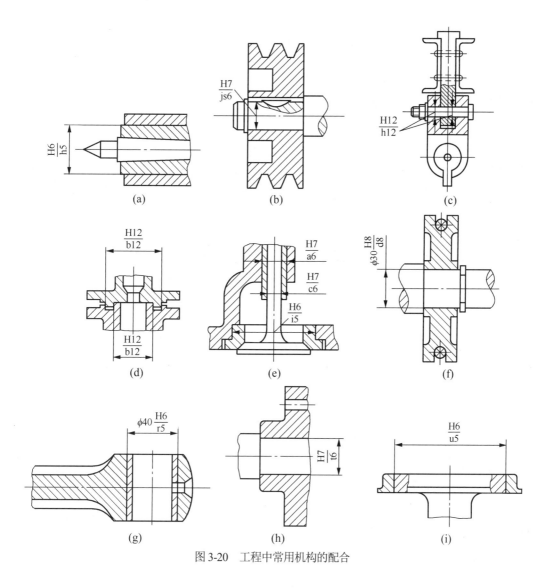

图 3-20　工程中常用机构的配合

实践练习一：用内径百分表检测孔径

一、实验目的

(1) 了解内径百分表的结构及测量原理。

(2) 熟悉用内径百分表测量内径的方法。

(3) 加深理解计量器具与测量方法的常用术语。

(4) 了解量块及其附件的使用方法。

二、实验设备

内径百分表是一种用比较法来测量中等精度孔径的量仪，尤其适合于测量深孔孔径。国产的内径百分表可以测量 10～450mm 的内径，测量范围有 6～10mm、10～18mm、18～35mm、35～50mm、50～100mm、100～250mm、250～450mm 等多种规格。根据被测尺寸的大小可以选用相应测量范围的内径百分表及适当的可换测量头，它由指示表和装有杠杆系统的测量装置组成，图 3-21 所示为内径百分表结构图。

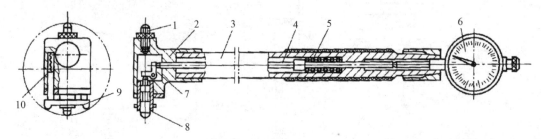

1—可换测量头　2—测量套　3—测杆　4—传动杆　5、10—弹簧　6—指示表　7—杠杆　8—活动测量头　9—定位装置

图 3-21　内径百分表结构图

三、实验原理

用内径百分表检测内径，是利用相对法进行测量的。先根据孔的公称尺寸 L 组合量块组，并将量块组装在量块夹中组成内尺寸 L，用该标准尺寸 L 来调整内径百分表的零位，然后用内径百分表测出孔径相对零位的偏差值 ΔL，则被测孔径尺寸 D 为：

$$D=L+\Delta L$$

内径百分表的活动测量头 8 受到一定的压力，向内推动等臂直角杠杆 7 绕支点回转，并通过长传动杆 4 推动指示表 6 的测杆而进行读数。在活动测量头的两侧有对称的定位弦片，定位弦片在弹簧的作用下，对称地压靠在被测孔壁上，以保证两测头的轴线处于被测孔的直径截面内，见图 3-22。

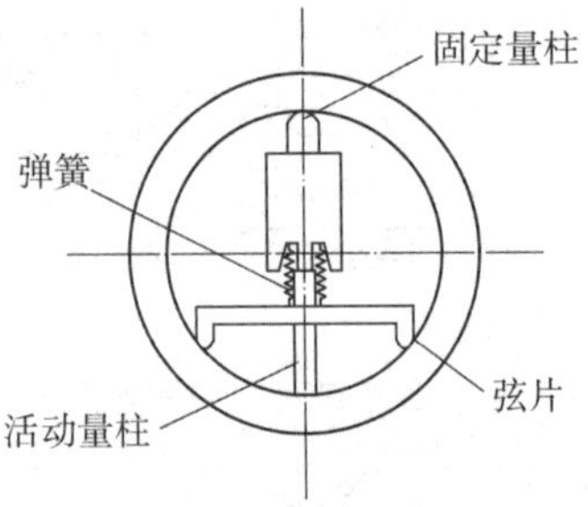

图 3-22　测头部分结构图

四、实验步骤

(1) 根据被测零件公称尺寸选择适当的可换测头装入量杆的头部，用专用扳手扳紧锁紧螺母。

(2) 将百分表与测杆安装在一起，使表盘与两测头连线平行，且表盘指针压 1～2 圈之间，调整好后转动锁紧螺母固紧。

(3) 按被测孔径的公称尺寸组合量块，擦净后装夹在量块夹内。

(4) 将内径百分表的两测头放入量块夹内，并按图 3-23(a)的方法轻轻摆动量杆，使百分表读数最小，然后可转动百分表的滚花环，将百分表零零(即指针转折点位置)。

(5) 手握内径百分表的隔热手柄，先将内径百分表的活动测量头轻轻压入被测孔径中，然后再将可换测量头放入。当测头达到指定的测量部位时，按图 3-23(b)的方法将表微微在轴向截面内摆动，读出百分表最小读数，即为该测量点孔径的实际偏差。

测量时实际偏差的正、负符号判断：百分表指针按顺时针方向未达到"零"点的读数是正值，表针按顺时针方向超过"零"点的读数是负值。

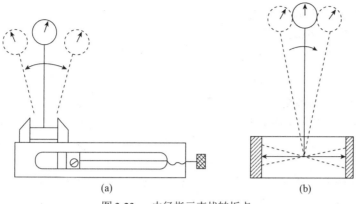

(a)　　　　　　　　　　　　　　(b)

图 3-23　　内径指示表找转折点

(6) 在孔内按图 3-24 所示选 I、II、III 个截面。在每个截面内侧互相垂直 AA′ 与 BB′ 两个方向测量两个值，共对六个点进行测量。

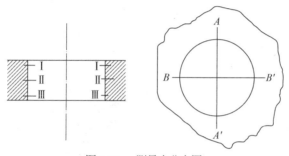

图 3-24　　测量点分布图

(7) 将测量结果填入实验报告用表中，进行相关数据处理，并按是否超出工件设计公差所确定的最大与最小极限尺寸判断其合格性。

五、注意事项

(1) 操作时手应握在隔热手柄处，测量器具与被测件必须等温，以减少测量误差。

(2) 将测头放入量块夹或内孔中时，用手压按定位板使活动测头靠压内臂先进入内表面，避免磨损内表面。拿出测头时同样压按定位板使活动测头内缩，可免测头先脱离接触。

(3) 不得用内径百分表测量运动着的被测件和表面粗糙的被测件；使用过程中要轻拿轻放，不要与手锤、扳手等工具放在一起，以防受压和磕碰造成的损伤。

(4) 使用完毕应用干净棉丝擦净，装入盒内固定位置后放在干燥、无腐蚀物质、无振动和无强磁力的地方保管。

实践练习二：用万能角度尺检测角度

一、实验目的

(1) 了解用万能角度尺测量的一般方法。

(2) 掌握万能角度尺的结构及测量原理。

(3) 掌握万能角度尺检测角度的方法与步骤。

二、实验设备

万能角度尺是一种结构简单的通用角度量具，用来测量精密零件内外角度或进行角度划线。0～320°万能角度尺结构外形图如图 3-25 所示，由尺座 1、直角尺 2、游标尺 3、基尺 4、紧固螺钉 5、扇形板 6、卡块 7、直尺 8 组成。其测量范围为 0°～320°，分度值为 2′，直尺长度 150mm，示值误差±2′。

万能角度尺的读数装置由刻有基本角度刻线的尺座 1 和固定在扇形板 6 上的游标尺 3 组成，扇形板可在尺座上回转移动，形成了和游标卡尺相似的游标读数原理。对其进行读数时，应先从尺座上读出游标零线前的角度是几度，再从游标尺上读出角度"分"的数值，两者相加就是被测零件的角度数值。万能角度尺尺座上的刻度线每格 1°，游标尺上的刻度线每格 2′。万能角度尺基本角度的刻线只有 0～90°，如果测量的零件角度大于 90°，则在读数时，应加上一个基数(90°、180°、270°)。当零件角度为：>90°～180° 时，被测角度=90°+量角尺读数；>180°～270° 时，被测角度=180°+量角尺读数；>270°～320° 时，被测角度=270°+量角尺读数。

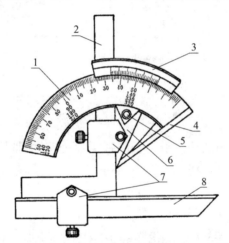

1—尺座；2—直角尺；3—游标尺；4—基尺；5—紧固螺钉；6—扇形板；7—卡块；8—直尺

图 3-25　万能角度尺结构外形图

三、实验原理

在万能角度上，基尺 4 是固定在尺座上的，直角尺 2 用卡块 7 固定在扇形板上，直尺 8 用卡块固定在角尺上。若把直角尺 2 拆下，也可把直尺 8 固定在扇形板上。由于角尺 2 和直尺 8 可以移动和拆换，使万能角度尺可以测量 0°～320° 的任何角度，如图 3-26 所示。当直角尺 2 和直尺 8 全装上时，可测量 0°～50° 的外角度，工件的被测部位放在基尺和直尺的测量面之间进行测量。当把直角尺卸掉，仅装上直尺 8 时，可测量 50°～140° 的角度，工件的被测部位放在基尺和直尺的测量面之间进行测量。当仅装上直尺 2 时，可测量 140°～230° 的角度，把工件的被测部位放在基尺和直角尺短边的测量面之间进行测量。当把角尺和直尺全拆下时，可测量 230°～320° 的角度，还可测量 40°～130° 的内角度，把工件的被测部位放在基尺和扇形板测量面之间进行测量。

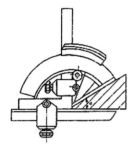 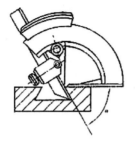 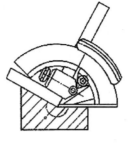 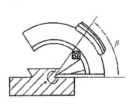

(a) 检测0°~50°角度　　(b) 检测50°~140°角度　　(c) 检测140°~230°角度　　(d) 检测230°~320°角度

图 3-26　万能角度尺检测图

四、实验步骤

(1) 将被测工件擦净平放在平板或工作台上。如工件较小，可用手把住。将游标万能角度尺擦拭干净，检查各部分相互作用是否灵活可靠。

(2) 测量时应先校准零位，万能角度尺的零位是当角尺与直尺均装上，而角尺的底边及基尺与直尺无间隙接触，此时主尺与游标的"0"线对准。

(3) 根据被测角度的大小，按图 3-26 所示四种状态之一组合角度尺。

(4) 放松制动器上的螺帽，移动主尺座作粗调整，再转动游标背面的手把作精细调整，直到使角度尺的两测量面与被测工件的工作面紧密接触为止。然后拧紧制动器上的螺帽加以固定，即可进行读数。

(5) 根据被测角度的极限偏差判断被测角度的合格性。

五、注意事项

(1) 使用前，先将万能角度尺擦拭干净，再检查各部件的相互作用是否移动平稳可靠、止动后的读数是否不动，然后对零位。

(2) 测量完毕后，应用汽油或酒精把万能角度尺洗净，用干净纱布仔细擦干，涂以防锈油，然后装入盒子内。

习　　题

一、填空题

1. 间隙配合是指具有_____(包括最小间隙等于零)的配合。

2. 尺寸偏差是_____，因而有正、负的区别；而尺寸公差是用绝对值来定义的，因而在数值前不能标出_____。

4. 当上极限尺寸等于公称尺寸时，其_____偏差等于零。

5. 确定公差位置的极限偏差称为_____，此偏差一般为靠近_____的极限偏差。

6. 按孔公差带和轴公差带相对位置不同，配合分为_____配合、_____配合和_____配合 3 种。其中孔公差带在轴公差带之上时为____配合，孔、轴公差带交叠时为_____配合，孔公差带在轴公差带之下时为_____配合。

7. 当 EI−es≥0 时，此配合必为_____配合；当 ES−ei≤0 时，此配合必为_____配合。

8. 基孔制配合中的孔称为_____。其基本偏差为_____偏差，代号为_____，数值为_____；其另一极限偏差为_____偏差。

9. 基轴制配合中的轴称为_____。其基本偏差为_____偏差，代号为_____，数值为_____；其另一极限偏差为_____偏差。

10. 基准孔的下极限尺寸等于其_____尺寸，而基准轴的_____尺寸等于其公称尺寸。

11. 在公称尺寸≤500mm 的范围内，国家标准设置了_____个标准公差等级，其中_____级精度最高，_____级精度最低。

12. 线性尺寸的一般公差规定了 4 个等级，即_____、_____、_____和_____。

13. _____确定公差带位置，_____确定公差带大小。

14. 孔、轴配合，若 EI=+0.039mm，es=+0.039mm，是_____配合；若 ES=+0.039mm，ei=+0.039mm，是_____配合；ES=+0.039mm，es=+0.039mm，是_____配合。

15. 一零件尺寸为 $\phi 90j7(^{+0.020}_{-0.015})$，其基本偏差为_____mm，尺寸公差为_____mm，标准公差 IT7 等于_____mm。

16. 滚动轴承内圈与轴的配合要采用基_____制，而外圈与孔的配合要采用基_____制。

17. 一零件尺寸为 $\phi 100H8(^{+0.054}_{0})$mm，其公称尺寸为_____，尺寸公差为_____，上极限偏差为_____mm，下极限偏差为_____mm。

18. 一零件尺寸为 $\phi 90h7(^{0}_{-0.035})$，其公称尺寸为_____，基本偏差为_____mm，尺寸公差为_____，标准公差 IT7=_____mm，上极限偏差为_____mm，下极限偏差为_____mm。

二、判断题

1. 尺寸偏差是某一尺寸减其公称尺寸所得的代数差，因而尺寸偏差可分为正值、负值或零。
（　　）

2. 某尺寸的上极限偏差一定大于下极限偏差。（　　）

3. 在尺寸公差带图中，零线以上为上极限尺寸，零线以下为下极限尺寸。（　　）

4. 基本偏差可以是上极限偏差，也可以是下极限偏差，因而一个公差带的基本偏差可能出现两个数值。（　　）

5. 尺寸公差是尺寸允许的变动量，是用绝对值来定义的，因而它没有正、负的含义。（　　）

6. 尺寸公差等于上极限尺寸减下极限尺寸之代数差的绝对值，也等于上偏差与下偏差。（　　）

7. 公差通常为正，在个别情况下也可以为负或零。（　　）

8. 公差是零件尺寸允许的最大偏差。（　　）

9. $\phi 75 \pm 0.060$mm 的基本偏差是+0.06mm，尺寸公差为 0.060mm。（　　）

10. 凡是配合中出现间隙的，其配合性质一定属于间隙配合。（　　）

11. 间隙配合中，孔的公差带一定在零线以上，轴的公差带一定在零线以下。（　　）

12. 过渡配合可能有间隙，也可能有过盈。因此，过渡配合可以是间隙配合，也可以是过盈配合。（　　）

13. 配合公差总是大于孔或轴的尺寸公差。（　　）

14. 孔、轴的加工精度越高，则其配合精度就越高。（　　）

15. 若配合的最大间隙 X_{max}=+20μm，配合公差 T_f=30μm，则该配合一定为过渡配合。（　　）

16. 不论公差数值是否相等，只要公差等级相同，尺寸的精确度就相同。（　　）

17. 有两个尺寸 $\phi 50$mm 和 $\phi 200$mm(不在同一尺寸段)，两尺寸的标准公差相等，则公差等级

相同。　　　　　　　　　　　　　　　　　　　　　　　　　　　　　　　（　　）

18. 代号 H 和 h 的基本偏差数值都等于零。　　　　　　　　　　　　　　（　　）

19. 基本偏差为 a～h 的轴与基准孔必定构成间隙配合。　　　　　　　　　（　　）

20. 基孔制是先加工孔、后加工轴以获得所需配合的制度。　　　　　　　　（　　）

21. 线性尺寸的一般公差是在车间普通工艺条件下，机床设备一般加工能力可保证的公差。它主要用于较低精度的非配合尺寸。　　　　　　　　　　　　　　　　　　　　（　　）

22. 选用公差带时，应按常用、优先、一般公差带的顺序选取。　　　　　　（　　）

23. 采用基孔制配合一定比基轴制配合的加工经济性好。　　　　　　　　　（　　）

24. 公差等级选用的原则是：在满足使用要求的条件下，尽量选择低的公差等级。（　　）

25. 公差等级越高，零件精度越高，因此零件尺寸的公差等级选得越高越好。（　　）

26. 机械加工方法中，加工精度最高的是磨削。　　　　　　　　　　　　　（　　）

三、选择题

1. 公称尺寸是(　　)。
   A. 测量时得到的　　　B. 加工时得到的　　　C. 装配后得到的　　　D. 设计时给定的

2. 上极限尺寸(　　)公称尺寸。
   A. 大于
   C. 等于
   B. 小于
   D. 大于、小于或等于

3. 上极限尺寸减其公称尺寸所得的代数差称为(　　)。
   A. 下极限偏差　　　　B. 上极限偏差　　　　C. 基本偏差

4. 极限偏差是(　　)。
   A. 设计时确定的　　　　　　　　　　B. 加工后测量得到的
   C. 实际尺寸减公称尺寸的代数差　　　D. 上极限尺寸与下极限尺寸之差

5. 当孔的基本偏差为上极限偏差时，计算下极限偏差数值的计算公式为(　　)。
   A. ES=EI+IT　　　　　　　　　　　B. EI=ES−IT
   C. EI=ES+IT　　　　　　　　　　　D. ei=es−IT

6. 孔轴配合的前提是孔轴的公称尺寸要(　　)。
   A. 不同　　　　B. 相同　　　　　　C. 孔大轴小　　　D. 孔小轴大

7. 某尺寸的实际偏差为零，则其实际尺寸(　　)。
   A. 必定合格　　　　　　　　　　　B. 为零件的真实尺寸
   C. 等于公称尺寸　　　　　　　　　D. 等于下极限尺寸

8. 尺寸公差带图的零线表示(　　)。
   A. 上极限尺寸　　　B. 下极限尺寸　　　C. 公称尺寸　　　D. 实际(组成)要素

9. 最小间隙大于零的配合是 (　　)
   A. 间隙配合　　　B. 过盈配合　　　C. 过渡配合　　　D. 紧密配合

10. 当孔的上极限偏差小于相配合的轴的上极限偏差，而大于相配合的轴的下极限偏差时，此配合的性质是(　　)。
    A. 间隙配合　　　B. 过渡配合　　　C. 过盈配合　　　D. 无法确定

11. 下列孔与基准轴配合，组成间隙配合的孔是(　　)。
    A. 孔的上、下极限偏差均为正值　　　B. 孔的上极限偏差为正，下极限偏差为负
    C. 孔的上极限偏差为零，下极限偏差为负　D. 孔的上、下极限偏差均为负

12. $\phi 200H6(^{+0.029}_{0})$mm 比 $\phi 18H8(^{+0.027}_{0})$mm 的尺寸精确程度(　　)。

    A. 高　　　　　　　B. 低　　　　　　　C. 无法比较

13. 确定不在同一尺寸段的两尺寸的精确程度,是根据(　　)。

    A. 两个尺寸的公差值的大小　　　　　　B. 两个尺寸的基本偏差

    C. 两个尺寸的公差等级

14. 基准孔的下偏差为(　　)。

    A. 正数　　　　　B. 负数　　　　　C. 零　　　　　D. 整数

15. 在基孔制配合中,基准孔的公差带确定后,配合的最小间隙或最小过盈由轴的(　　)确定。

    A. 基本偏差　　B. 公差等级　　C. 公差数值　　D. 实际偏差

16. 以下各种配合中,配合性质相同的是(　　)。

    A. $\phi 30H7/f6$ 和 $\phi 30H8/p7$　　　　　B. $\phi 30F8/h7$ 和 $\phi 30H8/f7$

    C. $\phi 30M8/h7$ 和 $\phi 30H8/r8$　　　　　D. $\phi 30H8/m7$ 和 $\phi 30H7/f6$

17. 下列孔轴配合中,间隙最小的配合代号是(　　)。

    A. G7/h6　　　B. R7/h6　　　C. H8/h7　　　D. H9/e9

18. 下列配合代号标注不正确的是(　　)。

    A. $\phi 30H6/r5$　B. $\phi 30H7/p6$　C. $\phi 30h7/D8$　D. $\phi 30H8/h7$

19. 当图样上的尺寸未注公差值时,说明其公差值为(　　)。

    A. 零　　　　　B. 任意　　　　　C. 一般公差　　　D. 漏注

20. 要加工一公差等级为IT6的孔,以下加工方法不能采用的是(　　)。

    A. 磨削　　　　B. 车削　　　　C. 铰削

四、综合题

1. 简答题:

(1) 什么是基准制?国家标准规定了哪几种基准制?如何正确选择基准制?

(2) 什么是极限尺寸?什么是公称尺寸?二者关系如何?

(3) 什么是标准公差?什么是基本偏差?二者各自的作用是什么?

(4) 什么是配合?当公称尺寸相同时,如何判断孔、轴配合性质的异同?

(5) 间隙配合、过渡配合、过盈配合各适用于何种场合?

(6) 国标规定了多少个公差等级?选择公差等级的基本原则是什么?其一般过程有哪几步?

(7) 什么是线性尺寸的一般公差?它分为哪几个公差等级?如何确定其极限偏差?

(8) 不查表,试直接判断下列各组配合的配合性质是否完全相同:

① $\phi 18\dfrac{H6}{f5}$ 与 $\phi 18\dfrac{F6}{h5}$　　② $\phi 30\dfrac{H7}{m6}$ 与 $\phi 30\dfrac{M7}{h6}$

③ $\phi 50\dfrac{H8}{t7}$ 与 $\phi 50\dfrac{T8}{h7}$

2. 计算下列孔和轴的尺寸公差,并分别绘制出尺寸公差带图。

(1) 孔 $\phi 50^{+0.039}_{0}$mm

(2) 轴 $\phi 65^{-0.060}_{-0.134}$mm

(3) 孔 $\phi 120^{+0.034}_{-0.020}$mm

(4) 轴 $\phi 80\pm 0.023$mm

3. 根据表 3-21 给出的数据求空格中应有的数据，并填入空格内。

表 3-21　根据所给数据填表

公称尺寸	孔			轴			X_{max} 或 Y_{min}	X_{min} 或 Y_{max}	X_{av} 或 Y_{av}	T_f
	ES	EI	T_D	es	Ei	T_d				
$\phi 25$		0		−0.040		0.021	+0.074	+0.040	+0.057	0.034
$\phi 14$		0		+0.012		0.010	+0.017	−0.012	+0.0025	0.029
$\phi 45$			0.025	0			−0.009	−0.050	−0.0295	0.041

4. 图 3-27 所示为一组配合的孔、轴公差带图，试根据此图回答下列问题：

(1) 孔、轴的公称尺寸是多少？

(2) 孔、轴的基本偏差是多少？

(3) 分别计算孔、轴的上、下极限尺寸。

(4) 判别配合制及配合类型。

(5) 计算极限盈隙和配合公差。

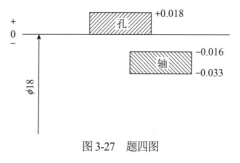

图 3-27　题四图

5. 画出下列各组配合的孔、轴公差带图，判断配合性质，并计算极限盈隙和配合公差。

(1) 孔为 $\phi 60^{+0.030}_{0}$ mm，轴为 $\phi 60^{-0.030}_{-0.490}$ mm

(2) 孔为 $\phi 60^{+0.030}_{0}$ mm，轴为 $\phi 70^{+0.039}_{+0.020}$ mm

(3) 孔为 $\phi 90^{+0.054}_{0}$ mm，轴为 $\phi 90^{+0.145}_{+0.091}$ mm

(4) 孔为 $\phi 100^{+0.107}_{+0.072}$ mm，轴为 $\phi 100^{0}_{-0.054}$ mm

6. 已知一孔、轴配合，图样上标注为孔 $\phi 30^{+0.033}_{0}$、轴 $\phi 30^{+0.029}_{+0.008}$。

试作出此配合的尺寸公差带图，并计算孔、轴极限尺寸及配合的极限间隙或极限过盈，判断配合性质。

7. 有一孔、轴配合为过渡配合，孔尺寸为 $\phi 80^{+0.046}_{0}$ mm，轴尺寸为 $\phi 80 \pm 0.015$mm，求最大间隙和最大过盈；画出配合的孔、轴公带图。

8. 下面三根轴哪根精度最高？哪根精度最低？

(1) $\phi 70^{+0.105}_{+0.075}$　　(2) $\phi 250^{-0.105}_{-0.044}$　　(3) $\phi 10^{0}_{-0.022}$

9. 查表确定下列各组孔与轴的要求项目并填入表 3-22 中。

表 3-22　确定项目并填表

序号	给定数值/mm	要求确定项目		
		极限偏差数值/μm	公差值/μm	尺寸标注
1	$\phi 30F8$			
	$\phi 30f8$			
2	$\phi 40JS6$			
	$\phi 40js6$			
3	$\phi 80p7$			
	$\phi 80P7$			

(续表)

序号	给定数值/mm	要求确定项目		
		极限偏差数值/μm	公差值/μm	尺寸标注
4	$\phi 200e9$			
	$\phi 200E9$			

10. 确定下列各孔、轴的极限偏差，画出尺寸公差带图，说明属于哪类配合及基准制。

(1) $\phi 30H8/g7$ (2) $\phi 60H6/p5$ (3) $\phi 90H7/js6$

(4) $\phi 50M8/h8$ (5) $\phi 70G8/h7$ (6) $\phi 100R8/h7$

11. 查表确定下列各尺寸的公差带代号。

(1) $\phi 18_{-0.011}^{0}$（轴）   (2) $\phi 120_{0}^{+0.087}$（孔）   (3) $\phi 50_{-0.075}^{-0.050}$（轴）   (4) $\phi 65_{-0.041}^{+0.005}$（孔）

12. 更正下列标注的错误：

(1) $\phi 80_{-0.009}^{-0.021} 80$ (2) $30_{0}^{-0.039}$ (3) $120_{-0.021}^{+0.021}$ (4) $\phi 60\dfrac{f7}{H8}$

(5) $\phi 80\dfrac{F8}{D6}$ (6) $\phi 50\dfrac{8H}{7f}$ (7) $\phi 50H8_{0}^{0.039}$

13. 有一组相配合的孔和轴为 $\phi 30\dfrac{N8}{h7}$，作如下几种计算并填空：

查表得 N8=$\left(_{-0.036}^{-0.003}\right)$，h7=$\left(_{-0.021}^{0}\right)$

(1) 孔的基本偏差是____mm，轴的基本偏差是_____。

(2) 孔的公差为_____mm，轴公差为_____mm。

(3) 配合的基准制是_____，配合性质是_____。

(4) 配合公差等于_____mm。

14. 在某配合中，已知孔的尺寸标准为 $\phi 20_{0}^{+0.013}$，X_{max}=+0.011mm，T_f=0.022mm，求出轴的上、下偏差及其公差带代号。

15. 公称尺寸为 $\phi 50$mm 的基准孔和基准轴相配合，孔、轴的公差等级相同，配合公差 T_f=78μm，试确定孔、轴的极限偏差，并写出其标注形式。

16. 画出 $\phi 15Js9$ 的公差带图，并该孔的极限尺寸、极限偏差、最大实体尺寸和最小实体尺寸。(已知公称尺寸为 15mm 时，IT9=43μm)

17. 已知 $\phi 40M8\left(_{-0.034}^{+0.005}\right)$，求 $\phi 40H8/h8$ 的极限间隙或极限过盈。

18. 已知公称尺寸为 $\phi 40$ 的一对孔、轴配合，要求其配合间隙为 41～116μm，试确定孔与轴的配合代号，并画出公差带图。

19. 设有一公称尺寸为 $\phi 110$ 的配合，经计算，为保证连接可靠，其过盈不得小于 40μm；为保证装配后不发生塑性变形，其过盈不得大于 110μm。若已决定采用基轴制，试确定此配合的孔、轴公差带代号，并画出公差带图。

第 4 章

几何公差及其检测

◇ **学习重点**

几何公差的定义、特点和标注方法。

◇ **学习难点**

1. 几何公差带的定义及公差原则。

2. 几何公差的选用。

◇ **学习目标**

1. 了解几何公差特征项目符号及其公差带含义。

2. 掌握评定几何误差的条件及其意义。

3. 掌握几何公差的正确标注。

4. 理解公差原则的含义、应用要素、功能要求、控制边界及其检测方法。

5. 掌握标准中有关几何公差的公差等级和未标注几何公差的规定。

6. 掌握几何公差的选用方法。

7. 理解几何误差检测的方法及其常用的检测方案。

4.1 概　述

　　零件在加工过程中，不仅有尺寸误差，而且还会由于机床、夹具、刀具和零件所组成的工艺系统本身具有一定的误差，以及受力变形、热变形、振动、磨损等各种因素的影响，使加工后的零件产生形状和位置误差(简称几何误差)。几何误差对机械产品的制造、机械零件的使用和工作性能的影响不容忽视。例如，圆柱形零件的圆度、圆柱度误差会使配合间隙不均匀，或各部分的过盈不一致，在使用过程中，将影响其连接强度，也会导致磨损加剧，精度降低，缩短使用寿命；机床导轨的直线度误差会使移动部件运动精度降低，影响加工精度和加工质量；齿轮箱上各轴承孔的位置误差，将影响齿轮传动的齿面接触精度和齿侧间隙；轴承盖上各螺钉孔的位置误差，会影响其装配精度等。因此，在现代化生产中，对精度要求较高的零件，不仅尺寸公差需要得到保证，而且还要保证其形状和位置的准确性，这样才能满足零件的使用和装配要求。所以，几何公差和尺寸公差一样是评定产品质量的重要技术要求。

　　几何公差是零件上各要素的实际形状、方向和位置相对于理想形状、方向和位置偏离程度的控制要求。生产中，通过对几何公差各项要求的控制，以达到必要的几何精度，从而保证产品零件的工作性能。

4.1.1　几何要素及其分类

　　任何零件都是由点、线、面构成的，几何公差的研究对象就是构成零件几何特征的点、线、面，统称为几何要素，简称要素。图 4-1 所示的零件可以分解成球面、球心、中心线、圆锥面、端平面、圆柱面、圆锥顶点(锥顶)、素线、轴线等要素。

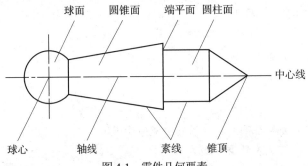

图 4-1　零件几何要素

1. 按结构特征可分为组成要素与导出要素

　　(1) 组成要素：是指有定义的面或面上的线，可以实际感知。实质是构成零件几何外形，能直接被人们所感觉到的线、面。组成要素可以是理想的或非理想的几何要素，在新标准中，用组成要素取代了旧标准中的"轮廓要素"。如图 4-1 所示中的圆柱面、端平面、素线即是组成要素。

　　(2) 导出要素：是由具有对称关系的一个或几个组成要素按照几何关系得到的中心点、中心线或中心面。实质是组成要素对称中心所表示的点、线、面。导出要素是对组成要素进行一系列操作而得到的要素，它不是工件实体上的要素。在新标准中用导出要素取代了旧标准中的"中心要素"。如图 4-1 所示的球心、轴线就是导出要素。

2. 按所处的地位可分为被测要素和基准要素

(1) 被测要素：图样上给出了几何公差要求的要素，也就是需要研究确定其几何误差的要素，称为被测要素。

(2) 基准要素：用来确定理想被测要素的方向或(和)位置的要素，称为基准要素。通常，基准要素由设计者在图样上标注。

3. 按被测要素的功能关系可分为单一要素和关联要素

(1) 单一要素：在设计图样上仅对其本身给出形状公差的要素，也就是只研究确定其形状误差的要素，称为单一要素。如图 4-2 所示零件的右大端为单一要素，研究平面度误差，与其他要素无关。

(2) 关联要素：对其他要素有功能关系(方向、位置)的要素，或在设计图样上给出了位置公差的要素，也就是研究确定其位置误差的要素，称为关联要素。

如图 4-2 所示零件的右大端面作为关联要素，研究其对右小端面的平行度误差。

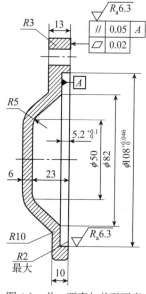

图 4-2　单一要素与关联要素

4.1.2　几何要素基本术语

本章内容涉及的几何要素术语较多，在 GB/T1182—2018 中又增加了公差带宽度方向的一些约束，常用的一些术语和定义如下。

(1) 尺寸要素：指由一定大小的线性尺寸或角度尺寸确定的几何形状。尺寸要素可以是圆柱形、球形、两平行对应面、圆锥形或楔形。

(2) 方位要素：指能确定要素方向和/或位置的点、直线、平面或螺旋线类要素。

(3) 公称组成要素：指由技术制图或其他方法确定的理论正确组成要素，如图 4-3(a)所示，零件图中给出的几何圆柱面即为公称组成要素。

(4) 公称导出要素：指由一个或几个公称组成要素导出的中心点、轴线或中心平面，如图 4-3(a)所示，圆柱面中心所确定的轴线，即为公称导出要素。

(5) 工件实际表面：指工件实际存在并将整个工件与周围介质分隔的一组要素。

(6) 实际(组成)要素：指零件加工完成后，所得到的零件上实际存在的要素，是由接近实际(组成)要素所限定的工件实际表面的组成要素部分，如图 4-3(b)所示。

设计图中的"图样"是描述理想状态的几何要素术语，它们是由设计者想像的，应用在图样上对工件定义，所有这些几何要素冠以"公称"。制造出来的"工件"描述的是实际存在工件的几何要素术语，如果能够在工件上扫描无限个没有任何误差的点，就能够得到实际组成要素。实际工件只能用有限个点代表已存在的工件表面，由于测量设备的误差、环境及工件温度的变化、振动等对测量过程的影响，所有测得点实际上不可能与工件的真实表面完全符合。由实际工件表面上有限个点所表示的几何要素，冠以"提取"；根据提取要素，通过计算可以确定其他几何要素的形状误差，通过计算得到的理想几何要素，冠以"拟合"。

(7) 提取组成要素：指按规定方法，从实际(组成)要素上提取有限数目的点所形成的实际(组成)要素的近似替代，如图 4-3(c)所示。

生产中因各种因素影响，加工出的零件实际要素总会产生形状误差。要认识实际要素状况，通常是通过测量手段测得实际要素上若干个点，即得到提取组成要素，以此近似替代实际要素，

来评定其误差值的大小。

(8) 提取导出要素：指由一个或几个提取组成要素得到的中心点、中心线或中心面，如图 4-3(c) 所示。

提取(组成、导出)要素是根据特定的规则，通过对非理想要素提取有限数目的点得到的近似替代要素，为非理想要素。

提取时的替代(方法)要素由要素所要求的功能确定，每个实际(组成)要素可以有几个这种替代。

(9) 拟合组成要素：按规定方法由提取组成要素形成的并具有理想形状的组成要素，如图 4-3(d)。

(10) 拟合导出要素：指由一个或几个拟合组成要素导出的中心点、轴线或中心平面，如图 4-3(d) 所示。

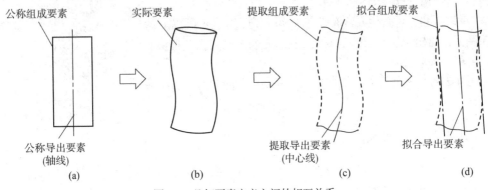

图 4-3　几何要素定义之间的相互关系

拟合(组成、导出)要素是按照特定规则，以理想要素尽可能地逼近非理想要素而形成的替代要素，拟合要素为理想要素。在新标准中用拟合要素为旧标准中的"理想要素"。

(11) 相交平面：指由工件的提取要素建立的平面，用于标识提取面上的线要素(组成要素或中心要素)或标识提取线上的点要素。

(12) 定向平面：指由工件的提取要素建立的平面，用于标识公差带的方向。使用定向平面不再依赖理论正确尺寸(位置)或基准(方向)定义限定公差带的平面或圆柱的方向。仅当被测要素是中心要素(中心线、中心点)且公差带由两平行直线或平行平面所定义时，或被测要素是圆柱时才可以使用定向平面。

(13) 方向要素：指由工件的提取要素建立的理想要素，用于标识公差带宽度(局部偏差)的方向。方向要素可以是平面、圆柱面或圆锥面。使用方向要素可改变在面要素上的线要素的公差带宽度的方向。

(14) 理论正确尺寸：指用于定义要素理论正确几何形状、范围、位置与方向的线性或角度尺寸。用 TED 表示。

(15) 理论正确要素：指具有理想形状以及理想尺寸、方向与位置的公称要素。用 TEF 表示。

(16) 联合要素：指由连续的或不连续的组成要素组合而成的要素，并将其视为一个单一要素，用 UF 表示。

(17) 组合连续要素：指有多个单一要素无缝组合在一起的单一要素。组合连续要素可以是封闭的，也可以是非封闭的。非封闭的组合连续要素可用"区间"符号与 UF 修饰符定义。封闭的组合连续要素可用"全周"符号与 UF 修饰符定义，此时，它是一组单个要素，与平行于组合平面的任何平面相交所形成的是线要素或点要素。

106

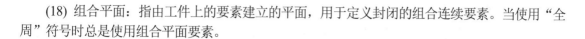

(18) 组合平面：指由工件上的要素建立的平面，用于定义封闭的组合连续要素。当使用"全周"符号时总是使用组合平面要素。

4.1.3　几何公差的项目及符号

为控制机器零件的几何误差，提高机器的精度和延长使用寿命，保证互换性生产，国家标准 GB/T 1182—2018 中，将几何公差的几何特征分为 14 种。各几何特征及符号如表 4-1。

表 4-1　几何公差特征项目及符号

公差类别	几何特征	符号	有无基准	公差类别	几何特征	符号	有无基准
形状公差	直线度	—	无	位置公差	同心度(用于中心点)	◎	有
	平面度	▱	无		同轴度(用于轴线)	◎	有
	圆 度	○	无		对称度	═	有
	圆柱度	⌀	无		位置度	⊕	有或无
	线轮廓度	⌒	无		线轮廓度	⌒	有
	面轮廓度	⌓	无		面轮廓度	⌓	有
方向公差	平行度	∥	有	跳动公差	圆跳动	↗	有
	垂直度	⊥	有		全跳动	↗↗	有
	倾斜度	∠	有				
	线轮廓度	⌒	有				
	面轮廓度	⌓	有				

4.1.4　几何公差的公差带

几何公差的公差带用来限制被测实际要素变动的区域，这个区域由一个或几个理想的几何线或面所限定，并由线性公差值表示其大小。只要被测实际要素完全落在给定的公差带内，就表示其形状和位置符合设计要求。除非有进一步的限制要求，被测要素在公差带内可以具有任何形状、方向或位置。

 特别提示 -

　　几何公差带既然是一个区域，则一定具有形状、大小、方向和位置 4 个特征要素。

1. 公差带的形状

公差带的形状，是指由几何要素所组成的一种特定的几何图形，构成了控制几何误差变动的区域，它是由要素本身的特征和设计要求确定的。常用的公差带形状如图 4-4 所示。

公差带呈何种形状，取决于被测要素的形状特征、公差项目和设计时表达的要求。

在某些情况下，被测要素的形状特征或几何公差的项目就确定了几何公差带的形状。如被测要素是平面，则公差带只能是两平行平面。如同轴度，由于零件孔或轴的轴线是空间直线，同轴要求必是指任意方向的，其公差带只有圆柱形一种。

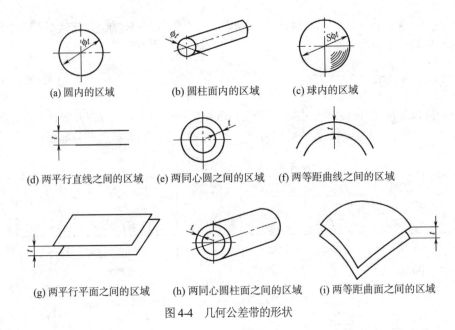

(a) 圆内的区域　　　(b) 圆柱面内的区域　　　(c) 球内的区域

(d) 两平行直线之间的区域　(e) 两同心圆之间的区域　(f) 两等距曲线之间的区域

(g) 两平行平面之间的区域　(h) 两同心圆柱面之间的区域　(i) 两等距曲面之间的区域

图 4-4　几何公差带的形状

在多数情况下，除被测要素的特征外，设计要求对公差带形状起着重要的决定作用。如对于轴线，其公差带可以是两平行直线、两平行平面或圆柱面，视设计给出的给定平面内、给定方向上或是任意方向上的要求而定。

2. 公差带的大小

公差带的大小，是指公差标注中公差值的大小，是允许实际要素变动的全量。其大小表明形状位置精度的高低。按上述公差带的形状不同，可以是指公差带的宽度或直径，设计时可在公差值前加或不加符号 ϕ 以示区别。

几何公差带的数值是宽度还是直径，取决于被测要素的形状和设计的功能要求。对于圆度、圆柱度、线(面)轮廓度、平面度和跳动等，所给定的公差值只能是公差带的宽度值；对于同轴度和任意方向上轴线的直线度、平行度、倾斜度及位置度，所给出的公差值则是圆或圆柱面的直径；对于点的位置度，所给出的公差值是圆或球的直径值。

3. 公差带的方向

公差带的方向是指公差带的放置方向。在评定几何误差时，形状公差带和方向、位置公差带的放置方向直接影响到误差评定的正确性。

(1) 对于形状公差带，其放置方向应符合最小条件(见形状、方向和位置误差评定)。

(2) 对于方向公差带(平行度、垂直度、倾斜度)，由于控制的是方向，故其放置方向要与基准要素成绝对理想的方向关系，即平行、垂直或理论正确的其他角度关系。

(3) 对于位置公差带(同轴度、对称度、位置度)，除点的位置度公差外，其他控制位置的公差带都有方向问题，故其方向由相对于基准的理论正确尺寸来确定。

 特别提示 -

几何公差带的方向理论上应与图样上几何公差框格指引线所指的方向垂直。

4. 公差带的位置

公差带的位置，是指公差带位置是固定的还是浮动的。

(1) 对于形状公差带，只是用来限制被测要素的形状误差，本身不做位置要求，实际上，只要求形状公差带在尺寸公差带内便可，允许在此范围内任意浮动。如圆度公差带只用来限制被测圆截面的轮廓形状，至于该轮廓在哪个位置上，直径大小不同，都不影响实际轮廓圆度误差的数值。

(2) 对于方向公差带，强调的是相对于基准的方向关系，其对实际要素的位置是不做控制的，而是由相对于基准的尺寸公差或理论正确尺寸控制。如平行度公差带位置，可在相应尺寸公差带范围内上、下浮动。

(3) 对于位置公差带，强调的是相对于基准的位置(其必包含方向)关系，公差带的位置由相对于基准的理论正确尺寸确定，公差带是完全固定位置的。如同轴度公差带位置由基准轴线所确定。

4.2　形状和位置公差

4.2.1　形状公差

形状公差是指单一实际要素的形状所允许的最大变动量。形状公差包含直线度、平面度、圆度、圆柱度、线轮廓度和面轮廓度(无基准)。

1. 直线度公差

形状公差 1

直线度公差是指实际直线对理想直线所允许的最大变动量。被测要素是线要素，它可以是组成要素或导出要素。直线度公差有以下几种情况。

(1) 给定平面内的直线度公差。如图 4-5 所示，被测要素是上表面与任一平行于基准 A 的平面相交所得的交线，公差带在相交平面框格规定的平面内，上表面的提取(实际)线应在间距等于公差值 t 的两平行直线所限定的区域内，即在任一平行于基准 A 的相交平面内，上表面的提取(实际)线应限定在间距等于 0.1mm 的两平行直线之间。如图 4-5(c)所示。

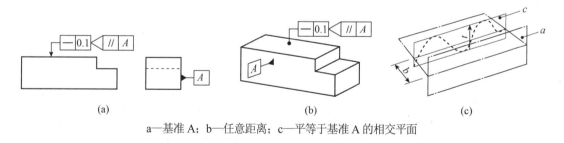

(a)　　　　　　　　　　　(b)　　　　　　　　　　　(c)

a—基准 A；b—任意距离；c—平等于基准 A 的相交平面

图 4-5　给定平面内的直线度公差

(2) 圆柱体素线的直线度公差。如图 4-6 所示，被测要素是通过圆柱体轴线的纵向截面与圆柱表面的交线，这是在纵向截面内变化的直线。公差带是将被测素线控制在该纵向截面内距离等于公差值 0.1mm 的两平行直线之间的区域。

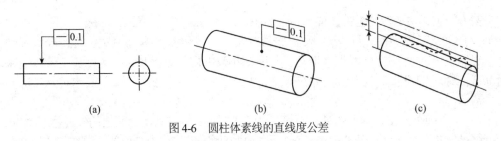

图 4-6　圆柱体素线的直线度公差

(3) 任意方向上的直线度公差。任意方向是指围绕被测直线的 360° 方向。如图 4-7 所示，公差带为直径等于公差值 ϕt 的圆柱面所限定的区域，即外圆柱面的提取(实际)中心线应限定在直径等于 0.08mm 的圆柱面内，如图 4-7(c)所示。

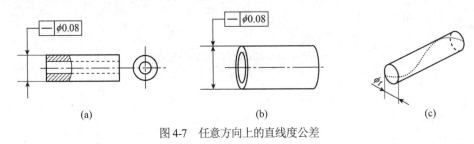

图 4-7　任意方向上的直线度公差

2. 平面度公差

平面度公差用来限制被测提取平面的形状误差，它是对平面要素的控制要求，被测要素是平面，可以是组成要素或导出要素。如图 4-8 所示，公差带为间距等于公差值 t 的两平行平面所限定的区域，即提取(实际)表面应限定在间距等于 0.08mm 的两平行平面之间，如图 4-8(c)所示。

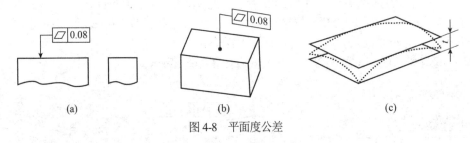

图 4-8　平面度公差

3. 圆度公差

圆度公差的被测要素是给定的圆周线，是组成要素。圆柱体的圆度要求用在与被测要素轴线垂直的横截面上，球体的圆度要求用在包含球心的横截面上，圆锥体的圆度横截面由标注的方向要素确定。如图 4-9 所示，公差带为在给定横截面内，提取(实际)圆周应限定在半径差等于公差值 t 的两共面同心圆所限定的区域，即对于圆柱，公差带是在垂直于圆柱轴线的任意横截面内，提取(实际)圆周应限定在半径差等于 0.03mm 的两共面同心圆之间；对于圆锥，公差带是在垂直于基准 D 的任意横截面内，提取(实际)圆周应限定在半径差等于 0.03mm 的两共面同心圆之间，如图 4-9(c)所示。

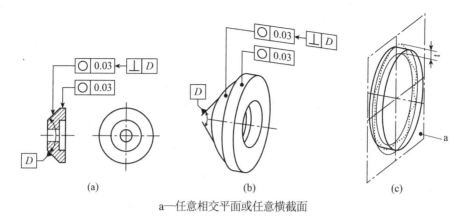

a—任意相交平面或任意横截面

图 4-9　圆度公差

4. 圆柱度公差

圆柱度公差用来限制被测提取圆柱面的形状误差。圆柱度公差的被测要素是圆柱表面，是组成要素，它不能用于圆锥或其他表面。圆柱度公差同时还控制圆柱体横截面和轴向的各项形状误差，如圆度、素线直线度、中心线直线度误差等，因此圆柱度是圆柱面各项形状误差的综合控制指标。如图 4-10 所示，公差带为半径差等于公差值 t 的两同轴圆柱面所限定的区域，即提取(实际)圆柱面应限定在半径差等于 0.1mm 的两同轴圆柱面之间，如图 4-10(c)所示。

形状公差 2

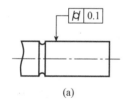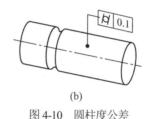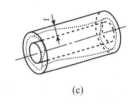

图 4-10　圆柱度公差

5. 轮廓度公差

轮廓度公差分为线轮廓度和面轮廓度。轮廓度无基准要求时为形状公差，有基准要求时为方向或位置公差。

线轮廓度公差的被测要素是线要素，可以是组成要素或导出要素。

(1) 与基准不相关的线轮廓度公差。如图 4-11 所示，公差带为直径等于公差值 t、圆心位于具有理论正确几何形状上的一系列圆的两等距包络线所限定的区域，即在任一由相交平面框格所规定的平行于基准平面 A 的截面内，提取(实际)轮廓线应限定在直径等于 0.04mm、圆心位于被测要素理论正确几何形状上的一系列圆的两等距包络线之间，如图 4-11(c)所示。

(2) 相对于基准的线轮廓度公差。如图 4-12 所示，公差带为直径等于公差值 t、圆心位于由基准平面 A 和基准平面 B 确定的被测要素理论正确几何形状上的一系列圆的两等距包络线所限定的区域，即在任一由相交平面框格规定的平行于基准平面 A 截面内，提取(实际)轮廓线应限定在直径等于 0.04mm、圆心位于由基准平面 A 和基准平面 B 确定的被测要素理论正确几何形状上的一系列圆的两等距包络线之间，如图 4-12(c)所示。

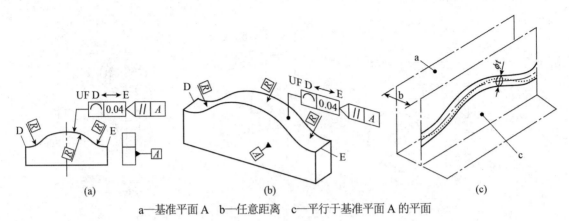

a—基准平面A　b—任意距离　c—平行于基准平面A的平面

图4-11　线轮廓度公差(无基准)

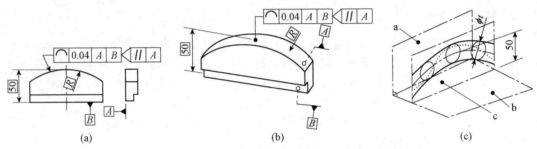

a—基准平面A　b—基准平面B　c—平行于基准A的平面

图4-12　线轮廓度公差(有基准)

面轮廓度公差的被测要素是面要素，可以是组成要素或导出要素。

(1) 与基准不相关的面轮廓度公差。如图4-13所示，公差带为直径等于公差值t、球心位于被测要素理论正确几何形状上的一系列圆球的两包络面所限定的区域，即提取(实际)轮廓面应限定在直径等于0.02mm、球心位于被测要素理论正确几何形状上的一系列圆球的两等距包络面之间，如图4-13(c)所示。

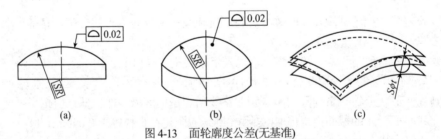

图4-13　面轮廓度公差(无基准)

(2) 相对于基准的面轮廓度公差。如图4-14所示，公差带为直径等于公差值t、球心位于由基准平面A确定的被测要素理论正确几何形状上的一系列圆球的两包络面所限定的区域，即提取(实际)轮廓面应限定在直径等于0.1mm、球心位于由基准面A确定的理论正确几何形状上的一系列圆球的两等距包络面之间，如图4-14(c)所示。

轮廓度的公差带具有如下特点。

(1) 无基准要求的轮廓度，其公差带的形状只由理论正确尺寸决定。

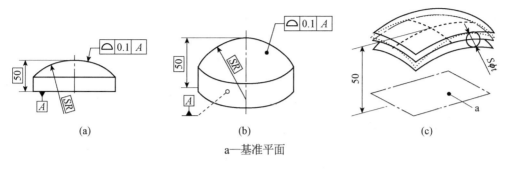

a—基准平面

图 4-14　面轮廓度公差(有基准)

(2) 有基准要求的轮廓度，其公差带的方向和位置需由理论确尺寸和基准来决定。

直线度、平面度、圆度、圆柱度等形状公差带的特点是不涉及基准、公差带的方向和位置随相应实际要素的不同而浮动。也就是说，形状公差带只有形状和大小的要求，而没有方向和位置的要求。

4.2.2　位置公差

方向公差

1. 方向公差带

方向公差是指提取关联要素对基准的方向上允许的变动量，它包括平行度、垂直度和倾斜度公差。方向公差的被测要素可以是面要素或线要素，可以是组成要素或导出要素。

(1) 平行度公差。平行度公差用于限制被测要素与基准要素相平行的误差。平行度公差有以下几种类型。

① 面对基准面的平行度公差。如图 4-15 所示，公差带为间距等于公差值 t、平行于基准平面 D 的两平行平面所限定的区域，即提取(实际)表面应限定在间距等于 0.01mm、平行于基准平面 D 的两平行平面之间，如图 4-15(c)所示。

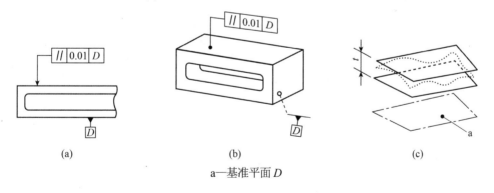

a—基准平面 D

图 4-15　面对基准面的平行度公差

② 面对基准线的平行度公差。如图 4-16 所示，公差带为间距等于公差值 t、平行于基准轴线 C 的两平行平面所限定的区域，即提取(实际)表面应限定在间距等于 0.1mm、平行于基准轴线 C 的两平行平面之间，如图 4-16(c)所示。

③ 线对基准面的平行度公差。如图 4-17 所示为孔的中心线对基准平面 B 的平行度公差。公差带为间距等于公差值 t 且平行于基准平面 B 的两平行平面所限定的区域，即提取(实际)中心线应

限定在平行于基准平面 B、间距等于 0.01mm 的两平行平面之间，如图 4-17(c)所示。

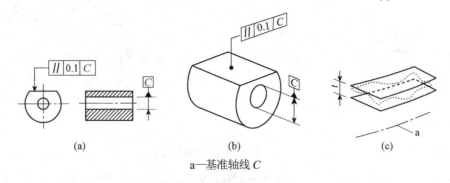

a—基准轴线 C

图 4-16　面对基准线的平行度公差

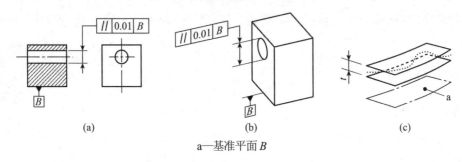

a—基准平面 B

图 4-17　中心线对基准面的平行度公差

图 4-18 所示为表面上的线对基准平面 A 的平行度公差，相交平面框格确定了线的方向。公差带为在由相交平面框格确定的平面内，平行于基准平面 A，间距等于公差值 t 的两平行直线所限定的区域，即每条由相交平面框格规定的平行于基准平面 B 的提取(实际)线应限定在间距等于 0.02mm、平行于基准平面 A 的两平行线之间，如图 4-18(c)所示。

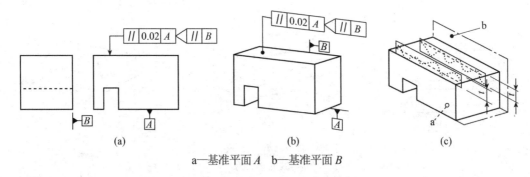

a—基准平面 A　b—基准平面 B

图 4-18　表面上的线对基准面的平行度公差

④ 线对基准线的平行度公差。如图 4-19 所示，若公差值前加注了符号 ϕ，则公差带为平行于基准轴线、直径等于公差值 ϕt 的圆柱面所限定的区域，即提取(实际)中心线应限定在平行于基准轴线 A、直径等于 $\phi0.03$mm 的圆柱面内，如图 4-19(c)所示。

如图 4-20 所示，公差带为间距等于公差值 t、平行于两基准且沿规定方向的两平行平面所限定的区域，即提取(实际)中心线应限定在间距等于 0.1mm、平行于基准轴线 A 的两平行平面之间。

限定公差带的两平行平面均平行于由定向平面框格规定的基准平面 B。基准 B 为基准 A 的辅助基准。

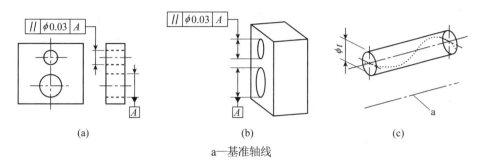

(a)　　　　　　　(b)　　　　　　　(c)

a—基准轴线

图 4-19　中心线对基准轴线的平行度公差(1)

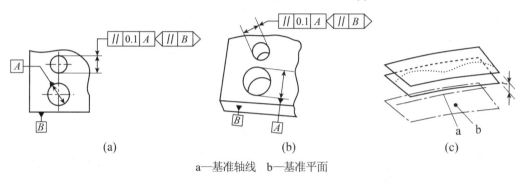

(a)　　　　　　　(b)　　　　　　　(c)

a—基准轴线　　b—基准平面

图 4-20　中心线对基准轴线的平行度公差(2)

如图 4-21 所示,公差带为间距等于公差值 t、平行于基准 A 且垂直于基准 B 的两平行平面所限定的区域,即提取(实际)中心线应限定在间距等于 0.1mm、平行于基准轴线 A 的两平行平面之间,如图 4-21(c)所示。限定公差带的两平行平面均垂直于由定向平面框格规定的基准平面 B。基准 B 为基准 A 的辅助基准。

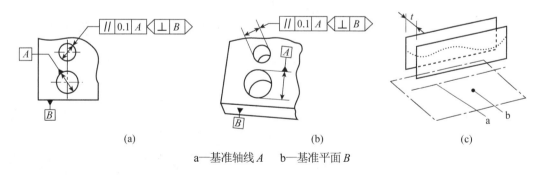

(a)　　　　　　　(b)　　　　　　　(c)

a—基准轴线 A　　b—基准平面 B

图 4-21　中心线对基准轴线的平行度公差(3)

如图 4-22 所示,公差带为间距等于公差值 t_1 和 t_2,且平行于基准轴线的两对平行平面所限定的区域,即提取(实际)中心线应限定在两对间距分别等于 0.1mm 和 0.2mm,且平行于基准轴线 A 的平行平面之间,如图 4-22(c)所示。定向平定面框格规定了公差带宽度相对于基准平面 B 的方向。0.2mm 的公差带的限定平面垂直于定向平面 B,0.1mm 的公差带的限定平面平行于定向平面 B。

基准 *B* 为基准 *A* 的辅助基准。

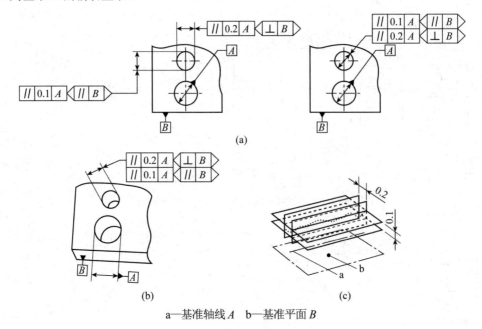

a—基准轴线 *A*   b—基准平面 *B*

图 4-22   中心线对基准轴线的平行度公差(4)

(2) 垂直度公差。垂直度公差用于限制被测要素和基准要素相垂直的误差。垂直度公差和平行度公差一样，也有类似的几种情况。

图 4-23 所示为面对基准平面的垂直度公差，公差带为间距等于公差值 *t*、垂直于基准平面的两平行平面所限定的区域，即提取(实际)表面应限定在间距等于 0.08mm、垂直于基准平面 *A*(底面)的两平行平面之间，如图 4-23(c)所示。垂直度公差的其他几种情况不再赘述。

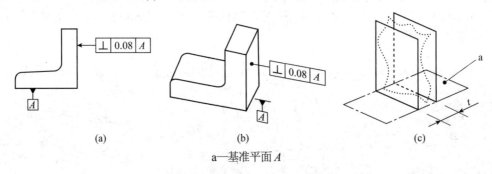

a—基准平面 *A*

图 4-23   面对基准面的垂直度公差

(3) 倾斜度公差。倾斜度公差用于限制被测要素与基准要素有夹角(0°＜a＜90°)的误差。被测要素相对于基准要素的倾斜角度必须用理论正确角度表示。倾斜度公差与垂直度公差和平行度公差一样，也有类似的几种情况。

图 4-24 所示为面对基准平面的倾斜度公差，公差带为间距等于公差值 *t* 的两平行平面所限定的区域，两平行平面按给定角度倾斜于基准平面，即提取(实际)表面应限定在间距等于 0.08mm 的两平行平面之间，如图 4-24(c)所示。这两个平行平面按理论正确角度 40° 倾斜于基准平面 *A*。倾斜度公差的其他几种情况不再赘述。

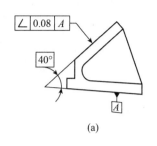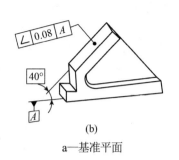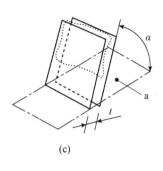

a—基准平面

图 4-24　面对基准面的倾斜度公差

方向公差带具有如下特点。

(1) 方向公差带相对于基准有确定的方向，而其位置往往是浮动的。

(2) 方向公差带具有综合控制被测要素的方向和形状的功能。如平面的平行度公差，可以控制该平面的平面度和直线度误差；轴线的垂直度公差可以控制该轴线的直线度误差。

 特别提示

在保证使用要求的前提下，对被测要素给出方向公差后，通常不再对该要素提出形状公差要求。需要对被测要素的形状有进一步的要求时，可再给出形状公差，但其形状公差值应小于方向公差值。

2. 位置公差带

位置公差是关联提取(实际)要素对基准在位置上所允许的变动量。根据被测要素和基准要素之间的功能关系，位置公差分为同轴度(同心度)、对称度、位置度 3 个特征项目。其中，同轴度和对称度可以视为位置度的特殊情况，即理论正确尺寸为零的情况。

位置公差

(1) 点的同心度公差。点的同心度公差涉及的被测要素是圆心，是点要素，指提取被测圆心对基准圆心(被测圆心的理想位置)的允许变动量。如图 4-25 所示，公差值前加注符号 ϕ，公差带为直径等于公差值 ϕt 的圆周所限定的区域。该圆周的圆心与基准点重合，即在任意横截面内，内圆的提取(实际)中心应限定在直径等于 $\phi 0.1mm$、以基准点 A 为圆心的圆周内(ACS 指任意横截面)，如图 4-25(c)所示。

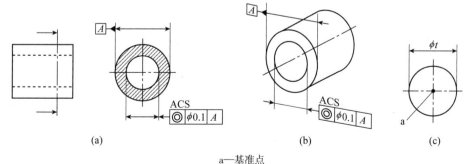

a—基准点

图 4-25　点的同心度公差

(2) 轴线的同轴度公差。轴线的同轴度公差涉及的被测要素是轴线，是线要素和导出要素，指提取(实际)中心线对基准轴线的允许变动量。如图 4-26 所示，公差值前加注符号 ϕ，公差带为直径等于公差值 ϕt 的圆柱面所限定的区域。该圆柱面的轴线与基准轴线重合，即大圆柱面的提取(实际)中心线应限定在直径等于 $\phi 0.08$mm、以公共基准轴线 $A—B$ 为轴线的圆柱面内，如图 4-26(c)所示。

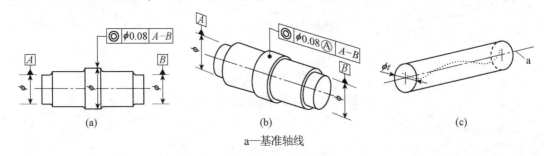

a—基准轴线

图 4-26   轴线的同轴度公差

(3) 对称度公差。对称度公差用于限制被测要素中心线(或中心面)对基准要素中心线(或中心面)的共线性(或共面性)的误差。对称度公差涉及的要素是中心面和中心线。它是指提取(实际)导出要素的位置对基准的允许变动量。

图 4-27 所示为中心平面的对称度公差，公差带为间距等于公差值 t，对称于基准中心平面的两平行平面所限定的区域，即提取(实际)中心面应限定在间距等于 0.08mm、对称于基准中心平面 A 的两平行平面之间，如图 4-27(c)所示。

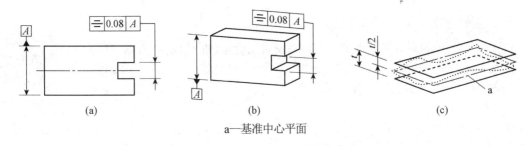

a—基准中心平面

图 4-27   中心平面的对称度公差

(4) 位置度公差。位置度公差用于限制被测点、线或面的提取(实际)位置对其拟合位置的变动量。它涉及的被测要素有点要素、线要素或面要素，而涉及的基准要素通常为线要素或面要素。位置度是指被测要素位于由基准和理论正确尺寸确定的拟合位置的精度要求。位置度公差带相对于拟合被测要素的位置对称分布。位置度公差是综合性最强的指标之一，它同时控制了被测要素上的其他形状和方向公差。它的公差带位置是固定的，由理论正尺寸确定。位置度公差有以下几种类型：

① 点的位置度公差。点的位置度以圆心或球心为被测要素，一般均要求在任意方向上加以控制。如图 4-28 所示，公差值前加注 $S\phi$，公差带为直径等于公差值 $S\phi t$ 的圆球面所限定的区域。该圆球面中心的理论正确位置由基准 A、B、C 和理论正确尺寸确定，即提取(实际)球心应限定在直径等于 $S\phi 0.3$mm 的圆球面内，该圆球面的中心由基准平面 A、基准平面 B、基准中心平面 C 和理论正确尺寸 30、25 确定。

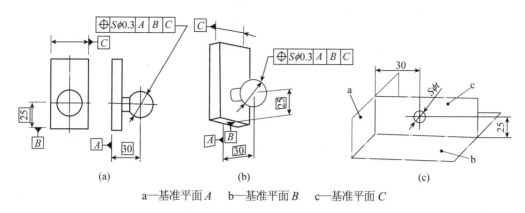

a—基准平面 A　　b—基准平面 B　　c—基准平面 C

图 4-28　点的位置度公差

② 直线的位置度公差。线的位置度可以在规定的一个方向上或两个互相垂直的方向上以及任意方向上加以控制。如图 4-29 所示，公差值前加注符号 ϕ，公差带为直径等于公差值 ϕt 的圆柱面所限定的区域。该圆柱面的轴线位置由相对于基准 C、A、B 的理论正确尺寸确定，即提取(实际)中心线应限定在直径等于 $\phi 0.08$mm 的圆柱面内，该圆柱面的轴线应处于由基准平面 C、A、B 和理论正确尺寸 100、68 确定的理论正确位置，如图 4-29(c)所示。

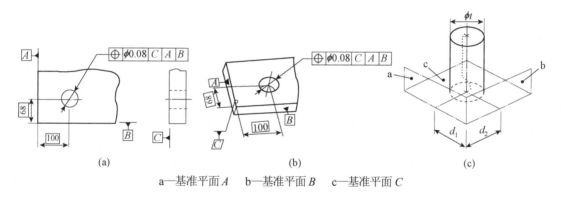

a—基准平面 A　　b—基准平面 B　　c—基准平面 C

图 4-29　任意方向上线的位置度公差

如图 4d 和 t_2，且对称于理论正确位置的两对平行平面所限定的区域，即各孔的提取(实际)中心线在给定方向上应各自限定在间距分别等于 0.05mm 和 0.2mm，且相互垂直的两对平行平面内，如图 4-30(c)所示。理论正确位置由相对于基准 C、A、B 的理论正确尺寸确定。定向平面框格规定了公差带相对于基准体系的方向。0.05mm 的公差带平行于定向平面 B，0.2mm 的公差带平行于定向平面 A。

③ 平面的位置度公差。平面的位置度公差是对零件表面或中心平面的位置度要求。如图 4-31 所示，公差带为间距等于公差值 t 的两平行平面所限定的区域，两平行平面对称于由相对于基准 A、B 的理论正确尺寸所确定的理论正确位置，即提取(实际)表面应限定在间距等于 0.05mm 的两平行平面之间，如图 4-31(c)所示，这两个平行平面对称于由基准平面 A、基准轴线 B 和理论正确尺寸 15、105°确定的理论正确位置。

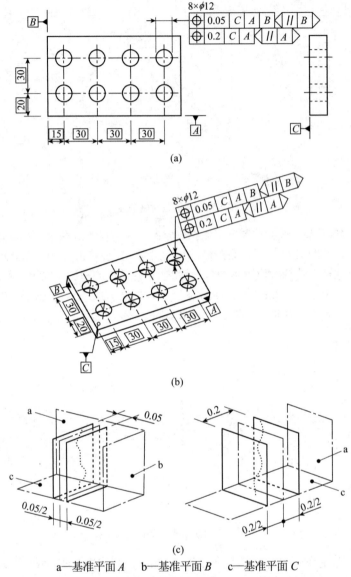

a—基准平面 A　　b—基准平面 B　　c—基准平面 C

图 4-30　给定方向上线的位置度公差

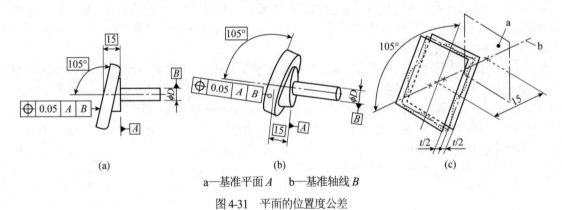

a—基准平面 A　　b—基准轴线 B

图 4-31　平面的位置度公差

位置公差带具有如下特点：

(1) 位置公差带相对于基准有确定的位置。

(2) 位置公差带具有综合控制被测要素的位置、方向和形状的功能。如平面的位置度公差，可以控制该平面的平面度和相对于基准的方向误差；同轴度公差可以控制被测轴线的直线度误差和相对于基准轴线的平行度误差。

 特别提示

在保证使用要求的前提下，对被测要素给出位置公差后，通常不再对该要素提出方向公差和形状公差要求。如果需要对被测要素的方向和形状有进一步的要求，则可另行给出方向或形状公差，但其形状公差值应小于方向公差值，方向公差值应小于位置公差值，如图 4-32 所示。

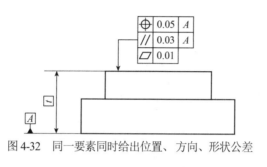

图 4-32　同一要素同时给出位置、方向、形状公差

4.2.3　跳动公差

跳动公差

跳动公差是指被测要素围绕基准要素旋转时，指示表沿给定方向测得的示值最大变动量的允许值。跳动公差分为圆跳动公差和全跳动公差。

1. 圆跳动公差

圆跳动公差是指被测要素围绕基准轴线旋转一周时(零件和测量仪器无轴向位移)测得的示值最大变动量的允许值。圆跳动公差的被测要素是圆环线，属于线要素。圆跳动公差分为径向圆跳动、轴向圆跳动、斜向圆跳动、给定方向的圆跳动等公差。圆跳动公差适用于各个不同的测量位置。

(1) 径向圆跳动公差。径向圆跳动公差是指被测要素在垂直于基准轴线的方向上绕基准轴线旋转一周时允许的指示表最大示值的差值。一个圆柱面的径向圆跳动值应在多个有代表性的位置进行测量，并取得其最大值进行评定。

如图 4-33 所示，公差带为在任一垂直于基准轴线的横截面内、半径差等于公差值 t、圆心在基准轴线上的两共面同心圆所限定的区域，即在任一垂直于公共基准轴线 $A—B$ 的横截面内。提取(实际)圆应限定在半轻差等于 0.1mm、圆心在基准轴线 $A—B$ 上的两共面同心圆之间，如图 4-33(c) 所示。

(2) 轴向圆跳动公差。轴向圆跳动公差是指被测要素绕基准轴线旋转一周时，在平行于基准轴线的方向上允许的指示表最大示值的差值。对于一个端面，其圆跳动值往往是距基准轴线最远处误差值最大，因此，应在多个有代表性的部位，尤其是在最远处(直径最大处)进行测量，并取得最大值。

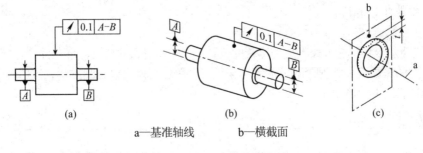

a—基准轴线   b—横截面

图 4-33   径向圆跳动公差

如图 4-34 所示，公差带为与基准轴线同轴的任一半径的圆柱截面上，间距等于公差值 t 的两圆所限定的圆柱面区域，即在与基准轴线 D 同轴的任一圆柱形截面上，提取(实际)圆应限定在轴向距离等于 0.1mm 的两个等圆之间，如图 4-34(c)所示。

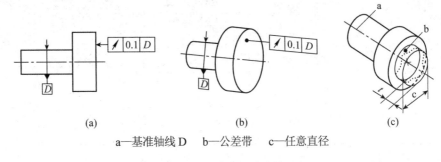

a—基准轴线 D   b—公差带   c—任意直径

图 4-34   轴向圆跳动公差

(3) 斜向圆跳动公差   斜向圆跳动公差是被测要素绕基准轴线旋转一周时，在垂直于表面的方向上允许的指示表最大示值的差值。对于一个非圆柱回转表面，其斜向圆跳动值应在多个有代表性的位置进行测量，并取其最大值进行评定。斜向圆跳动反映了该非圆柱回转表面的部分形状误差和同轴度误差。

如图 4-35 所示，斜向圆跳动公差带为与基准轴线同轴的任一圆锥截面上，间距等于公差值 t 的两不等圆所限定的圆锥面区域。除另有规定外，公差带宽度应沿规定几何要素的法向。当被测要素的素线不是直线时，圆锥截面的锥角要随所测圆的实际位置而改变，以保持与被测要素垂直，如图 4-36(c)所示。图 4-35、图 4-36 表示的斜向圆跳动是指在与其基准轴线 C 同轴的任一圆锥截面上，提取(实际)线应限定在素线方向间距等于 0.1mm 的两不等圆之间，且截面的锥角与被测要素垂直。

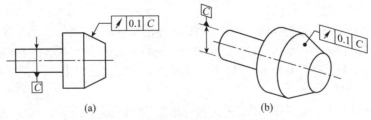

图 4-35   素线为直线的斜向圆跳动公差

(4) 给定方向的圆跳动公差。如图 4-37 所示，公差带为在轴线与基准轴线同轴的，具有给定锥角的任一圆锥截面上，间距等于公差值 t 的两不等圆所限定的圆锥面区域，即在相对丁方向要素

(给定角度 α)的任一圆锥截面上，提取(实际)线应限定在圆锥截面内间距等于 0.1mm 的两不等圆之间，如图 4-37(c)所示。

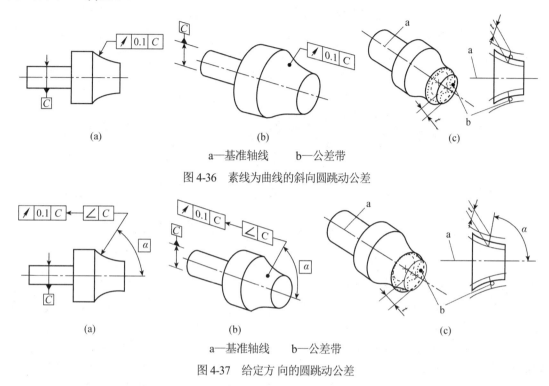

a—基准轴线　　　b—公差带

图 4-36　素线为曲线的斜向圆跳动公差

a—基准轴线　　　b—公差带

图 4-37　给定方向的圆跳动公差

2. 全跳动公差

全跳动公差是被测要素绕基准轴线作若干次旋转，同时指示表作平行或垂直于基准轴线的直线移动时，在整个表面上的最大跳动量。全跳动公差的被测要素是组成要素，属于面要素。全跳动公差分为径向全跳动和轴向全跳动。在实际测量中，被测要素上取点的多少直接影响跳动量的数值。为尽量接近真实值，应取尽量多的测量点，各点之间的轴向变化也尽量地少。

(1) 径向全跳动公差。径向全跳动公差是指被测圆柱面上各点围绕基准旋转时，在垂直于基准的方向上允许的指示表最大示值的差值。

如图 4-38 所示，公差带为半径差等于公差值 t，与基准轴线同轴的两同轴圆柱面所限定的区域，即提取(实际)圆柱表面应限定在半径差等于 0.1mm，与公共基准轴线 $A—B$ 同轴的两同轴圆柱面之间，如图 4-38(c)所示。

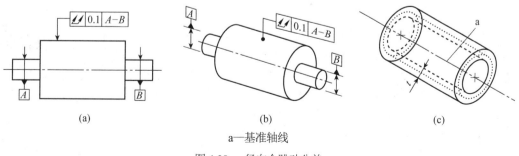

a—基准轴线

图 4-38　径向全跳动公差

(2) 轴向全跳动公差。轴向全跳动公差是指被测端面上各点围绕基准旋转时，在平行于基准的方向上允许的指示表最大示值的差值。

如图 4-39 所示，公差带为间距等于公差值 t，垂直于基准轴线的两平行平面所限定的区块，即提取(实际)表面应限定在间距等于 0.1mm、垂直于基准轴线 D 的两平行平面之间，如图 4-39(c)所示。

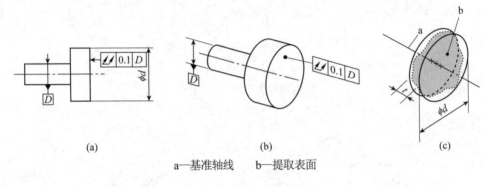

a—基准轴线　　b—提取表面

图 4-39　轴向全跳动公差

跳动公差带具有如下特点：

(1) 跳动公差带的位置具有固定和浮动双重特点，一方面公差带的中心(或轴线)始终与基准轴线同轴，另一方面公差带的半径又随实际要素的变动而变动。

(2) 跳动公差带具有综合控制被测要素的位置、方向和形状的作用。例如，径向圆跳动公差带可综合控制圆柱度和圆度误差。径向全跳动公差带可综合控制圆度、圆柱度、素线和中心线的直线度以及同轴度误差。轴向全跳动公差带可综合控制端面对基准轴线的垂直度误差和端面的平面度误差。

(3) 跳动公差适用于回转表面或其端面。

 特别提示

在满足使用要求的前提下，对被测要素给出跳动公差后，通常对该要素不再给出方向公差、位置公差和形状公差要求。如果需要对被测要素的方向、位置和形状有进一步的要求，则可另行给出方向、位置或形状公差，但其公差数值应小于跳动公差值。

4.3　几何公差的标注

几何公差的几何特征符号是用来控制各种几何误差的，由于零件的形状各异、要求不同，所以标注的几何特征符号的数量也不同。在零件图纸上，这些特征符号是通过公差框格来标注的。公差框格标注法准确而唯一地表示被控制要素的几何公差要求，是国际上统一规定的几何公差标注方法。

几何公差标注

4.3.1　几何公差的符号

1. 公差框格及填写的内容

几何公差框格由 2～5 格组成。形状公差框格一般为两格，方向、位置、跳动公差框格为 2～5 格，示例如图 4-40 所示。

公差框格用细实线绘制，在图样上一般为水平放置，当受空间限制时，也允许将框格垂直放置。对于水平放置的公差框格，应从框格的左边起，第 1 格填写几何公差项目符号；第 2 格填写公差值和有关符号；第 3、4、5 格填写代表基准的字母和有关符号。代表基准的字母 A、B、C 依次为第一、第二和第三基准。基准的顺序在公差框格中是固定的，总是第 3 格填写第一基准，依次填写第二、第三基准。基准要素的前后顺序，表示其精度要求控制顺序，是由零件功能要求确定的，因而与字母在字母表中的顺序无关。此外，组合基准采用两个字母中间加一短横线的形式，如图 4-40(f)所示。当公差框格在图面上垂直放置时，应从框格下方的第 1 格起填写公差项目符号，顺次向上填写公差值，代表基准的字母等。

当某项公差应用于几个相同要素时，应在公差框格的上方被测要素的尺寸之前注明要素的个数，并在两者之间加上符号"×"，如图 4-41 所示。

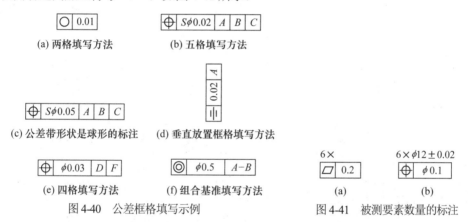

(a) 两格填写方法　　(b) 五格填写方法

(c) 公差带形状是球形的标注　(d) 垂直放置框格填写方法

(e) 四格填写方法　　(f) 组合基准填写方法

图 4-40　公差框格填写示例

(a)　　(b)

图 4-41　被测要素数量的标注

2. 指引线

指引线用于连接被测要素和公差框格。指引线由细实线和箭头构成，它从公差框格的一端引出，并保持与公差框格端线垂直，引向被测要素时允许弯折，一般不得多于两次。指引线的箭头应指向公差带的宽度方向或直径方向(图 4-42 所示)。公差带的宽度方向为被测要素的法向(另有说明的除外)。圆度公差带的宽度应在垂直于公称轴线的平面内确定。

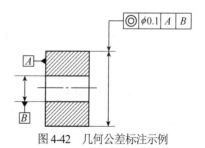

图 4-42　几何公差标注示例

3. 基准

基准有 3 种：单一基准、公共(组合)基准和三基面体系，在确定位置公差时必须给出基准。

(1) 单一基准：指由一个要素建立的基准，如图 4-43 所示。

(2) 组合基准(公共基准)：指由两个或两个以上的要素建立的一个独立基准，如图 4-44 所示。

(3) 三基面体系：指由 3 个互相垂直的基准平面构成的一个基准体系，标注如图 4-45(a)所示。

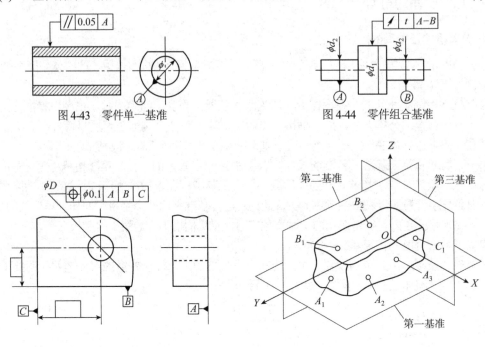

图 4-43　零件单一基准　　　　　图 4-44　零件组合基准

(a) 三基面体系的标注方法　　　　　(b) 三基面体系的坐标解释

图 4-45　三基面体系

4. 基准符号

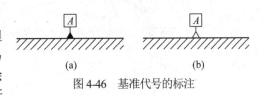

与被测要素相关的基准用一个大写字母表示，但不准使用 E、I、J、M、O、P、L、R、F 这 9 个容易引起混淆的字母。字母标注在基准方格内，与一个涂黑的或空白的三角形相连以表示基准，如图 4-46 所示；表示基准的字母还应标注在公差框格内。涂黑的和空白的基准三角形含义相同。

图 4-46　基准代号的标注

特别提示

基准符号和字母均应水平书写。

4.3.2　几何公差的标注方法

标注几何公差时必须注意以下几个方面的问题。

1. 区分被测要素是组成要素还是导出要素

当被测要素为组成要素时，指引线终止在要素的轮廓或其延长线上，与尺寸线明显分离，若指引线终止在要素的轮廓或其延长线上则以箭头终止，如图 4-47(a)、图 4-47(b)所示。若指引线终止在要素的界限以内，则以圆点终止，如图 4-47(c)、4-47(d)所示，此时，当面要素可见时，圆点为实心，指引线为实线，当面要素不可见时，圆点为空心，指引线为虚线。

当被测要素为导出要素(中心线、中心面、中心点)时，指引线与尺寸线对齐，指引线的箭头终止在尺寸延长线上，如图 4-48(a)～(d)所示。当被测要素是回转体的导出要素时，可将修饰符Ⓐ放置在公差框格第二格的公差值后面,此时可在组成要素上用箭头或圆点终止,如图 4-48(e)、图 4-48(f)所示，表示被测要素是中心线。

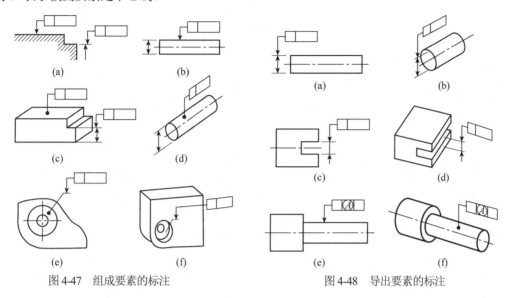

图 4-47　组成要素的标注　　　　　　　图 4-48　导出要素的标注

2. 区分基准要素是组成要素还是导出要素

当基准要素为组成要素时，基准符号的连线直接指向该组成要素或指向其引出线，并明显地与尺寸线错开，如图 4-49(a)所示。当基准要素为导出要素时，基准符号的连线应与尺寸线对齐，如图 4-49(b)所示。

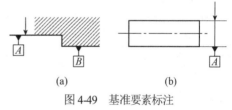

(a)　　　　　　　(b)

图 4-49　基准要素标注

3. 区分指引线指向的是公差带的宽度方向还是直径方向

若指引线指向的是公差带的宽度方向，几何公差框格中的公差值只标出数值；若指引线指向的是公差带的直径方向，几何公差框格中的公差值前加注"ϕ"；若公差带是一个圆球体内的区域，则在公差值前加注"$S\phi$"。

4. 正确掌握几何公差的特殊标注方法

在保证读图方便和不致引起误解的前提下，可以简化标注方法。几何公差中一些附加标注符号及几何公差简化标注见表 4-2 和表 4-3。

表 4-2　几何公差的一些附加标注符号

说明	符号	说明	符号
理论正确尺寸	TED	(未规定偏置量的)角度偏置公差带	VA
理论正确要素	TEF	联合要素	UF
组合公差带	CZ	任意横截面	ACS

(续表)

说明	符号	说明	符号
独立公差带	SZ	任意纵截面	ALS
(规定偏置量的)偏置公差带	UZ	接触要素	CF
(未规定偏置量的)线性偏置公差带	OZ	点(方位要素的类型)	PT
直线(方位要素的类型)	SL	定向平面框格	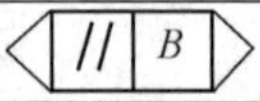
平面(方位要素的类型)	PL	方向要素框格	
拟合最小区域(切比雪夫)要素	ⓒ	组合平面框格	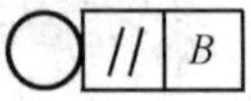
拟合最小二乘(高斯)要素	ⓖ	仅约束方向	><
拟合贴切要素	ⓣ	区间符号	←→
拟合最大内切要素	Ⓧ	无约束的最小区域法	C
拟合最小外接要素	Ⓝ	实体外约束的最小区域法	CE
峰谷参数	T	实体内约束的最小区域法	CI
峰高参数	P	无约束的最小二乘法	G
中心要素	Ⓐ	实体外约束的最小二乘法	GE
延伸公差带	Ⓟ	实体内约束的最小二乘法	GI
自由状态(非刚性零件)	Ⓕ	最小外接法	N
全周(轮廓)	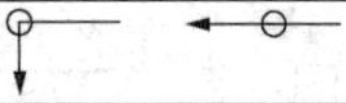	最大内切法	X
全表面(轮廓)		谷深参数	V
相交平面框格		标准差参数	Q

表 4-3　几何公差的一些特殊标注

含义	举例
对同一要素有一项以上的几何公差要求,称为多层公差标注,其标注方法一致时,可将框格并排在一起,共用一指引线指向被测要素。推荐将公差框格按公差值从上到下依次递减的顺序排布	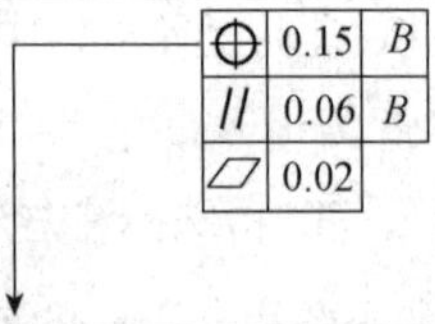
具有相同几何特征和公差值的若干个独立要素,可共用一个公差框格,公差值后面可注上 SZ,表示独立公差带。SZ 强调要素要求的独立性,并不改变标注的含义。独立公差带是默认的规则,可以省略 SZ	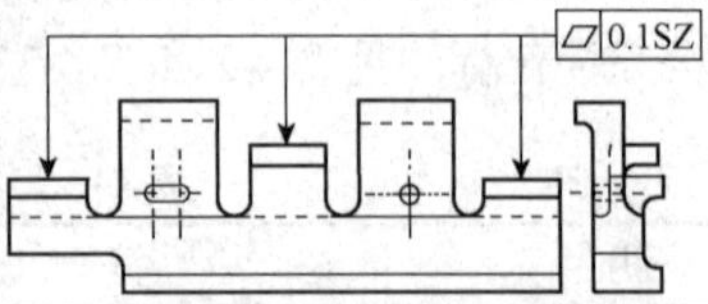
若要求各被测要素具有组合公差带,则应在公差框格内的公差值后面加注组合公差带的符号 CZ	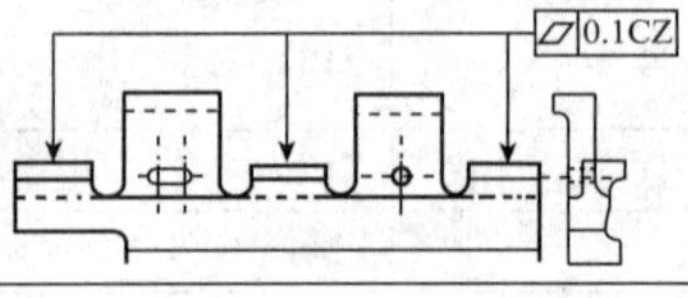

(续表)

含义	举例
如果公差适用于整个要素内的任何局部区域，则将局部区域的范围添加在公差值后面，并用斜线隔开(如右图中表示在任意 100mm 长度内的直线度)	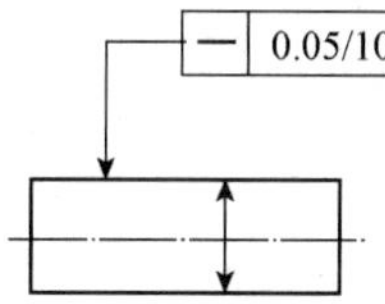 — 0.05/100
如果给出的公差仅适用于要素的某一指定局部区域，应采用粗点画线表示其局部范围，并加注尺寸	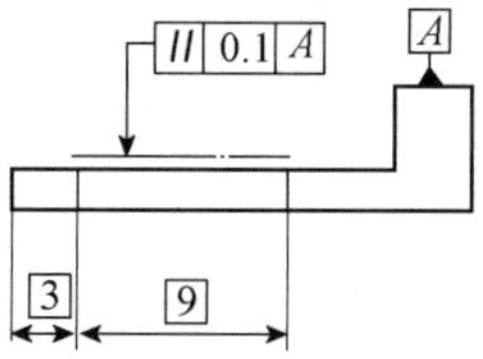 II 0.1 A A 3 9
当被测要素是组成要素上的线要素时，用相交平面标识线要素要求的方向作为附加要求。如右图所示，被测线的方向是平行于基准 C。相交平面用相交平面框格标注在公差框格的右侧作为公差框格的延伸部分。相交平面相对于基准的构建方式有平行、垂直、保持特定的角度、对称，这里的基准是相交平面框格第二格所示的基准	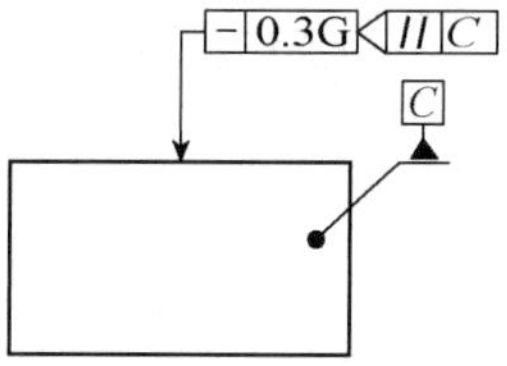 — 0.3G // C C
当被测要素是中心线或中心点，且公差带的宽度是由两平行平面限定的或由一个圆柱限定的，且公差带相对于其他要素定向，则用定向平面作为附加要求表示公差带的方向。定向平面用定向平面框格标注在公差框格的右侧，定向平面有平行于基准、垂直于基准及保持特定的角度于基准，这里的基准是定向平面框格第二格所示的基准	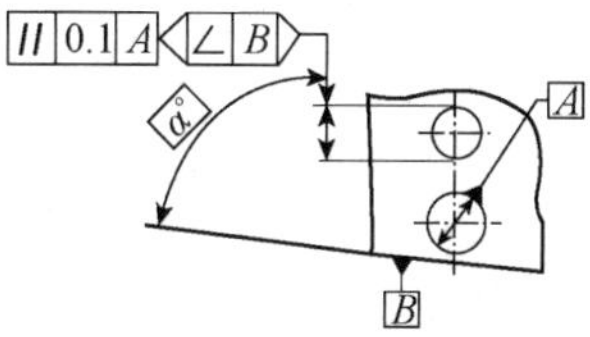 II 0.1 A ∠ B A B
当被测要素是组成要素且公差带宽度方向与面要素不垂直时，应使用方向要素确定公差带宽度方向。如右图所示，圆锥体表面圆度的公差带宽度方向用方向要素确定，方向要素用方向要素框格标注在公差框格右侧	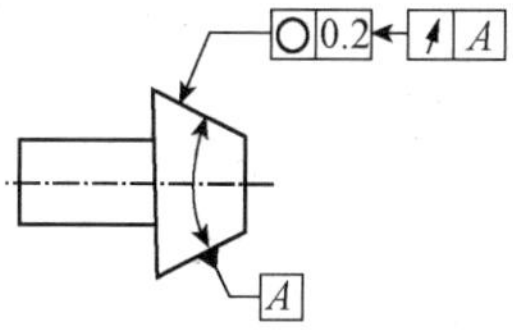 ◎ 0.2 ⟋ A A
当被测要素为连续的封闭要素时，应在指引线的转折处加注全周符号。当标注全周符号时应使用组合平面标识。如右图所示，表示由 a、b、c、d 构成的封闭轮廓，公差要求用于封闭组合且连续的表面上的一组线要素时，将相交平面框格布置在公差框格与组合平面框格之间	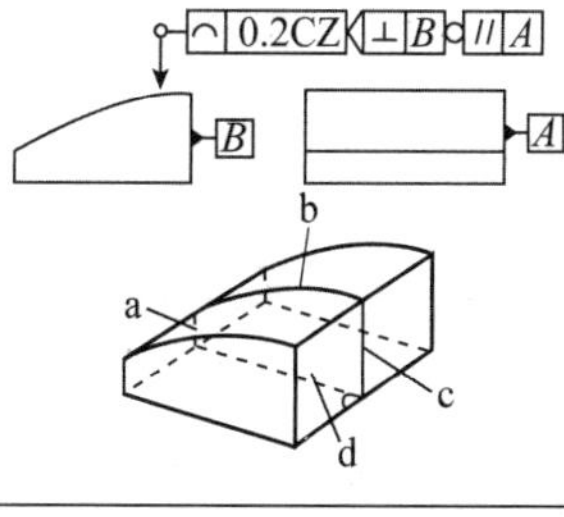 ⌒ 0.2CZ ⊥ B // A B A a b c d
当被测要素为连续的非封闭要素时，用区间符号标识被测要素的起止点，如右图所示，表示从 J 到 K。联合要素标识 UF 表示从 J 到 K 的上部表面的面要素	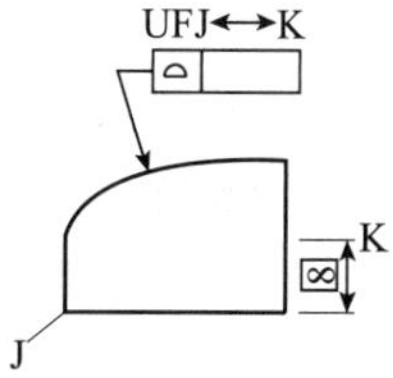 UFJ ↔ K K ∞ J

5. 几何公差标注中易出现的错误(见表 4-4)

表 4-4 标注中易出现的错误举例

项目举例	错误	正确	简要说明
圆柱体素线的直线度	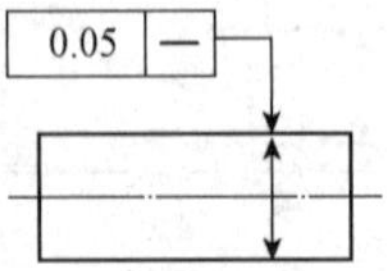	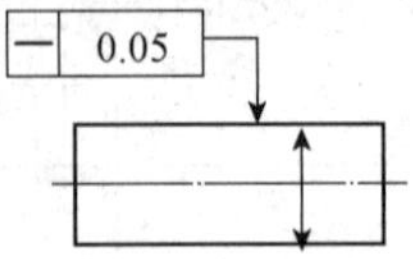	(1) 公差框格水平放置时,书写顺序从左至右,公差框格垂直放置时,书写顺序是从下至上 (2) 当被测要素(或基准要素)为组成要素时,箭头(或基准符号)应明显地与尺寸线错开
轴线的同轴度	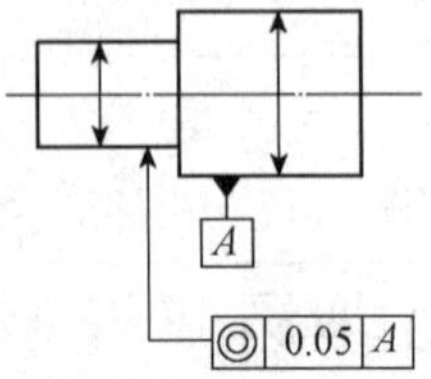	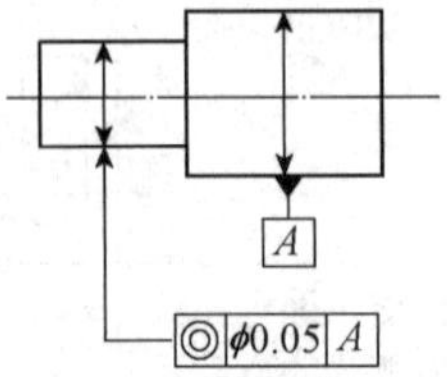	(1) 当被测要素(或基准要素)为导出要素时,箭头(或基准符号)应与尺寸线对齐 (2) 公差带为圆、圆柱面时,公差值前面应加"ϕ"
大端轴线在任意方向的直线度	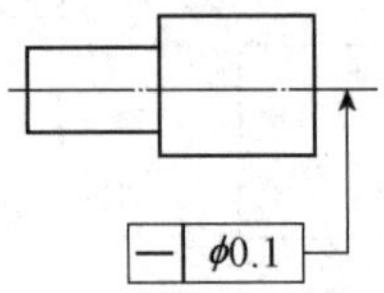	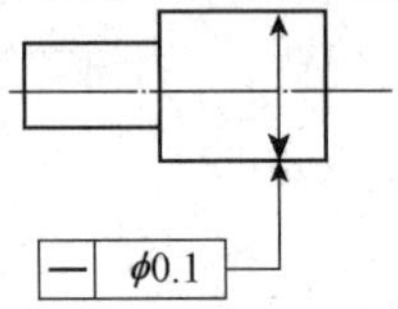	当被测要素(或基准要素)为轴线时,箭头(或基准符号)不允许直接指向该轴线
平面的平行度	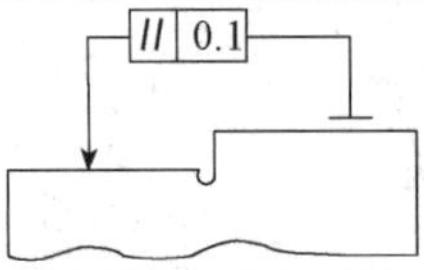	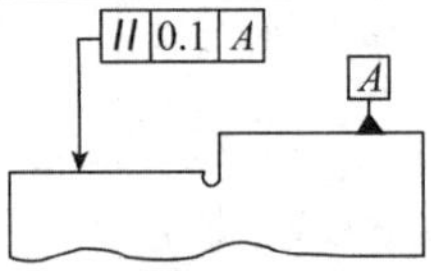	不允许将基准符号直接与公差框格相连
平面的平面度和平行度	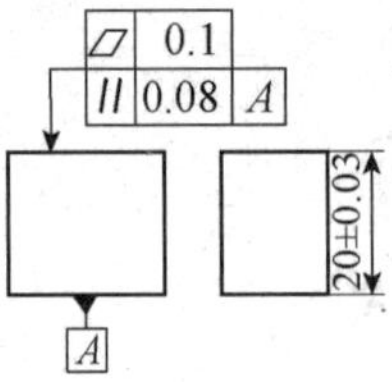	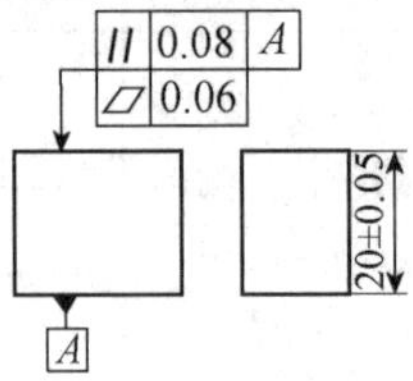	同一要素的各项公差值应协调,应该是形状公差<方向公差<位置公差;平行度公差<相应的距离公差

4.4 公差原则

尺寸误差和几何误差是影响零件质量的两个重要因素,因此,设计零件时,需要根据其功能和互换性要求,同时给定尺寸公差和几何公差。为了保证设计要求,正确判断零件是否合格,必须明确零件同一要素或几个要素的尺寸公差与几何公差的内在联系。公差原则就是处理尺寸公差与几何公差之间的关系的原则。

公差原则包括独立原则和相关要求。其中相关要求又包括包容要求和最大实体要求、最小实体要求及可逆要求。

4.4.1 术语及其意义

公差原则基本术语

1. 提取组成要素的局部尺寸(局部实际尺寸)

提取组成要素的局部尺寸(局部实际尺寸)(D_a, d_a)是指在实际要素的任意正截面上,两对应点之间测得的距离。由于存在形状误差和测量误差,因此提取组成要素的局部尺寸(局部实际尺寸)是随机变量,如图 4-50 所示。

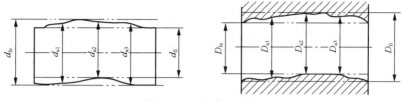

图 4-50　局部实际尺寸

2. 作用尺寸

(1) 体外作用尺寸:指在被测要素的给定长度上,与实际内表面的体外相接的最大理想面,或与实际外表面的体外相接的最小理想面的直径或宽度。

实际内、外表面的体外作用尺寸分别用 D_{fe}、d_{fe} 表示,见图 4-51。

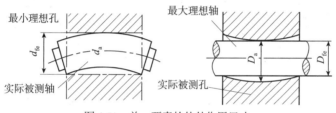

图 4-51　单一要素的体外作用尺寸

对于关联要素,该理想面的轴线或中心平面必须与基准保持图样给定的几何关系。与实际外表面(轴)的体外相接的理想面除了要保证最小的外接直径外,还要保证该理想面的轴线与基准面 A 垂直的几何关系。如图 4-52 所示。

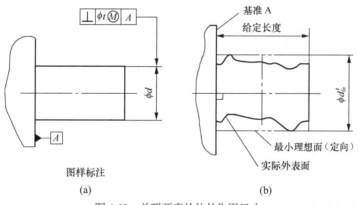

图样标注

(a)　　　　　　　　　　　　　(b)

图 4-52　关联要素的体外作用尺寸

(2) 体内作用尺寸:指在被测要素的给定长度上,与实际内表面的体内相接的最小理想面,或与实际外表面的体内相接的最大理想面的直径或宽度。

实际内、外表面的体内作用尺寸分别用 D_{fi}、d_{fi} 表示,见图 4-53。

对于关联要素,该理想面的轴线或中心平面必须与基准保持图样给定的几何关系。与实际外表面(轴)的体内相接的理想面除了要保证最小的外接直径外,还要保证该理想面的轴线与基准面 A 垂直的几何关系。如图 4-54 所示。

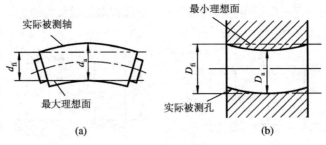

图 4-53　单一要素体内作用尺寸

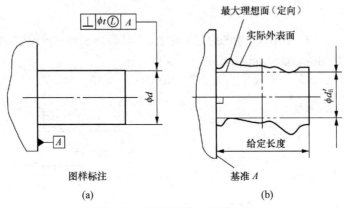

图 4-54　关联要素体内作用尺寸

 特别提示

作用尺寸不仅与实际要素的局部实际尺寸有关，还与其几何误差有关。因此，作用尺寸是实际尺寸和几何误差的综合尺寸。

对一批零件而言，每个零件都不一定相同，但每个零件的体外或体内作用尺寸只有一个；对于被测实际轴，$d_{fe} \geqslant d_{fi}$；而对于被测实际孔，$D_{fe} \leqslant D_{fi}$。

3. 最大实体状态(MMC)与最小实体状态(LMC)

实际要素在给定长度上处处位于极限尺寸之内，并具有材料量最多时的状态，称为最大实体状态。

实际要素在给定长度上处处位于极限尺寸之内，并具有材料量最少时的状态，称为最小实体状态。

4. 最大实体尺寸(MMS)与最小实体尺寸(LMS)

实际要素在最大实体状态下的极限尺寸，称为最大实体尺寸。孔和轴的最大实体尺寸分别用 D_M、d_M 表示。对于孔，$D_M = D_{min}$；对于轴，$d_M = d_{max}$。

实际要素在最小实体状态下的极限尺寸，称为最小实体尺寸。孔和轴的最小实体尺寸分别用 D_L、d_L 表示。对于孔，$D_L = D_{max}$；对于轴，$d_L = d_{min}$。

5. 最大实体实效状态(MMVC)与最小实体实效状态(LMVC)

在给定长度上，实际要素处于最大实体状态，且其中心要素的形状或位置误差等于给出公差值时的综合极限状态，称为最大实体实效状态。

在给定长度上，实际要素处于最小实体状态，且其中心要素的形状或位置误差等于给出公差值时的综合极限状态，称为最小实体实效状态。

6. 最大实体实效尺寸(MMVS)与最小实体实效尺寸(LMVS)

最大实体实效状态下的体外作用尺寸，称为最大实体实效尺寸。孔和轴的最大实体实效尺寸分别用 D_{MV}、d_{MV} 表示。

最小实体实效状态下的体内作用尺寸，称为最小实体实效尺寸。孔和轴的最小实体实效尺寸分别用 D_{LV}、d_{LV} 表示。

D_{MV}、d_{MV}、D_{LV}、d_{LV} 的计算式见表 4-5。

表 4-5　轴和孔最大(小)实体实效尺寸计算公式

计算通式	实际计算式	
MMVS=MMS±t(轴+，孔−)	轴: $d_{MV}=d_M+t=d_{max}+t$	
	孔: $D_{MV}=D_M-t=D_{min}-t$	
LMVS=LMS±t(轴−，孔+)	轴: $d_{LV}=d_L-t=d_{min}-t$	
	孔: $D_{LV}=D_L+t=D_{max}+t$	

如图 4-55 所示，孔的最大实体实效尺寸 $D_{MV}=D_M-t=D_{min}-t=30-0.03=29.97(\text{mm})$。

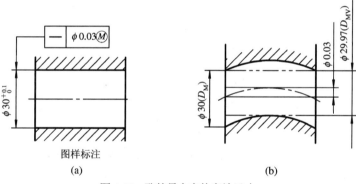

图样标注

(a)

(b)

图 4-55　孔的最大实体实效尺寸

如图 4-56 所示，轴的最大实体实效尺寸 $d_{MV}=d_M+t=d_{max}+t=15+0.02=15.02(\text{mm})$。

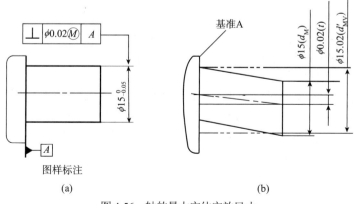

图样标注

(a)

(b)

图 4-56　轴的最大实体实效尺寸

如图 4-57 所示，孔的最小实体实效尺寸 $D_{LV}=D_L+t=D_{max}+t=20.05+0.02=20.07$(mm)。

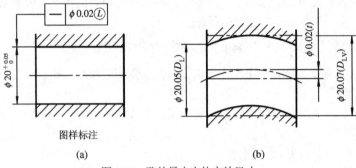

图样标注

(a)   (b)

图 4-57　孔的最小实体实效尺寸

如图 4-58 所示，轴的最小实体实效尺寸 $d_{LV}=d_L-t=d_{min}-t=14.95-0.02=14.93$(mm)。

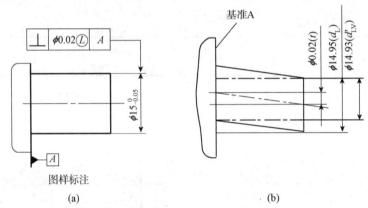

图样标注

(a)   (b)

图 4-58　轴的最小实体实效尺寸

 特别提示 --

　　最大(最小)实效尺寸是最大(最小)实体尺寸和几何公差的综合尺寸，对一批零件而言是定值；作用尺寸是实际尺寸和几何误差的综合尺寸，对一批零件而言是变化值。即实效尺寸是作用尺寸的极限值。

7. 边界和边界尺寸

　　由设计给定的具有理想形状的极限包容面，称为边界。这里所说的包容面，既包括孔，也包括轴。边界尺寸是指极限包容面的直径或距离。当极限包容面为圆柱面时，其边界尺寸为直径；当极限包容面为两平行平面时，其边界尺寸是距离。

　　(1) 最大实体边界(MMB)：指具有理想形状且边界尺寸为最大实体尺寸的包容面。

　　(2) 最小实体边界(LMB)：指具有理想形状且边界尺寸为最小实体尺寸的包容面。

　　(3) 最大实体实效边界(MMVB)：指具有理想形状且边界尺寸为最大实体实效尺寸的包容面。

　　(4) 最小实体实效边界(LMVB)：指具有理想形状且边界尺寸为最小实体实效尺寸的包容面。

特别提示 ···

单一要素的理想边界没有对方向和位置的要求；而关联要素的理想边界，必须与基准保持图样给定的几何关系。

4.4.2　独立原则

公差原则

独立原则是指图样上给定的几何公差和尺寸公差相互无关、各自独立、分别满足要求的公差原则。

图样中给出的公差大部分遵守独立原则，因此该原则也是基本公差原则。采用独立原则时，图样上不需标注任何特定符号。独立原则的适用范围较广，在尺寸公差、几何公差二者要求都严、一严一松、二者要求都松的情况下，使用独立原则都能满足要求。如印刷机滚筒几何公差要求严、尺寸公差要求松；通油孔几何公差要求松、尺寸公差要求严；连杆的小头孔尺寸公差、几何公差二者要求都严，使用独立原则均能满足要求，如图 4-59 所示。

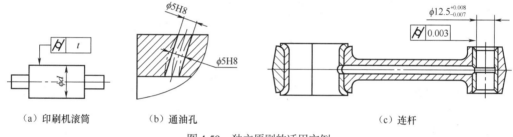

（a）印刷机滚筒　　　　（b）通油孔　　　　　　　　（c）连杆

图 4-59　独立原则的适用实例

4.4.3　包容要求

包容要求适用于单一要素。采用包容要求时，应在其尺寸极限偏差或公差带代号之后加注符号Ⓔ。

包容要求是指实际要素遵守其最大实体边界，且其局部实际尺寸不得超出其最小实体尺寸的一种公差要求，如图 4-60 所示。

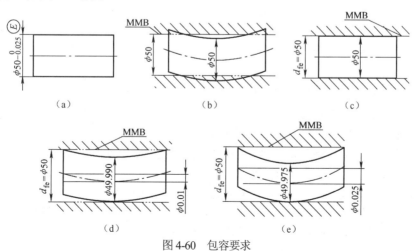

图 4-60　包容要求

(1) 其局部实际尺寸 d_a=49.975～50。

(2) 该轴的实际轮廓不允许超出其最大实体边界(MMS=50)。

适用包容要求的被测实际要素应遵守最大实体边界,在最大实体状态下给定的形状公差值为0。当被测实际要素偏离最大实体状态时,形状公差可以获得补偿值 t_2,其补偿量来自尺寸公差,补偿量的一般计算公式为 $t_2 = |\text{MMS} - D_a(d_a)|$。当被测实际要素为最小实体状态时,补偿量等于尺寸公差,为最大值。

形状公差 t 与尺寸公差 T 的关系可以用动态公差带图表示,如图 4-61 所示。

符合包容要求的被测实体(D_{fe}、d_{fe})不得超越最大实体边界;被测要素的局部实际尺寸(D_a、d_a)不得超越最小实体尺寸。符合包容要求的被测实际要素的合格条件如下。

对于孔:$D_{fe} \geq D_M = D_{min}$;$D_a \leq D_L = D_{max}$。

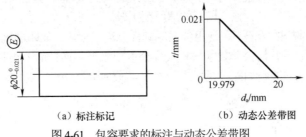

（a）标注标记 （b）动态公差带图

图 4-61 包容要求的标注与动态公差带图

对于轴:$d_{fe} \leq d_M = d_{max}$;$d_a \geq d_L = d_{min}$。

本例合格条件为:

$d_{fe} \leq \phi 20mm$

$d_a \geq \phi 19.979mm$

 特别提示

在使用包容要求的情况下,图样上所标注的尺寸公差具有双重职能,既控制尺寸误差,又控制形状误差。

包容要求用于机器零件上配合性质要求较严格的配合表面,如滑动轴承与轴的配合、滑块和滑块槽的配合、车床尾座孔与其套筒的配合等。

4.4.4 最大实体要求

1. 最大实体要求的公差带解释及合格条件

最大实体要求适用于中心要素,主要用于保证零件具有互换性的场合。其表示方法是在公差框格中的几何公差给定值 t_1 后面加注 Ⓜ,如图 4-62(a)所示。

适用最大实体要求的被测实际要素应遵守最大实体实效边界,当其实际尺寸偏离最大实体尺寸时,允许几何公差获得补偿值 t_2。补偿量的一般计算公式为 $t_2 = |\text{MMS} - D_a(d_a)|$。当被测要素为最小实体状态时,补偿量等于尺寸公差,为最大值,如图 4-62(b)所示。其几何公差的最大允许值为 $t_{max} = t_{2max} + t_1$。由于几何公差的给定值 t_1 不为 0,故动态公差带图一般为直角梯形,如图 4-62(c)所示。符合最大实体要求的被测实际要素的合格条件如下:

对于孔：$D_{fe} \geqslant D_{MV} = D_{min} - t_1$；$D_{min} = D_M \leqslant D_a \leqslant D_L = D_{max}$

对于轴：$d_{fe} \leqslant d_{MV} = d_{max} + t_1$；$d_{max} = d_M \geqslant d_a \geqslant d_L = d_{min}$

本例合格条件为：

$D_{fe} \geqslant \phi 49.92mm$，$\phi 50mm \leqslant D_a \leqslant \phi 50.13mm$

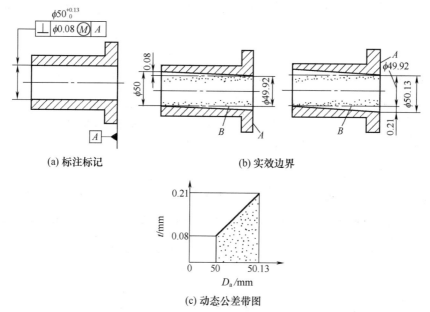

(a) 标注标记 (b) 实效边界

(c) 动态公差带图

图 4-62 最大实体要求的标注标记与动态公差带图

生产中常采用位置量规(只有通规，专为按最大实体实效尺寸判定孔、轴作用尺寸合格性而设计制造的定值量具，可以参考几何误差检验的相关标准和有关书籍)检验使用最大实体要求的被测实际要素的实体，位置量规(通规)检验体外作用尺寸(D_{fe}、d_{fe})是否超越最大实体实效边界，即位置量规测头模拟最大实体实效边界，位置量规测头通过为合格；被测实际要素的局部实际尺寸(D_a、d_a)，采用通用量具按两点法测量，以判定是否超越最大实体尺寸和最小实体尺寸，局部实际尺寸落入极限尺寸内为合格。

最大实体要求主要用于需保证装配成功率的螺栓或螺钉连接处(即法兰盘上的连接用孔组或轴承盖上的连接用孔组)的中心要素，一般是孔组轴线的位置度，还有槽类的对称度和同轴度。

2. 最大实体要求的零几何公差

这是最大实体要求的特殊情况，在零件图样上的标注标记是在位置公差框格的第 2 格内，即位置公差值的框格内写 0Ⓜ 或 ϕ 0Ⓜ，如图 4-63(a)所示。此种情况下，被测实际要素的最大实体实效边界就变成了最大实体边界。对于位置公差而言，最大实体要求的零几何公差比起最大实体要求来，显然更严格。由于零几何公差的缘故，动态公差带的形状由直角梯形转为直角三角形，如图 4-63(b)所示。

生产中采用位置量规(轴型通规)检验被测要素的体外作用尺寸 D_{fe}，采用两点法检验被测要素的实际尺寸 D_a。

本例合格条件为：

$D_{fe} \geqslant \phi 49.92mm$，$\phi 49.92mm \leqslant D_a \leqslant \phi 50.13mm$

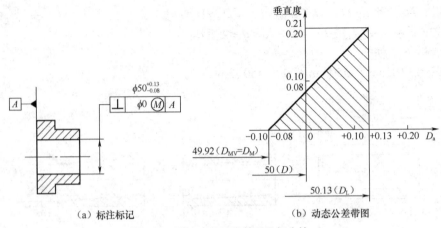

图 4-63　最大实体要求的零几何公差

3. 可逆要求用于最大实体要求

在不影响零件功能的前提下，位置公差可以反过来补给尺寸公差，即位置公差有富余的情况，允许尺寸误差超过给定的尺寸公差，显然，这在一定程度上能够降低工件的废品率。在零件图样上，可逆要求用于最大实体要求的标注标记是在位置公差框格的第 2 格内位置公差值后面加写 $\textcircled{M}\textcircled{R}$，如图 4-64(a)所示。

 特别提示

　　采用可逆要求时，尺寸公差有双重职能：一是控制尺寸误差；二是协助控制几何误差。而位置公差也有双重职能：一是控制几何误差；二是协助控制尺寸误差。

动态公差带图如图 4-64(b)所示。当被测要素尺寸为最小实体状态尺寸($d_1 = d_{min} = \phi 19.9mm$)时，在最大实体状态($d_M = d_{max} = \phi 20mm$)下给定的几何公差值 t_1(0.2mm)即可获得补偿值 t_2(0.1mm)，其位置公差最大允许值为 t_{max}=(0.2+0.1)mm=0.3mm。

当位置公差有富余时，也允许位置公差补给尺寸公差，如本例尺寸为 $\phi 20.2mm$ 时，位置公差值为最小，等于 0。相当于使被测要素的尺寸公差增大。需要强调的是，被测实际要素的实际轮廓仍要遵守其最大实体实效边界。

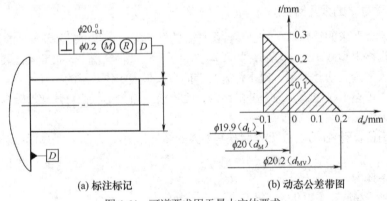

(a) 标注标记　　　　　　(b) 动态公差带图

图 4-64　可逆要求用于最大实体要求

本例合格条件为

$d_{fe} \leqslant \phi 20.2mm$，$\phi 19.9mm \leqslant d_a \leqslant \phi 20mm$

当 $f_\perp < 0.2mm$ 时，$\phi 19.9mm \leqslant d_a \leqslant \phi 20.2mm$。

4.4.5　最小实体要求

1. 最小实体要求的公差带解释及合格条件

最小实体要求也是相关公差原则中的 3 种要求之一，主要用于保证零件的最小壁厚(如空心的圆柱凸台、带孔的小垫圈或耳板等)，一般用于中心轴线的位置度、同轴度等处。其表示方法是在公差框格中的几何公差给定值 t_1 后面加注 Ⓛ，如图 4-65(a)所示，此时要保证孔边距平面 A 的最小距离为

$$s_{min} = (6-0.2-4.125)mm = 1.675mm$$

适用最小实体要求的被测实际要素应遵守最小实体实效边界(D_{LV})，当其实际尺寸偏离最小实体尺寸时，允许几何公差获得补偿值 t_2。补偿量的一般计算公式为 $t_2 = |LMS - D_a(d_a)|$。

当被测实际要素为最大实体状态时，几何公差获得的补偿量最多，这种情况下几何公差的最大允许值为 $t_{max} = t_{2max} + t_1$。

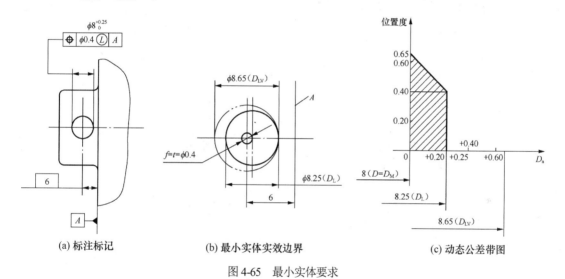

(a) 标注标记　　　　　　(b) 最小实体实效边界　　　　　　(c) 动态公差带图

图 4-65　最小实体要求

由于几何公差的给定值 t_1 不为 0，故动态公差带图一般为直角梯形，如图 4-65(c)所示。符合最小实体要求的被测实际要素的合格条件如下：

对于孔：$D_{fi} \leqslant D_{LV} = D_{max} + t_1$；$D_{min} = D_{max} \leqslant D_a \leqslant D_L = D_{max}$。

对于轴：$d_{fi} \geqslant d_{LV} = d_{min} - t_1$；$d_{max} = d_M \geqslant d_a \geqslant d_L = d_{min}$。

2. 最小实体要求的零几何公差

这是最小实体要求的特殊情况，允许在最小实体状态时给定位置公差值为 0。在零件图样上的标注标记是在位置公差框格的第 2 格内，即在位置公差值的框格内写 0Ⓛ 或 ϕ0Ⓛ。此种情况下，被测实际要素最小实体实效边界就变成了最小实体边界。对于位置公差而言，最小实体要求的零几何公差比起最小实体要求来，显然更严格。

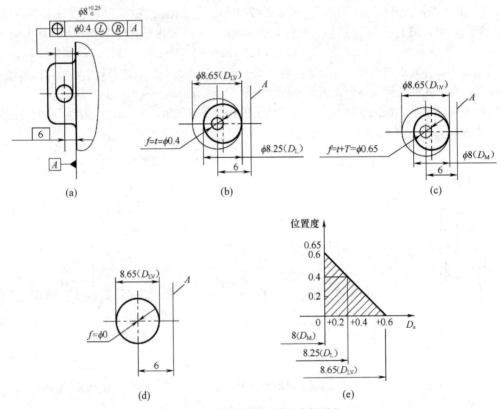

3. 可逆要求用于最小实体要求

在零件图样上，可逆要求用于最小实体要求的标注标记，是在位置公差框格的第 2 格内位置公差值后面加写ⓁⓇ，如图 4-66(a)所示。此时尺寸公差也具有双重职能：一是控制尺寸误差；二是协助控制几何误差。而位置公差也有双重职能：一是控制几何误差；二是协助控制尺寸误差。当被测要素实际尺寸偏离最小实体尺寸时，其偏离量可补偿给几何公差值；当被测要素的几何误差值小于公差框格中的给定值时，也允许实际尺寸超出尺寸公差所给出的极限尺寸(最小实体尺寸)。此时被测要素的实际轮廓仍应遵守其最小实体实效边界。

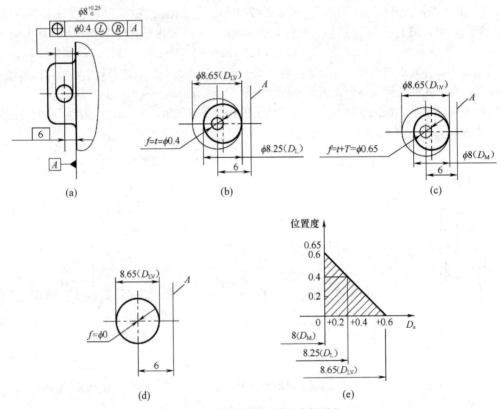

图 4-66　可逆要求用于最小实体要求

可逆要求解释：当孔的实际尺寸偏离最小实体尺寸时，其轴线对基准 A 的位置度公差值增大，最大至 0.65mm，如图 4-66(c)所示；而当孔的轴线对基准 A 的位置度误差值小于给出的位置度公差值时，也允许孔的实际尺寸超出其最小实体尺寸($D_L = D_{max} = \phi 8.25$mm)。即允许其尺寸公差值增大，但必须保证其体内作用尺寸 D_{fi} 不超出其定位最小实体实效尺寸 $D_{LV} = D_L + t_1 =$ 8.25+0.4=8.65mm。给出的孔轴线的位置公差值与孔轴线的位置度误差值之差就等于孔的尺寸公差的增加值，所以，当孔的轴线对基准 A 的位置度误差为 0 时(即该孔具有理想形状及位置)，其实际尺寸可以等于孔的定位最小实体实效尺寸 $\phi 8.65$mm，即其尺寸公差可达最大值，且等于给出的尺寸公差与给出的位置度公差之和 $T_D = 0.25 + 0.4 = 0.65$mm。可逆要求用于最小实体要求的动态公差带图如图 4-66(e)所示。

4.5　几何公差的选用

零件的几何误差对机器、仪器的正常使用有很大的影响，同时也会直接影响到产品质量、生产效率与制造成本。因此正确合理地选择几何公差，对保证机器的功能要求、提高经济效益十分重要。

几何公差的
选择 g-2

几何公差的选用，主要包含四方面的内容，即几何公差项目、基准、公差数值以及公差原则的选用。

4.5.1　几何公差项目的选择

可根据以下几个方面选择几何公差项目。

1. 零件的使用要求

根据零件的不同功能要求，给出不同的几何公差项目。例如圆柱形零件，当仅需要顺利装配时，可选轴心线的直线度；如果孔、轴之间有相对运动，应均匀接触，或为了保证密封性，应选择圆柱度以综合控制圆度、素线直线度和轴线直线度。

2. 零件的结构特点

任何一个机械零件都是由简单的几何要素组成的，几何公差项目就是对零件上某个要素的形状或要素之间的相互位置精度提出的要求。例如回转类(轴、套类)零件中的阶梯轴，它的轮廓要素是圆柱面、端面和中心要素。圆柱面选择圆柱度是理想项目，因为它能综合控制径向的圆度误差、轴向的直线度误差和素线的平行度误差。但须注意，当选定为圆柱度，若对圆度无进一步要求，就不必再选圆度，以避免重复要素之间的位置关系。若阶梯轴的轴线有位置要求，可选用同轴度或跳动项目。同轴度主要用于限制轴线的偏离；跳动能综合限制要素的形状和位置误差，且检测方便，但它不能反映单项误差。从零件的使用要求看，若阶梯轴两轴颈明确要求限制轴线间的偏差时，应采用同轴度；平面类零件可选平面度，机床导轨这类窄长零件可选直线度，齿轮类零件可选径向跳动、端面跳动，凸轮类零件可选轮廓度。

3. 检测的方便性

检测方法是否简便，将直接影响零件的生产效率和成本，所以，在满足功能要求的前提下，尽量选择检测方便的几何公差项目。例如，齿轮箱中某传动轴的两支承轴径，根据几何特征和使用要求应当规定圆柱度公差和同轴度公差，但为了测量方便，可规定径向圆跳动(或全跳动)公差代替同轴度公差。

4. 几何公差的控制功能

各项几何公差的控制功能各不相同，有单一控制项目，如直线度、圆度、线轮廓度等；也有综合控制项目，如圆柱度、同轴度、位置度及跳动等，选择时应充分考虑它们之间的关系。例如，圆柱度公差可以控制该要素的圆度误差；定向公差可以控制与之有关的形状误差；定位公差可以控制与之有关的定向误差和形状误差；跳动公差可以控制与之有关的定位、定向和形状误差等。因此，应该尽量减少图样的几何公差项目，充分发挥综合控制项目的功能。

4.5.2 几何公差基准的选择

基准是确定关联要素间方向或位置的依据。在考虑选择方向、位置公差项目时，必然同时考虑要采用的基准，如选用单一基准、组合基准还是选用三基面体系。

选择基准时，一般应考虑以下几方面。

(1) 根据要素的功能及对被测要素间的几何关系来选择基准。如轴类零件，通常以两个轴承为支撑运转，其运转轴线是安装轴承的两轴颈的公共轴线。因此，从功能要求和控制其他要素的位置精度来看，应选这两个轴颈的公共轴线为基准。

(2) 基准要素应有足够的刚度和大小，以保证定位稳定和可靠。例如，用两条或两条以上距离较远的轴线组合成公共基准轴线比一条基准轴线要稳定。

(3) 根据装配关系，应选择零件相互配合、相互接触的表面作为各自的基准，以保证装配要求。例如，箱体的底平面和侧面，盘类零件的轴线。

(4) 选用加工较精确的表面作基准。从加工、检验角度考虑，应选择在夹具、检具中定位的相应要素为基准。这样能使所选基准与定位基准、检测基准、装配基准重合，以消除由于基准不重合引起的误差。

4.5.3 几何公差值的选择

选择几何公差值总的原则是在满足零件功能要求的前提下，选取最经济的公差值。

公差值的选用原则如下所述。

1. 确定要素的公差值

根据零件的功能要求，并考虑加工的经济性和零件的结构、刚性等情况，按公差表中数系确定要素的公差值，并考虑下列情况。

(1) 在同一要素上给出的形状公差值应小于位置公差值。如要求平行的两个表面，其平面度公差值应小于平行度公差值。

(2) 圆柱形零件的形状公差值(轴线的直线度除外)一般情况下应小于其尺寸公差值。圆度、圆柱度的公差值小于同级的尺寸公差值1/3，因而可按同级选取，但也可根据零件的功能，在邻近的范围内选取。

(3) 平行度公差值应小于其相应的距离公差值。

2. 几何公差等级

几何公差值的大小是由公差等级来确定的。国标规定，几何公差项目中除线、面轮廓度和位置度未规定公差等级外，其余均有规定(对于位置度，国家标准只规定了公差数系，而未规定公差等级)。几何公差等级一般划分为12级，即1~12级，精度依次降低。其中，圆度和圆柱度划分为13级，即0~12级。其中，6、7为基本级。各几何公差的公差值表见表4-6~表4-10。在设计中，公差等级的确定常采用类比法。

表 4-6　直线度、平面度

主参数 L/mm	公差等级											
	1	2	3	4	5	6	7	8	9	10	11	12
	公差值/μm											
≤10	0.2	0.4	0.8	1.2	2	3	5	8	12	20	30	60
>10～16	0.25	0.5	1	1.5	2.5	4	6	10	15	25	40	80
>16～25	0.3	0.06	1.2	2	3	5	8	12	200	30	50	100
>25～40	0.4	0.8	1.5	2.5	4	6	10	15	25	40	60	120
>40～63	0.5	1	2	3	5	8	12	20	30	50	80	150
>63～100	0.6	1.2	2.5	4	6	10	15	25	40	60	100	200
>100～160	0.8	1.5	3	5	8	12	20	30	50	80	120	250
>160～250	1	2	4	6	10	15	25	40	60	100	150	300
>250～400	1.2	2.5	5	8	12	20	30	50	80	120	200	400
>400～630	1.5	3	6	10	15	25	40	60	100	150	250	500
>630～1000	2	4	8	12	20	30	50	80	120	200	300	600
>1000～1600	2.5	5	10	15	25	40	60	100	150	250	400	800
>1600～2500	3	6	12	20	30	50	80	120	200	300	500	1 000
>2500～4000	4	8	15	25	40	60	100	150	250	400	500	1 200
>4000～6300	5	10	20	30	50	80	120	200	300	500	800	1 500
>6300～10 000	6	12	25	40	60	100	150	250	400	600	1 000	2 000

表 4-7　平行度、垂直度、倾斜度

主参数 L，d(D)L/mm	公差等级											
	1	2	3	4	5	6	7	8	9	10	11	12
	公差值/μm											
≤10	0.4	0.8	1.5	3	5	8	12	20	30	50	80	120
>10～16	0.5	1	2	4	6	10	15	25	40	60	100	150
>16～25	0.6	1.2	1.2	5	8	12	20	30	50	80	120	200
>25～40	0.8	1.5	1.5	6	10	15	25	40	60	100	150	250
>40～63	1	2	2	8	12	20	30	50	80	120	200	300
>63～100	1.2	2.5	2.5	10	15	25	40	60	100	150	250	400
>100～160	1.5	3	3	12	20	30	50	80	120	200	300	500
>160～250	2	4	4	15	25	40	60	100	150	250	400	600
>250～400	2.5	5	5	2	30	50	80	120	200	300	500	800
>400～630	3	6	6	25	40	60	100	150	250	400	600	1 000
>630～1000	4	8	8	30	50	80	120	200	300	500	800	1 200
>1 000～1600	5	10	10	40	60	100	150	250	400	600	1 000	1 500
>1 600～2500	6	12	12	50	80	120	200	300	500	800	1 200	2 000
>2 500～4000	8	15	15	60	100	150	250	400	600	1 000	1 500	2 500
>4 000～6300	10	20	20	80	120	200	300	500	800	1 200	2 000	3 000
>6 300～1 0000	12	25	25	100	150	250	400	600	1 000	1 500	2 500	4 000

表 4-8　同轴度、对称度、圆跳动和全跳动

主参数 L，d(D)L/mm	公差等级											
	1	2	3	4	5	6	7	8	9	10	11	12
	公差值/μm											
≤1	0.4	0.6	1.0	1.5	2.5	4	6	10	15	25	40	60
>1～3	0.4	0.6	1.0	1.5	2.5	4	6	10	20	40	60	120
>3～6	0.5	0.8	1.2	2	3	5	8	12	25	50	80	150
>6～10	0.6	1	1.5	2.5	4	6	10	15	30	60	100	200
>10～18	0.8	1.2	2	3	5	8	12	20	40	80	120	250
>18～30	1	1.5	2.5	4	6	10	15	25	50	100	150	300
>30～50	1.2	2	3	5	8	12	20	30	50	120	200	400
>50～120	1.5	2.5	4	6	10	15	25	40	80	150	250	500
>120～250	2	3	5	8	12	20	30	50	100	200	300	600
>250～500	2.5	4	6	10	15	25	40	60	120	250	400	800
>500～800	3	5	8	12	20	30	50	80	150	300	500	1 000
>800～1250	4	6	10	15	25	40	60	100	200	400	600	1 200
>1250～2000	5	8	12	20	30	50	80	120	250	500	800	1 500
>2000～3150	6	10	15	25	40	60	100	150	300	600	1 000	2 000
>3150～5000	8	12	20	30	50	80	120	200	40	800	1 200	2 500
>5000～8000	10	15	25	40	60	100	150	250	500	1 000	1 500	3 000
>8000～10 000	12	20	30	50	80	120	200	300	600	1 200	2 000	4 000

表 4-9　圆度、圆柱度

主参数 d(D)L/mm	公差等级												
	0	1	2	3	4	5	6	7	8	9	10	11	12
	公差值/μm												
≤3	0.1	0.2	0.3	0.5	0.8	1.2	2	3	4	6	10	14	25
>3～6	0.1	0.2	0.4	0.6	1	1.5	2.5	4	5	8	12	18	30
>6～10	0.12	0.25	0.4	0.6	1	1.5	2.5	4	6	9	15	22	36
>10～18	0.15	0.25	0.5	0.8	1.2	2	3	5	8	11	18	27	43
>18～30	0.2	0.3	0.6	1	1.5	2.5	4	6	9	13	21	33	52
>30～50	0.25	0.4	0.6	1	1.5	2.5	4	7	11	16	25	39	62
>50～80	0.3	0.5	0.8	1.2	2	3	5	8	13	19	30	46	74
>80～120	0.4	0.6	1	1.5	2.5	4	6	10	15	22	35	54	87
>120～180	0.6	1	1.2	2	3.5	5	8	12	18	25	40	63	100
>180～250	0.8	1.2	2	3	4.5	7	10	14	20	29	46	72	115
>250～315	1.0	1.6	2.5	4	6	8	12	16	23	22	52	81	130
>315～400	1.2	2	3	5	7	9	13	18	25	36	57	89	140
>400～500	1.5	2.5	4	6	8	10	15	20	27	40	63	97	155

表 4-10　位置度系数

1	1.2	1.5	2	2.5	3	4	5	6	8
1×10^n	1.2×10^n	1.5×10^n	2×10^n	2.5×10^n	3×10^n	4×10^n	5×10^n	6×10^n	8×10^n

3. 几何公差等级的确定

确定几何公差可以参考 4-11～表 4-14 提供的各种几何公差项目及其常用等级的应用实例，根据具体情况进行选择。

 特别提示

(1) 形状公差、方向公差、位置公差之间的关系，即位置公差值＞方向公差值＞形状公差值。

(2) 几何公差与尺寸公差及表面粗糙度参数之间的协调关系，即 $T > t > R_a$（R_a 为表面粗糙度参数，见第 5 章）。

表 4-11　直线度和平面度公差常用等级的应用举例

公差等级	应用举例
5	用于 1 级平板，2 级宽平尺，平面磨床的纵导轨、垂直导轨、立柱导轨及工作台，液压龙门刨床和六角车床床身导轨，柴油机进气、排气阀门导杆
6	用于普通机床导轨，如卧式车床、龙门刨床、滚齿机、自动车床等的床身导航，立柱导航，柴油机壳体
7	用于 2 级平板，机床主轴箱体，摇臂钻底座工作台，镗床工作台，液压泵盖，减速器壳体的结合面
8	用于机床传动箱体，交换齿轮箱体，车床溜板箱体，柴油机气缸体，连杆分离面，缸盖结合面，汽车发动机缸盖，曲轴箱结合面，液压管件和法兰连接面
9	用于 3 级平板，自动车床床身底面，摩托车曲轴箱体，汽车变速器壳体，手动机械的支撑面

表 4-12　圆度和圆柱度公差常用等级的应用举例

公差等级	应用举例
5	一般计量仪器主轴、测杆外圆柱面，陀螺仪轴颈，一般机床主轴轴颈及主轴轴承孔，柴油机、汽油机活塞、活塞销，与 6 级滚动轴承配合的轴颈
6	仪表端盖外圆柱面，一般机床主轴及前轴承孔，泵、压缩机的活塞和气缸，汽车发动机凸轮轴，纺机锭子，减速器转轴轴颈，高速船用柴油机，拖拉机曲轴主轴颈，与 6 级滚动轴承配合的外壳孔，与 0 级滚动轴承配合的轴颈
7	大功率低速柴油机曲轴轴颈、活塞、活塞梢、连杆、气缸，高速柴油机箱体轴承孔，千斤顶或压力油缸活塞，机车传动轴，水泵及通用减速器转轴轴颈，与 0 级滚动轴承配合的外壳孔
8	大功率低速发动机曲轴轴颈，压气机连杆盖、连杆体，拖拉机气缸、活塞，炼胶机冷铸轴辊，印刷机传墨辊，内燃机曲轴轴颈，柴油机凸轮轴承孔、凸轮轴，拖拉机、小型船用柴油机气缸套
9	空气压缩机缸体，液压传动件，通用机械杠杆与拉杆用套筒销子，拖拉机活塞环

表 4-13　平行度、垂直度和倾斜度公差常用等级的应用举例

公差等级	应用举例
4，5	卧式车床导航、重要支承面，机床主轴轴承孔对基准的平行度，精密机床重要零件，计量仪器、量具、模具的基准面和工作面，机床主轴箱体重要孔，通用减速器壳体孔，齿轮泵的油孔端面，发动机轴和离合器的凸级，气缸支撑端面，安装精密滚动轴承的壳体孔的凸肩
6，7，8	一般机床的基准面和工作面，压力机和滚烫的工作面，中等精度钻模的工作面，机床一般轴承孔对基准的平行度，变速器箱体孔，主轴花键对定心表面轴线的平行度，重型机械滚动轴承端盖，提升机、手动传动装置中的传动轴，一般导轨，主轴箱体孔、刀架、砂轮架、气缸配合面对基准轴线及活塞销孔对活塞轴线的垂直度，滚动轴承内、外围端面对轴线的垂直度

(续表)

公差等级	应用举例
9，10	低精度零件，重型机械滚动轴承端盖，柴油机、煤气发动机箱体的曲轴孔、曲轴轴颈，花键轴和轴肩端面，带式运输机法兰盘等端面对轴线的垂直度，手动提升机及传动装置中轴承孔端面，减速器壳体平面

表 4-14　同轴度、对称度和径向跳动度公差常用等级的应用举例

公差等级	应用举例
5，6，7	这是应用范围较广的公差等级。用于几何精度要求较高、尺寸的标准公差等级为 IT8 及高于 IT8 的零件。5 级常用于机床主轴轴颈，计量仪器的测杆，汽轮机主轴，柱塞油泵转子，高精度滚动轴承外圈，一般精度滚动轴承内圈。6、7 级用于内燃机曲轴，凸轮轴、齿轮轴、水泵轴、汽车后轮输出轴，电动机转子、印刷机传墨辊的轴颈，键槽
8，9	常用于几何精度要求一般、尺寸的标准公差等级为 IT9～IT11 的零件。8 级用于拖拉机、发动机分配轴轴颈，与 9 级精度以下齿轮相配的轴，水泵叶轮，离心泵泵体，棉花精梳机前后滚子，键槽等。9 级用于内燃机气缸套配合面，自行车中轴

4.5.4　几何公差的未注公差值的规定

图样上没有标注几何公差值的要素，其几何精度要求由未注几何公差来控制。

1. 采用未注公差值的优点

采用未注公差值的优点为：图样易读；节省设计时间；图样很清楚地指出哪些要素可以用一般加工方法加工，既保证工程质量又不需一一检测；保证零件特殊的精度要求，有利于安排生产、质量控制和检测。

2. 几何公差的未注公差值

国标对直线度、平面度、垂直度、对称度和圆跳动的未注公差值进行规定，如表 4-15～表 4-18 所示。采用规定的未注公差值时，应在技术要求中注出"GB/T.1184—K"。其他项目如线、面轮廓度、倾斜度、位置度和全跳动均应由各要素的注出或未注几何公差、线性尺寸公差或角度公差控制。

(1) 直线度和平面度

表 4-15　直线度和平面度的未注公差值　　　　　　　单位：mm

公差等级	基本长度范围					
	≤10	>10～30	>30～100	>100～300	>300～1000	>100～3000
H	0.02	0.05	0.1	0.2	0.3	0.4
K	0.05	0.1	0.2	0.4	0.6	0.8
L	0.1	0.2	0.4	0.8	1.2	1.6

(2) 圆度

圆度的未注公差值等于标准的直径公差值，但不能大于表 4-18 中的圆跳动公差值。

(3) 圆柱度

圆柱度的未注公差值不做规定。

① 圆柱度误差由 3 个部分组成：圆度、直线度和相对素线的平行度误差，而其中每一项误差均由它们的注出公差或未注公差来控制。

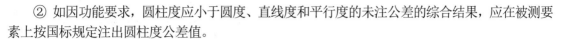

② 如因功能要求，圆柱度应小于圆度、直线度和平行度的未注公差的综合结果，应在被测要素上按国标规定注出圆柱度公差值。

③ 采用包容要求。

(4) 平行度

平行度的未注公差值等于给出的尺寸公差值，或是直线度和平面度未注公差值中的较大者。应取两要素中的较长者为基准。若两要素的长度相等，则可选任一要素为基准。

(5) 垂直度

表 4-16 所示为垂直度的未注公差值。取形成直角的两边中较长的一边作为基准，较短的一边作为被测要素。若两边的长度相等，则可取其中的任意一边作为基准。

表 4-16　垂直度的未注公差值　　　　　　　单位：mm

公差等级	基本长度范围			
	≤100	>100 ~ 300	>300 ~ 1 000	>1 000 ~ 3 000
H	0.2	0.3	0.4	0.5
K	0.4	0.6	0.8	1
L	0.6	1	1.5	2

(6) 对称度

表 4-17 所示为对称度的未注公差值。应取两要素中较长者作为基准，较短者作为被测要素。若两要素长度相等，则可选任一要素为基准。

表 4-17　对称度的未注公差值　　　　　　　单位：mm

公差等级	基本长度范围			
	≤100	>100 ~ 300	>300 ~ 1 000	>1 000 ~ 3 000
H	0.5			
K	0.6		0.8	1
L	0.6	1	1.5	2

 特别提示

对称度的未注公差值用于至少两个要素中的一个是中心平面，或两个要素的轴线相互垂直。

(7) 同轴度

同轴度的未注公差值未规定。在极限状况下，同轴度的未注公差值可以和表 4-18 中规定的径向圆跳动的未注公差值相等。应选两要素中的较长者为基准。若两要素长度相等，则可选任一要素为基准。

(8) 圆跳动

表 4-18 所示为圆跳动(径向、端面和斜向)的未注公差值。对于圆跳动的未注公差值，应以设计或工艺给出的支承面作为基准，否则，应取两要素中较长的一个作为基准。若两要素的长度相等，则可选任一要素为基准。

表 4-18　圆跳动的未注公差值　　　　　　　　　　　　单位：mm

公差等级	圆跳动公差值
H	0.1
K	0.2
L	0.5

4.6　几何误差的评定及检测

几何误差是指被测提取(实际)要素对其拟合(理想)要素的变动量。测量时，表面粗糙度、划痕、擦伤以及其他外观缺陷，应排除在外。

4.6.1　几何误差的检测原则

由于几何公差的项目繁多，生产实际中其检验方法也是多种多样的，国标 GB/T 1958—2017《产品几何技术规范(GPS)　几何公差　检测与验证》规定将常用的检测方法归纳了 5 种检测原则，这 5 种检测原则是检测几何误差的理论依据，实际应用时，根据被测要素的特点，按照这些原则，选择正确的检测方法。现将这 5 种原则描述如下。

几何误差的
检测原则及
几何误差的
评定

1. 与理想要素比较原则

与理想要素比较原则是将被测实际要素与其理想要素相比较，用直接法或间接法测出其几何误差值。如以平板、小平面、光线扫描平面作为理想平面；以刀口尺、拉紧的钢丝等作为理想的直线。
这是一条基本原则，大多数几何误差的检测都应用这个原则。

2. 测量坐标值原则

测量坐标值原则是测量被测要素的坐标值(如直角坐标值、极坐标值、圆柱面坐标值)，并经过数据处理获得几何误差值。

3. 测量特征参数原则

测量特征参数原则是测量被测实际要素上有代表性的参数，并以此来表示几何误差值。
该原则检测简单，在车间条件下尤为适用。

4. 测量跳动原则

测量跳动原则是将被测实际要素绕基准轴线回转，沿给定方向测量其对某参考点或线的变动量。这一变动量就是跳动误差值。

5. 控制实效边界原则

控制实效边界原则一般用综合量规来检验被测实际要素是否超出实效边界，以判断合格与否。

4.6.2　几何误差的评定

1. 形状误差的评定

形状误差是指被测提取要素(实际要素)对其拟合要素(理想要素)的变动量，拟合要素应符合最小条件。最小条件是指被测提取要素对其拟合要素的最大变动量为最小，此时对被测提取要素评定的误差值为最小。在评定形状误差时，应将被测提取要素与其拟合要素相比较，两者之间的最大偏离量，即为其误差值。但是，拟合要素与被测提取要素相对位置不同时，两者之间的最大偏离量(即误差值)也不相同。为此规定：只有两者位于使其最大偏离量为最小时，作为误差评定的标准，即符合最小条件要求。由于符合最小条件的拟合要素是唯一的，因此按此评定的形状误差值也将是唯一的。

最小条件的拟合要素有两种情况。一种情况是：对于提取组成要素(线、面轮廓度除外)，其拟合要素位于实体之外且与被测提取组成要素接触，并使被测提取组成要素对其拟合要素的最大变动量最小，符合最小条件，如图 4-67(a)所示 。另一种情况是：对于提取导出要素(中心线、中心面等)，其拟合要素位于被测提取导出要素之中，如图 4-67(b)所示。可以由无数个理想圆柱面包容提取中心线，但必然存在一个直径最小的理想圆柱面，该最小理想圆柱面的轴线就是符合最小条件的拟合要素。

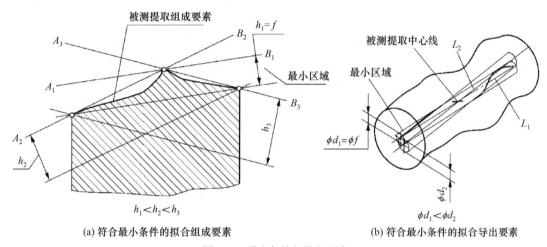

(a) 符合最小条件的拟合组成要素　　　　　　(b) 符合最小条件的拟合导出要素

图 4-67　最小条件和最小区域

形状误差值用最小包容区域(简称最小区域)的宽度或直径表示。

最小区域是指包容被测提取要素时，具有最小宽度 f 或直径 ϕf 的包容区域，如图 4-67 所示。各误差项目最小区域的形状分别和各自的公差带形状一致，但宽度或直径由被测提取要素本身决定。

最小区域所体现的原则称为最小条件原则，最小条件是评定形状误差的基本原则，在满足零件功能要求的前提下，允许采用近似方法来评定形状误差。

2. 方向误差的评定

方向误差是被测要素的提取要素对具有确定方向的理想要素的变动量。理想要素的方向由基准和理论正确尺寸确定。

方向误差值用定向最小包容区域(简称定向最小区域)的宽度或直径表示。定向最小区域是指用由基准和理论正确尺寸确定方向的理想要素包容被测要素的提取要素时，具有最小宽度 f 和直径 d 的包容区域，如图 4-68 所示。各定向最小区域的形状与各自的公差带形状一致，但宽度(或直径)由被测提取要素本身决定。

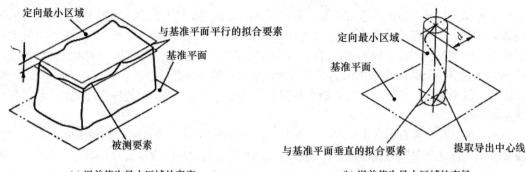

(a) 误差值为最小区域的宽度　　　　　　(b) 误差值为最小区域的直径

图 4-68　定向最小区域

3. 位置误差的评定

位置误差是被测要素的提取要素对具有确定位置的理想要素的变动量。理想要素的位置由基准和理论正确尺寸确定。

位置误差值用定位最小包容区域(简称定位最小区域)的宽度 f 和直径 d 表示。定位最小区域是指用由基准和理论正确尺寸确定位置的理想要素包容被测要素的提取要素时,具有最小宽度 f 和直径 d 的包容区域,如图 4-69 所示。定位最小区域的形状与各自的公差带形状一致,但宽度(或直径)由被测提取要素本身决定。

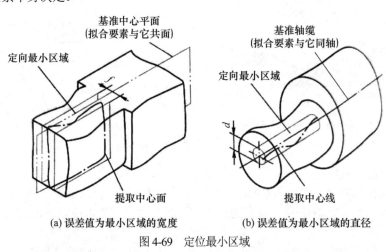

(a) 误差值为最小区域的宽度　　　　　　(b) 误差值为最小区域的直径

图 4-69　定位最小区域

4.6.3　几何误差的检测

几何误差的测量方法有许多种,主要取决于被测工件的数量、精度高低、使用量仪的性能及种类、测量人员的技术水平和素质等方面。所采取的检测方案,要在满足测量要求的前提下,经济且高效地完成检测工作。

1. 形状误差的检测

(1) 直线度误差的检测及数据处理

① 直线度误差的检测(见表 4-19)

表 4-19　直线度误差的检测

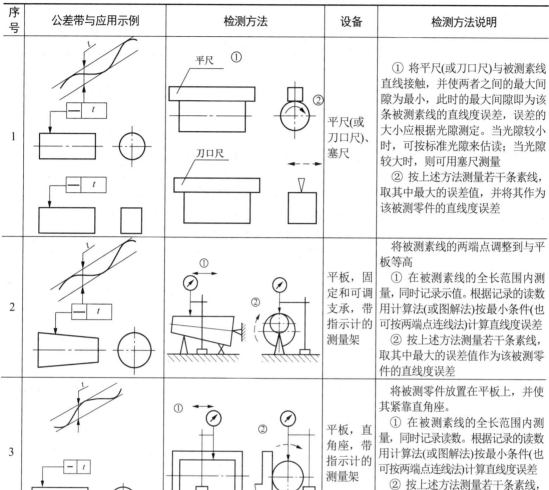

序号	公差带与应用示例	检测方法	设备	检测方法说明
1			平尺(或刀口尺)、塞尺	① 将平尺(或刀口尺)与被测素线直线接触,并使两者之间的最大间隙为最小,此时的最大间隙即为该条被测素线的直线度误差,误差的大小应根据光隙测定。当光隙较小时,可按标准光隙来估读;当光隙较大时,则可用塞尺测量 ② 按上述方法测量若干条素线,取其中最大的误差值,并将其作为该被测零件的直线度误差
2			平板,固定和可调支承,带指示计的测量架	将被测素线的两端点调整到与平板等高 ① 在被测素线的全长范围内测量,同时记录示值。根据记录的读数用计算法(或图解法)按最小条件(也可按两端点连线法)计算直线度误差 ② 按上述方法测量若干条素线,取其中最大的误差值作为该被测零件的直线度误差
3			平板,直角座,带指示计的测量架	将被测零件放置在平板上,并使其紧靠直角座。 ① 在被测素线的全长范围内测量,同时记录读数。根据记录的读数用计算法(或图解法)按最小条件(也可按两端点连线法)计算直线度误差 ② 按上述方法测量若干条素线,取其中最大的误差值作为该被测零件的直线度误差

② 直线度误差的数据处理(图解法)

采用图解法求出直线度误差是一种直观易行的方法。根据相对测量基准的测得数据,在直角坐标纸上按一定的放大比例,可以描绘出误差曲线的图像,然后按图像读出直线度误差,如图 4-70 所示。

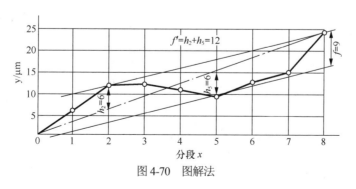

图 4-70　图解法

例如，用水平仪测得下列数据(表中读数已化为线性值，线性值=水平仪分度值×桥板长度×水平仪格数值)，如表4-20所示。

表4-20　直线度初测数据

测点序号	0	1	2	3	4	5	6	7	8
水平仪读数	0	+6	+6	0	−1.5	−1.5	+3	+3	+9
累计值 h_i	0	+6	+12	+12	+10.5	+9	+12	+15	+24

根据表列数据，从起始点"0"开始逐段累积作图。累计值相当于图4-70中的y坐标值；测点序号相当于图中x轴上的各分段点。作图时，对于累计值h_i来说，采用的是放大比例，根据h_i值的大小可以任意选取放大比例，以作图方便、读图清晰为准。横坐标是将被测长度按缩小的比例尺进行分段。通常，纵坐标的放大比例和横坐标的缩小比例两者之间并无必然的联系。但从绘图的要求上来说，对于纵坐标在图上的分度以小于横坐标的分度为好，这样画出的图像在坐标系里比较直观形象，否则就把误差过分夸大而使误差曲线严重歪曲。

按最小区域法评定直线度误差时，可在绘制出的误差曲线图像上直接寻找最高点和最低点，需要找到最高和最低相间的3点。

从图4-70中可知，该例的最高点为序号2和序号8的测点，而序号5的测量点为最低点。过这些点可作两条平行线，将直线度误差曲线全部包容在两平行线之内。由于接触的3点已符合规定的相间准则，于是，可沿y轴坐标方向量取两平行线之间的距离，按y轴的分度值就可确定直线度误差。从图中可以取得9个分度，因分度值为1μm，故该例按最小区域法评定的直线度误差为9μm。

如果按两端点连线法来评定该例的直线度误差，则可在图4-70上把误差曲线的首尾连接成一条直线，该直线即为这种评定法的理想直线。相对于该理想直线来说，序号为2的测量点至两端点连线的距离为最大正值，而序号为5的测量点至两端点连线的距离为最大负值，这里所指的"距离"也是按y轴方向量取(因为绘图时，纵坐标和横坐标采用了差距较大的比例)，可在图上量得h_2=6μm、h_5=6μm。因此，按两端点连线法评定的直线度误差为f=12μm。

(2) 平面度误差的检测及数据处理

① 平面度误差的检测(见表4-21)

表4-21　平面度误差的检测

序号	公差带与应用示例	检测方法	设备	检测方法说明
1	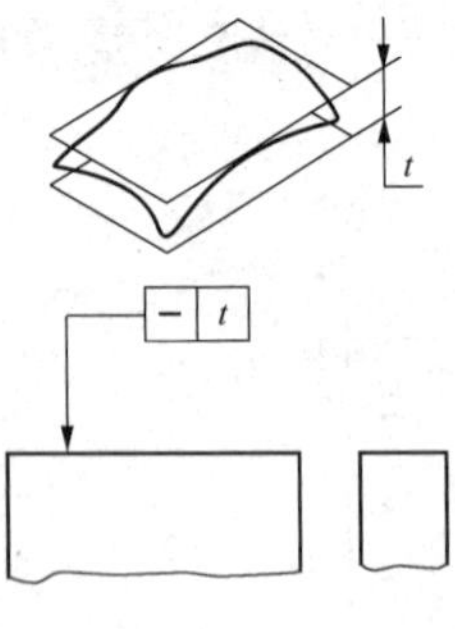	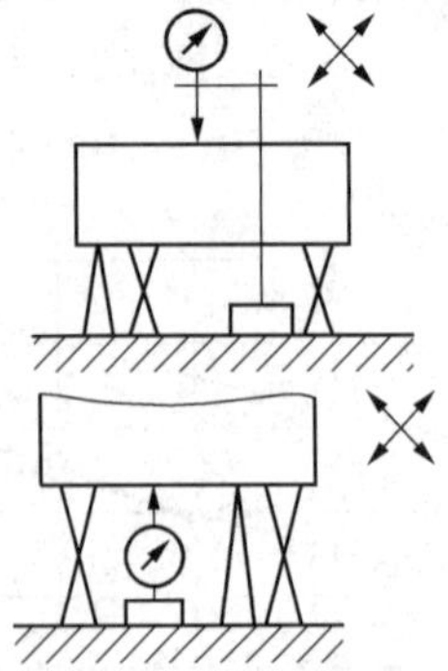	平板，带指示计的测量架，固定和可调支承	将被测零件支承在平板上，调整被测表面最远3点，使其与平板等高按一定的布点测量被测表面，同时记录示值　一般可用指示计最大与最小示值的差值近似地作为平面度误差。必要时，可根据记录的示值用计算法(或图解法)按最小条件计算平面度误差

(续表)

序号	公差带与应用示例	检测方法	设备	检测方法说明
2		水平仪 ✕	平板、水平仪、桥板，固定和可调支承	将被测表面调水平。用水平仪按一定的布点和方向逐点地测量被测表面，同时记录示值，并换算成线值 根据各线值用计算法(或图解法)按最小条件(也可按对角线法)计算平面度误差

② 平面度误差的数据处理

数据处理的目的是要找到符合最小条件的平面度误差值。这里仅就适用于车间和计量室的简便图解法作一介绍，步骤如下。

- 初测数据。首先选一测量基面，按表 4-21 所示的测量装置进行。而后测得一组均布的数据，如图 4-71(a)所示。
- 各点数据减去其中的最大值，把结果标注在新的示意图上，如图 4-71(b)所示。
- 旋转被测面，多次变换被测面各点的平面度数据，直到出现符合图 4-71 中的最小条件判别准则为止。图 4-71(c)所示为符合交叉准则。

最小条件评定平面度误差，常用基面旋转法。上述方法称为基面旋转法，其过程和要领总结如下。

- 合理选定转轴：一般选择通过最高点(数据为零的点)并最有利于减小最大平面度数据的任一行、列或斜线(不在行与列方向上的任意两点的连线即为斜线)为转轴，用 O-O 标出转轴位置，如图 4-71(b)所示。

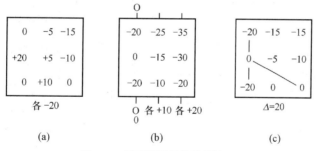

图 4-71　平面度误差的数据处理

- 决定最低点的旋转量 Q：原则是使其既不出现值为正的点，又不出现大于原有最大负值的点。(注：转轴旋转一定为 0。)
- 计算各点的平面度误差：将位于各行(列或斜线)上各点的原有值加上或减去该行(列或斜线)的旋转量 Q_i，即为各点新的平面度数值。为了便于检查，可将各行(列或斜线)的旋转量标注在该行(列或斜线)的旁边，如图 4-72(b)所示。
- 用准则进行判断：在每一新的示意图中，其数值凡出现图 4-72 中的 3 个判别准则之一，即已经符合最小条件。

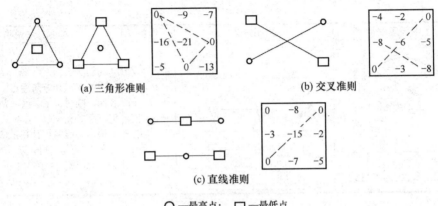

(a) 三角形准则　　　　　　　　　(b) 交叉准则

(c) 直线准则

○—最高点；　□—最低点

图 4-72　平面度最小条件判别准则

(3) 圆度误差的检测(见表 4-22)

表 4-22　圆度误差的检测

序号	公差带与应用示例	检测方法	设备	检测方法说明
1	极限同心圆(公差带)		投影仪 (或其他 类似量仪)	将被测要素轮廓的投影与极限同心圆比较。此方法适用于测量具有刃口形边缘的小型零件
2	① 测量截面 ② 测量截面		圆度仪 (或类似量仪)	将被测零件放置在量仪上,同时调整被测零件的轴线,使它与量仪的回(旋)转轴线同轴 ① 记录被测零件在回转一周过程中测量截面上各点的半径差 由极坐标图(或用电子计算机)按最小条件[也可按最小二乘圆中心或最小外接圆中心(只适用于外表面)或最大内接圆中心(只适用于内表面)]计算该截面的圆度误差 ② 按上述方法测量若干截面,取其中最大的误差值作为该零件的圆度误差

(4) 圆柱度误差的检测(见表 4-23)

表 4-23　圆柱度误差的检测

序号	公差带与应用示例	检测方法	设备	检测方法说明
1			圆度仪(或其他类似仪器)	将被测零件的轴线调整到与量仪的轴线同轴 ① 记录被测零件在回转一周过程中测量截面上各点的半径差 ② 在测头没有径向偏移的情况下,可按上述方法测量若干个横截面(测头也可沿螺旋线移动) 由电子计算机按最小条件确定圆柱度误差。也可用极坐标图近似求出圆柱度误差
2			配备计算机的三坐标测量装置	把被测零件放置在测量装置上,并将其轴线调整至与 Z 轴平行 ① 在被测表面的横截面上测量若干个点的坐标值 ② 按需要测量若干个横截面 由计算机按最小条件确定该零件的圆柱度误差

(5) 线轮廓度误差的检测(见表 4-24)

表 4-24　线轮廓度误差的检测

序号	公差带与应用示例	检测方法	设备	检测方法说明
1			仿形测量装置,指示计,固定和可调支承,轮廓样板	调正被测零件相对于仿形系统和轮廓样板的位置再将指示计调零。仿形测头在轮廓样板上移动,由指示计上读取示值。取其数值的两倍作为该零件的线轮廓度误差。必要时将测得值换算成垂直于理想轮廓方向(法向)上的数值后评定误差 指示计测头应与仿形测头的形状相同
2			轮廓样板	将轮廓样板按规定的方向放置在被测零件上,根据光隙法估读间隙的大小,取最大间隙作为该零件的线轮廓度误差

(续表)

序号	公差带与应用示例	检测方法	设备	检测方法说明
3	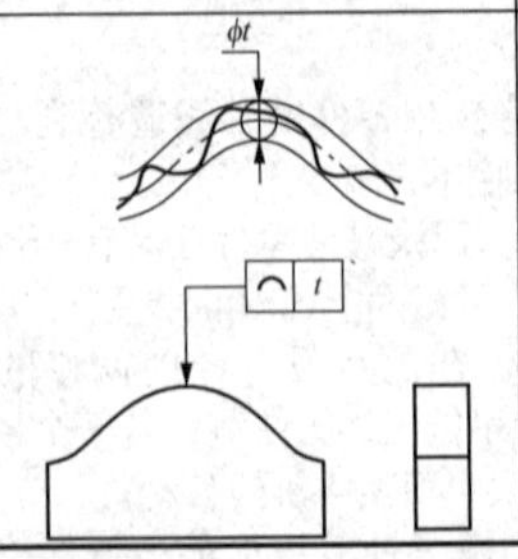 ϕt $\frown t$	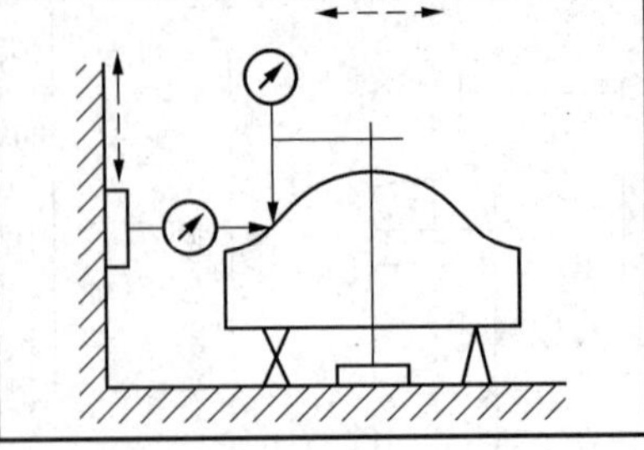	固定和可调支承，坐标测量装置	测量被测轮廓上各点的坐标，同时记录其示值并绘出实际轮廓图形 用等距的线轮廓区域包容实际轮廓，取包容宽度作为该零件的线轮廓度误差。也可用计算法计算误差

(6) 面轮廓度误差的检测(见表 4-25)

表 4-25　面轮廓度误差的检测

序号	公差带与应用示例	检测方法	设备	检测方法说明
1	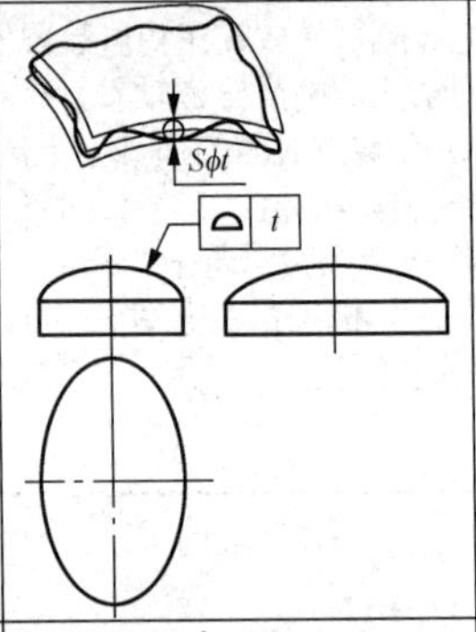 $S\phi t$ $D\ t$	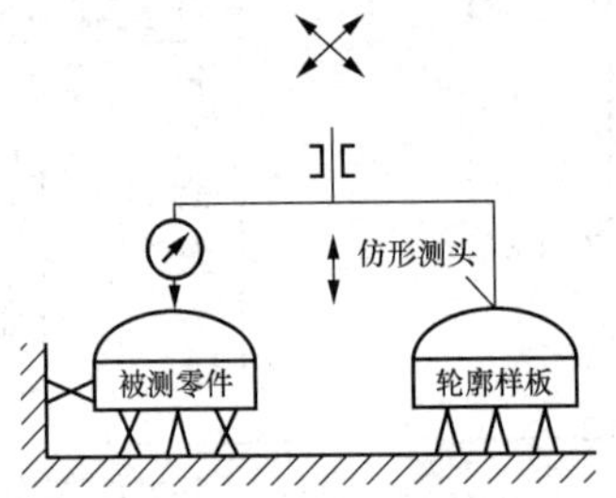 仿形测头 被测零件 轮廓样板	仿形测量装置，指示计固定和可调支承，轮廓样板	调整被测零件相对于仿形系统和轮廓样板的位置，再将指示计调零。仿形测头在轮廓样板上移动，由指示计上读取示值。取其最大示值的两倍作为该零件的面轮廓度误差。必要时将各数值换算成理想轮廓相应点的法线方向上的数值后评定误差
2	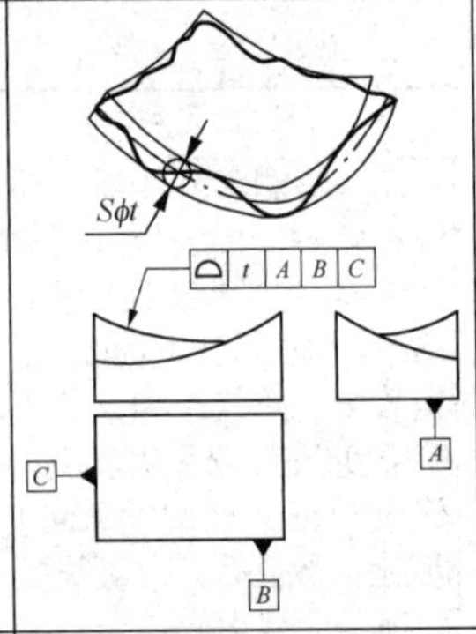 $S\phi t$ $D\ t\ A\ B\ C$ C A B	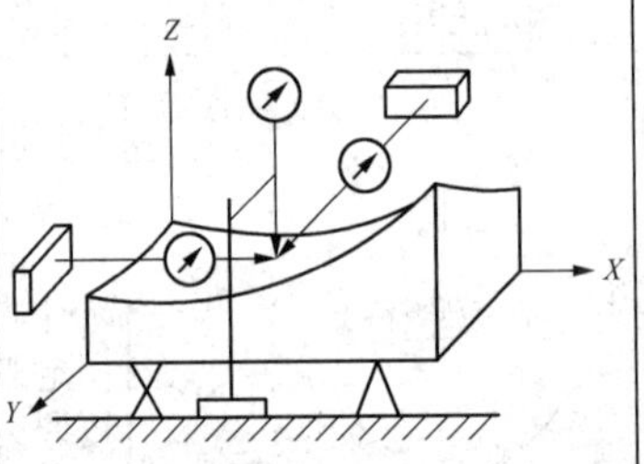 Z X Y	三坐标测量装置，固定和可调支承	将被测零件放置在仪器工作台上，并进行正确定位 测出若干个点的坐标值，并将测得的坐标值与理论轮廓的坐标值进行比较，取其中差值最大的绝对值的两倍作为该零件的面轮廓度误差
3	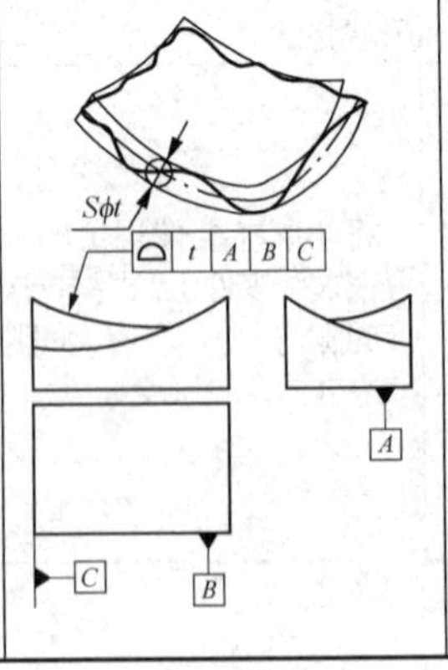 $S\phi t$ $D\ t\ A\ B\ C$ C A B	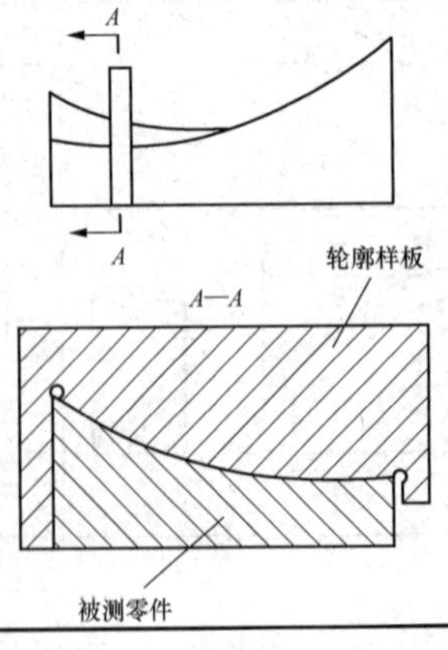 A A $A—A$ 轮廓样板 被测零件	截面轮廓样板	将若干截面轮廓样板放置在各指定的位置上，根据光隙法估读间隙的大小，取最大间隙作为该零件的面轮廓度误差

(7) 平行度误差的检测(见表 4-26)

表 4-26　平行度误差的检测

序号	公差带与应用示例	检测方法	设备	检测方法说明

1	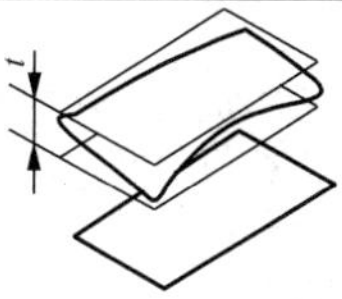
	(a) 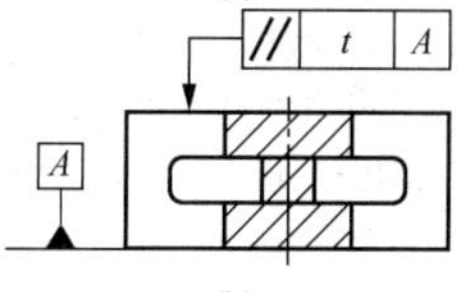
	// t A
	A
	(b)
	// t/l B
	B 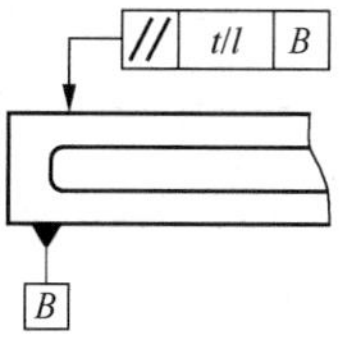
	(c)
		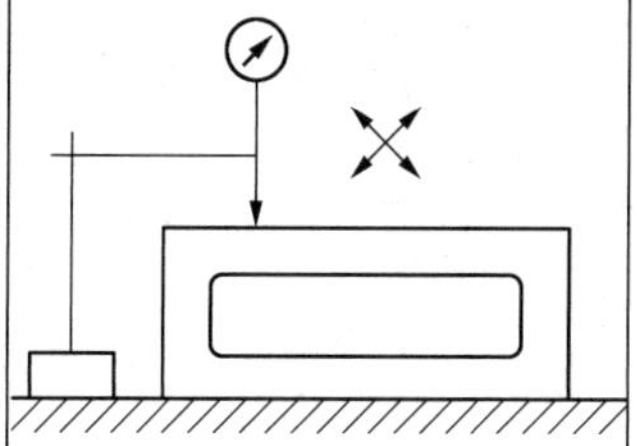	平板,带指示计的测量架	将被测零件放置在平板上
				在整个被测表面上按规定测量线进行测量
				① 取指示计的最大与最小示值之差作为该零件的平行度误差
				② 取各条测量线上任意给定 l 长度内指示计的最大与最小示值之差,作为该零件的平行度误差

2	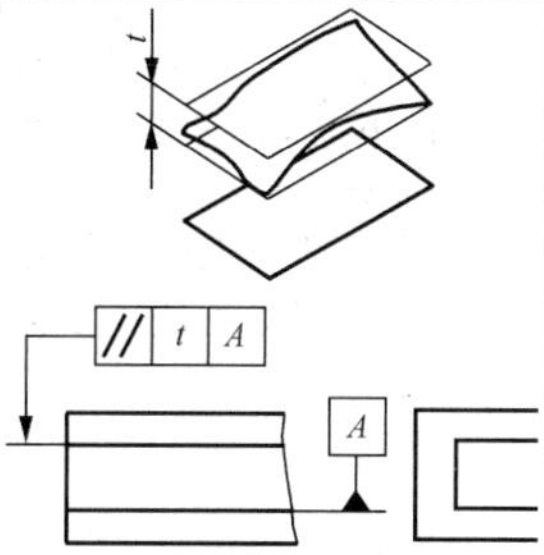 // t A A	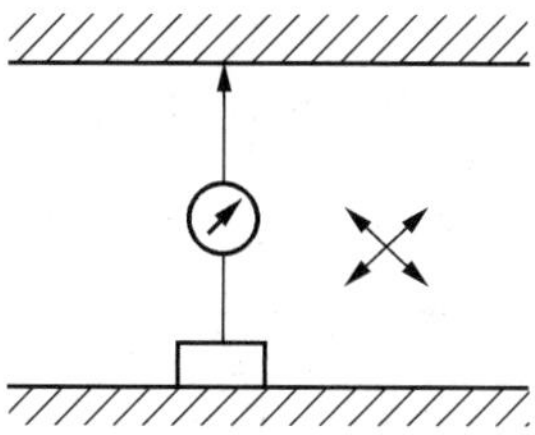	带指示计的测量架	带指示计的测量架在基准要素表面上移动(以基准要素作为测量基准面),并测量整个被测表面。取指示计的最大与最小示值之差作为该零件的平行度误差 此方法适用于基准表面的形状误差(相对平行度公差)较小的零件
3	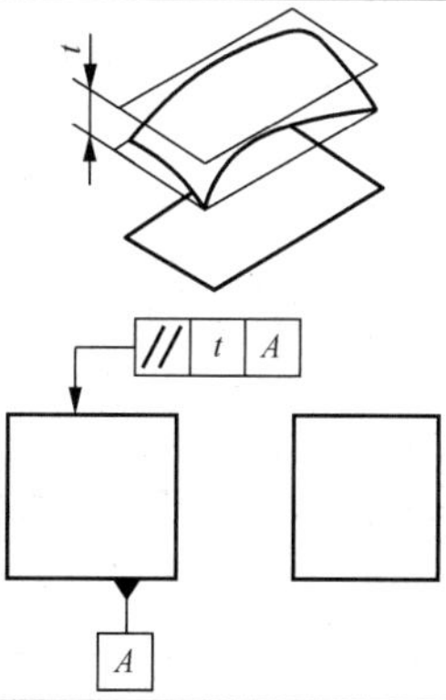 // t A A	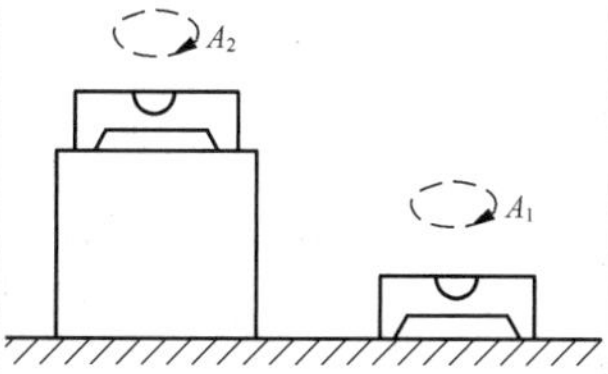	平板,水平仪	将被测零件放置在平板上。用水平仪分别在平板和被测零件上的若干个方向上记录水平仪的示值 A_1、A_2。各方向上平行度误差 $$f=|A_2-A_1|\cdot L\cdot C$$ 式中,C——水平仪刻度值(线值) $|A_2-A_1|$——对应的每次示值差 L——沿测量方向的零件表面长度 取各个方向上平行度误差中的最大值作为该零件的平行度误差

(8) 垂直度误差的检测(见表 4-27)

表 4-27　垂直度误差的检测

序号	公差带与应用示例	检测方法	设备	检测方法说明
1	面对线 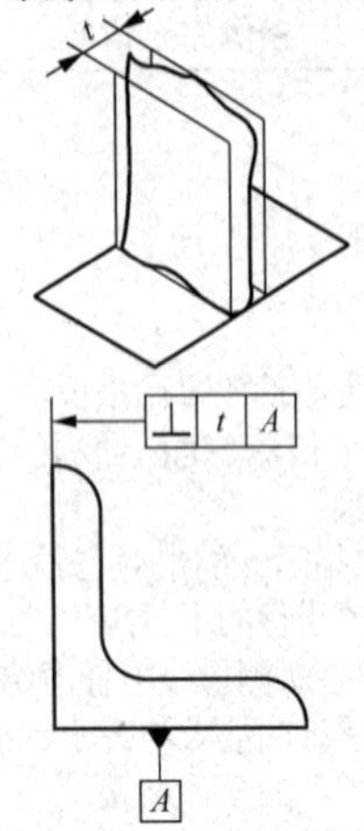 ⊥ | t | A A		平板，直角座，带指示计的测量架	将被测零件的基准表面固定在直角座上，同时调整靠近基准的被测表面的指示计之差为最小值，取指示计在整个被测表面各点测得的最大与最小示值之差作为该零件的垂直度误差，必要时，可按定向最小区域评定垂直度误差
2	⊥ | t | A A	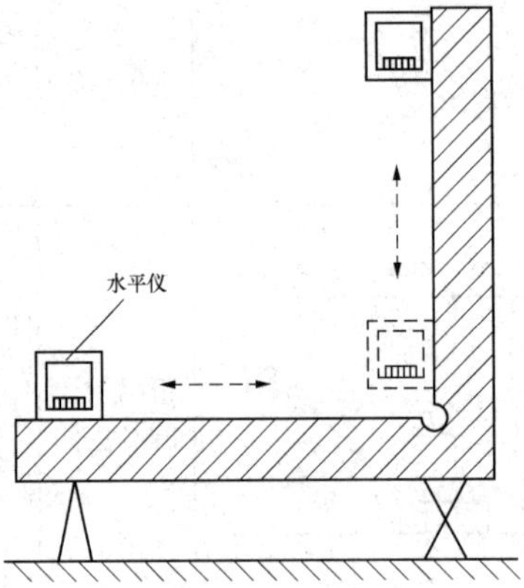 水平仪	水平仪，固定和可调支承	用水平仪粗调基准表面到水平 分别在基准表面和被测表面上用水平仪分段逐步测量并记录换算成线值的示值 用图解法(或计算法)确定基准方位，然后求出被测表面相对于基准的垂直度误差 此方法适用于测量大型零件
3	面对线 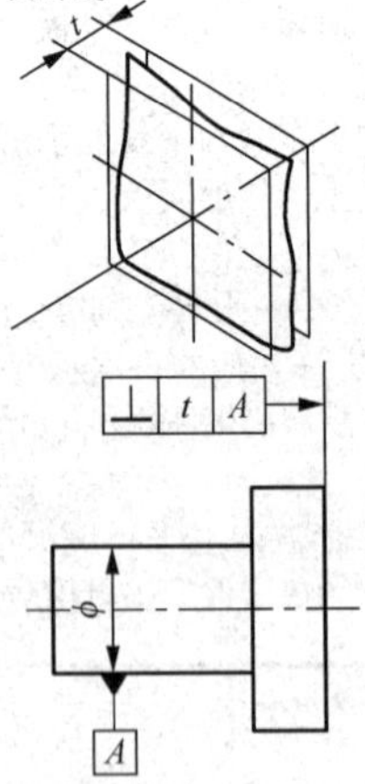 ⊥ | t | A A	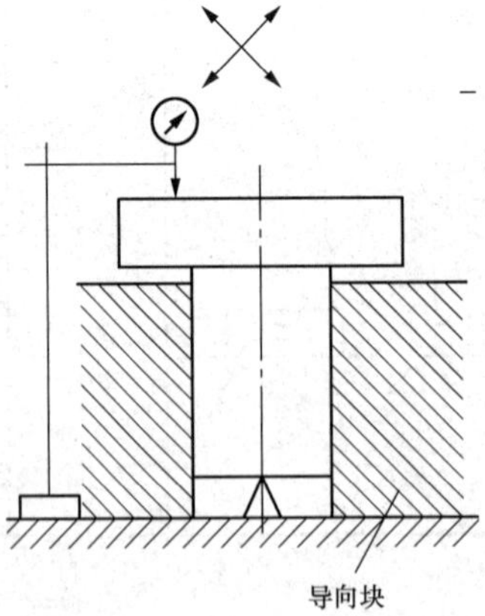 导向块	平板，导向块，固定支承，带指示计的测量架	将被测零件放置在导向块内(基准轴线由导向块模拟)，然后测量整个被测表面，并记录示值。取最大示值差作为该零件的垂直度误差

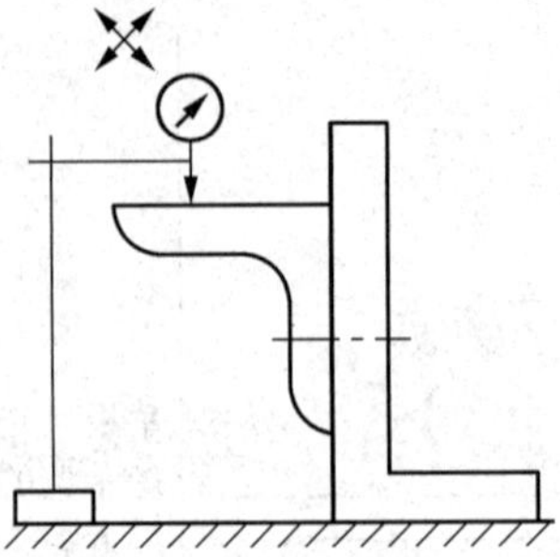

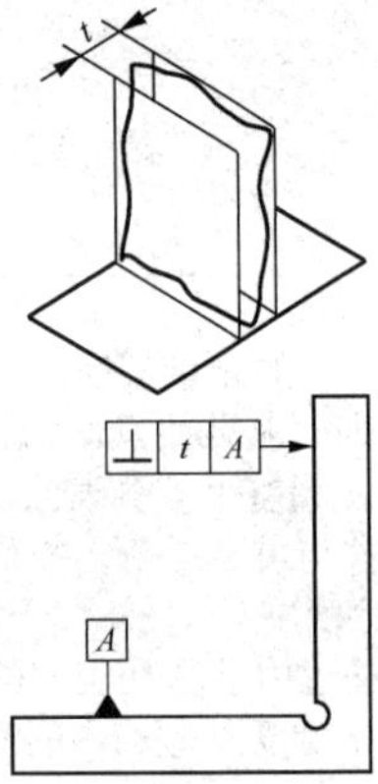

(9) 倾斜度误差的检测(见表 4-28)

表 4-28　倾斜度误差的检测

序号	公差带与应用示例	检测方法	设备	检测方法说明
1	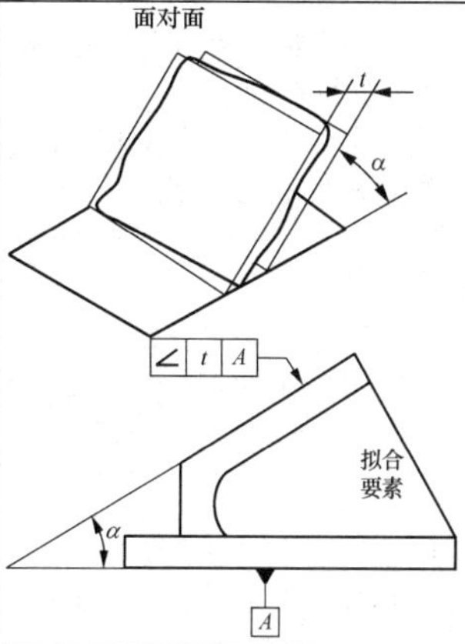 面对面	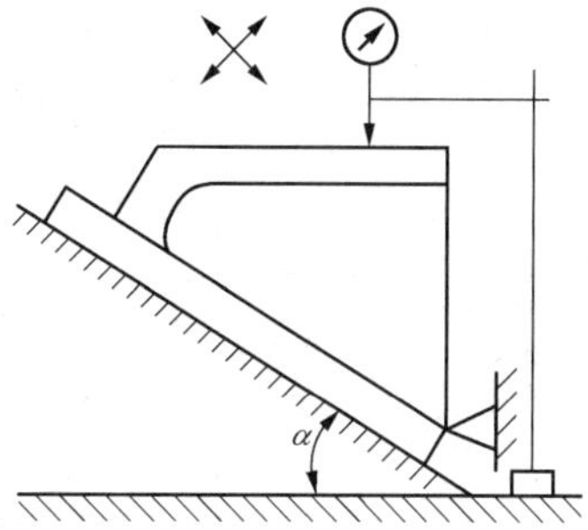	平板,定角座,固定支承,带指示计的测量架	将被测零件放置在定角座上 　调整被测件,使指示计在整个被测表面的示值差为最小值 　取指示计的最大与最小示值之差作为该零件的倾斜度误差 　定角座可用正弦尺(或精密转台)代替
2	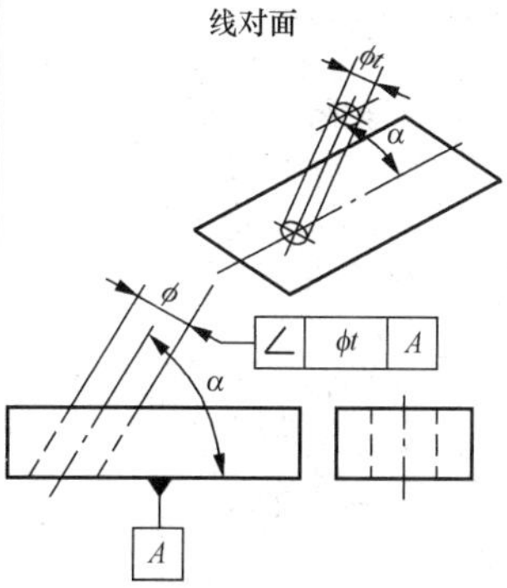 线对面	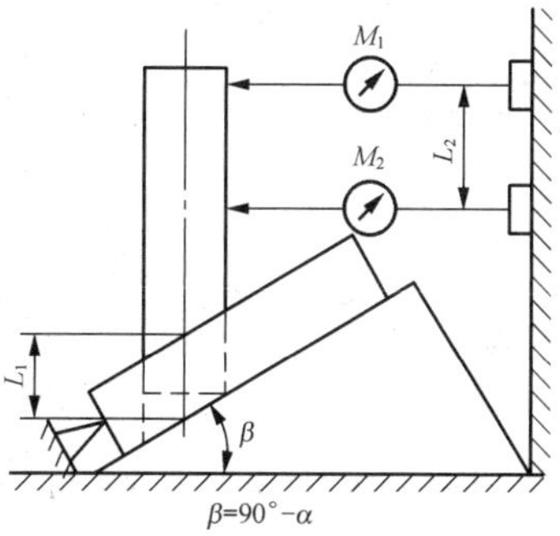 $\beta=90°-\alpha$	平板,直角座,定角垫块,固定支承,心轴,带指示计的测量架	被测轴线由心轴模拟 　调整被测零件,使指示计示值 M_1 为最大(距离最小) 　在测量距离为 L_2 的两个位置上测得示值分别为 M_1 和 M_2 　倾斜度误差为 $f=(L_1/L_2)|M_1-M_2|$ 　测量时应选用可胀式(或与孔成无间隙配合的)心轴,若选用 L_2 等于 L_1,则示值差即为该零件的倾斜度误差 　定角垫块可用正弦尺(或精密转台)代替
3	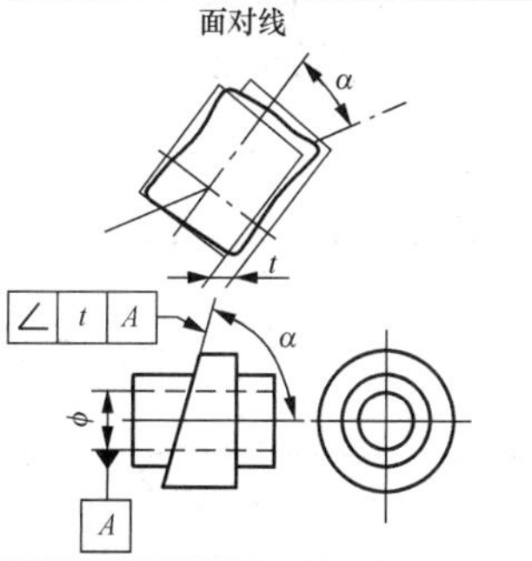 面对线	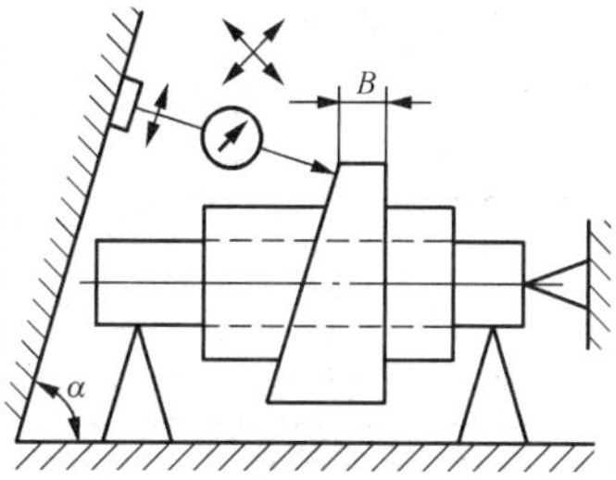	平板,定角座,等高支承,心轴,带指示计的测量架	基准轴线由心轴模拟 　转动被测零件使其最小长度 B 的位置处在顶部 　测量整个被测表面与定角座之间各点的距离,取指示计最大与最小示值之差作为该零件的倾斜度误差 　测量时,应选用可胀式(或与孔成无间隙配合的)心轴

(10) 同轴度误差的检测(见表 4-29)

表 4-29　同轴度误差的检测

序号	公差带与应用示例	检测方法	设备	检测方法说明
1	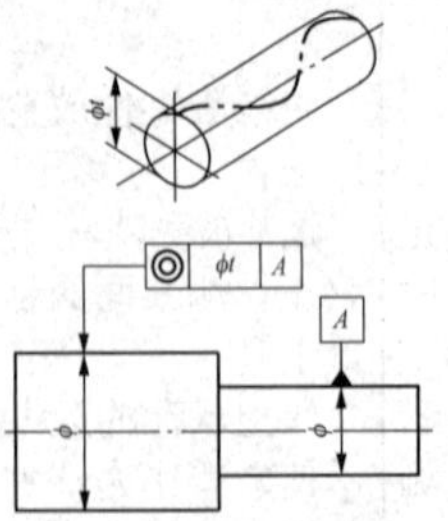	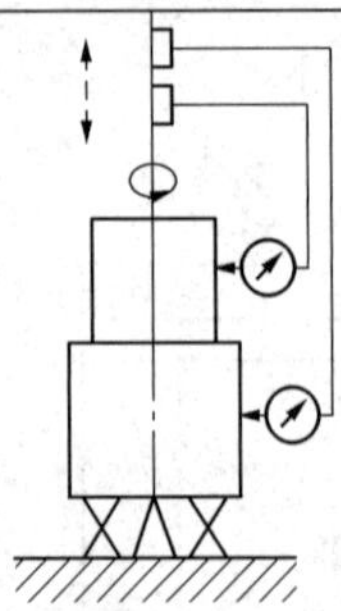	圆度仪(或其他类似仪器)	调整被测零件,使其基准轴线与仪器主轴的回转轴线同轴 　在被测零件的基准要素和被测要素上测量若干截面并记录轮廓图形 　根据图形按定义求出该零件的同轴度误差 　按照零件的功能要求也可对轴类零件用最小外接圆柱面(对孔类零件用最大内接圆柱面)的轴线求出同轴度误差
2	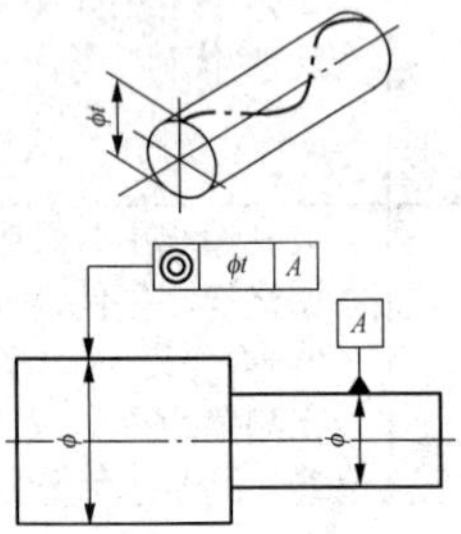	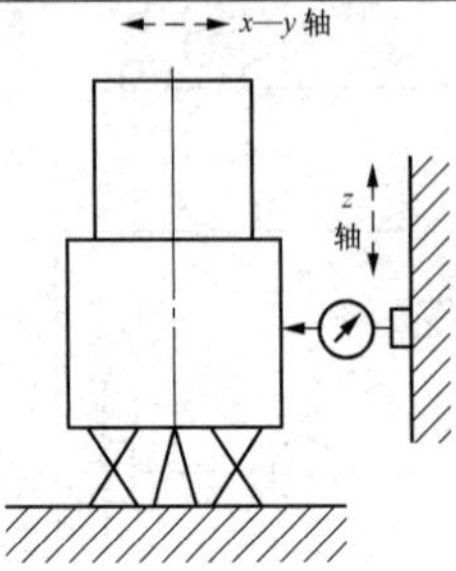	三坐标测量装置	将被测零件放置在工作台上,调整被测零件使其基准轴线平行于z轴 　在被测部位上测量若干横截面并在每个截面上测取实际轮廓在x和y方向的4个点的坐标,及各截面之间的距离 　根据各截面与其各对应点的坐标的相互关系用计算法(或作图法)求得外接(或内接)圆柱面轴线与基准轴线之间的最大距离的两倍作为该零件的同轴度误差
3	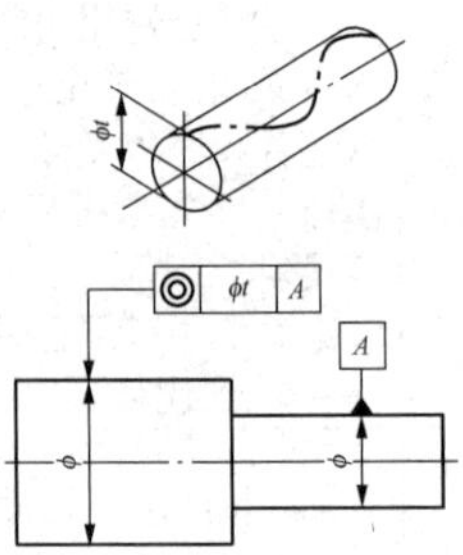	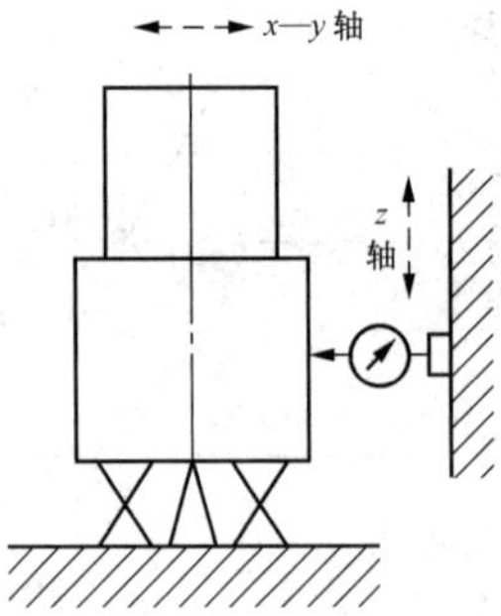		注:在确定外接(或内接)圆柱面时应使该圆柱面在径向两端的动程 α 相等,见下图 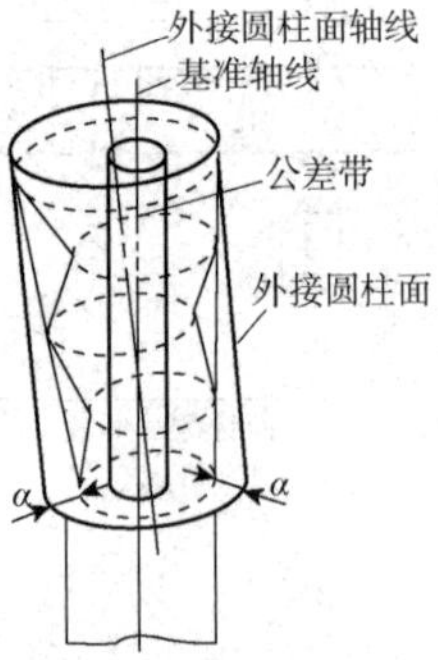

(11) 对称度误差的检测(见表 4-30)

表 4-30　对称度误差的检测

序号	公差带与应用示例	检测方法	设备	检测方法说明
1	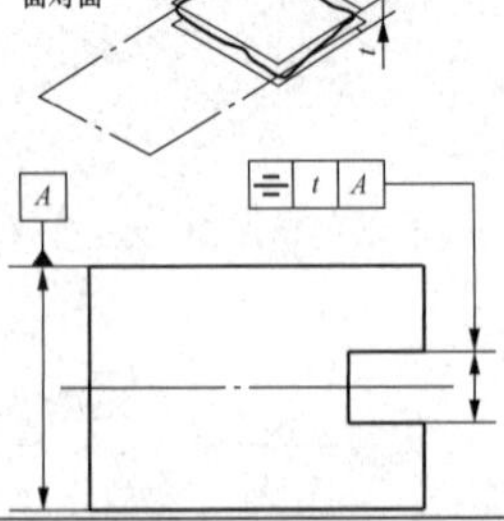	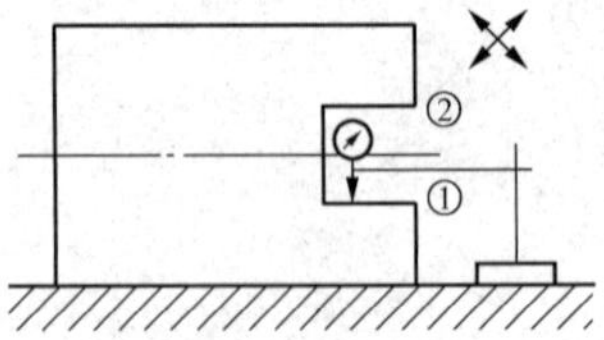	平板,带指示计的测量架	将被测零件放置在平板上 ① 测量被测表面与平板之间的距离 ② 将被测件翻转后,测量另一被测表面与平板之间的距离 取测量截面内对应两测点最大差值作为对称度误差

(续表)

序号	公差带与应用示例	检测方法	设备	检测方法说明
2			平板,定位块,带指示计的测量架	将被测零件放置在两块平板之间,并用定位块模拟被测中心面。在被测零件的两侧分别测出定位块与上、下平板之间的距离 a_1 和 a_2。 对称度误差: $f=\left\|a_1-a_2\right\|_{\max}$ 当定位块的长度大于被测要素的长度时,误差值应按比例折算 此方法适用于测量大型零件
3			平板,V 形块,定位块,带指示计的测量架	基准轴线由 V 形块模拟,被测中心平面由定位块模拟,调整被测零件,使定位块沿径向与平板平行。在键槽长度两端的径向截面内测量定位块至平板的距离。再将被测零件旋转180°后重复上述测量,得到两径向测量截面内的距离差之半 Δ_1 和 Δ_2,对称度误差按下式计算: $$f=\frac{2\Delta_2 h+d(\Delta_1-\Delta_2)}{d-h}$$ 式中,d——轴的直径; 　　　h——键槽深度。 注:以绝对值大者为 Δ_1,小者为 Δ_2

(12) 位置度误差的检测(见表 4-31)

表 4-31　位置度误差的检测

序号	公差带与应用示例	检测方法	设备	检测方法说明
1			标准零件,测量钢球,回转定心夹头,平板,带指示计的测量架	被测件由回转定心夹头定位,选择适当直径的钢球,放置在被测零件的球面内,以钢球球心模拟被测球面的中心 在被测零件回转一周的过程中,径向指示计最大示值差之半为相对基准轴线 A 的径向误差 f_x,垂直方向指示计直接读取相对于基准 B 的轴向误差 f_y。该指示计应先按标准零件调零 被测点位置度误差为 $$f=2\sqrt{f_x^2+f_y^2}$$

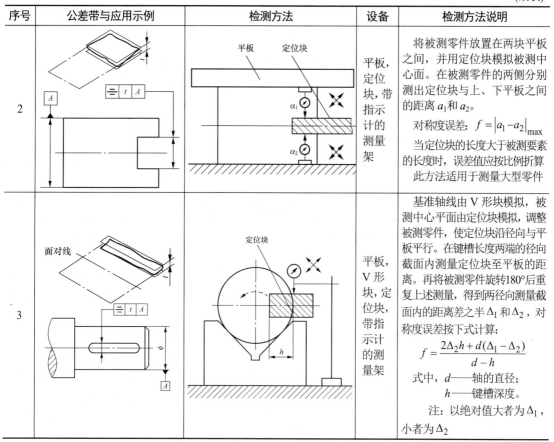

公差配合与测量技术

(续表)

序号	公差带与应用示例	检测方法	设备	检测方法说明
2	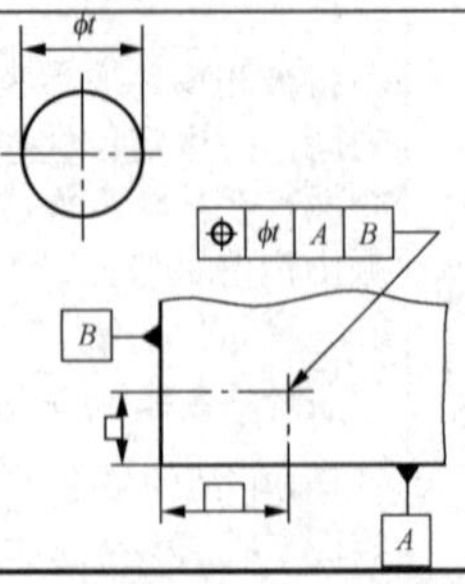	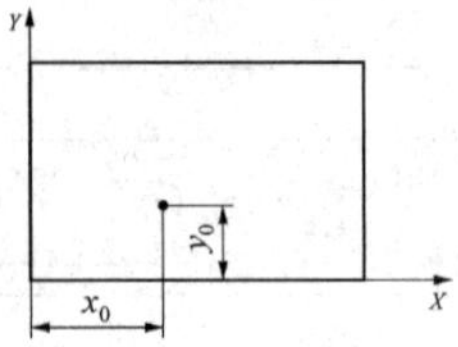	坐标测量装置	按基准调整被测零件，使其与测量装置的坐标方向一致 将测出的被测点的坐标值 x_0、y_0 分别与相应的理论正确尺寸比较，得出差值 f_x 和 f_y 位置度误差为 $f = 2\sqrt{f_x^2 + f_y^2}$

(13) 圆跳动误差的检测(见表 4-32)

表 4-32　圆跳动误差的检测

序号	公差带与应用示例	检测方法	设备	检测方法说明
1	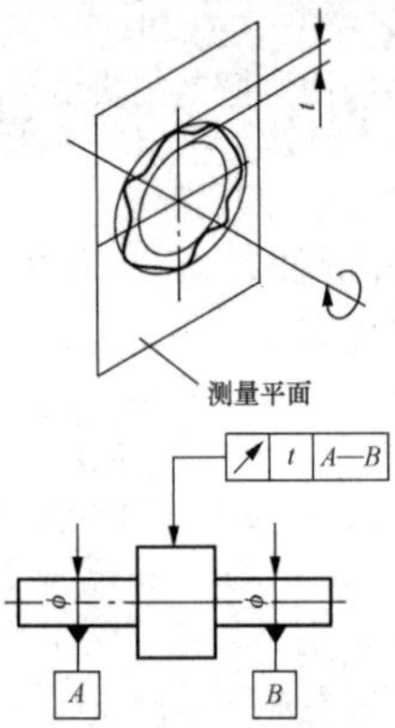 测量平面 $\boxed{\nearrow}\ t\ \boxed{A—B}$	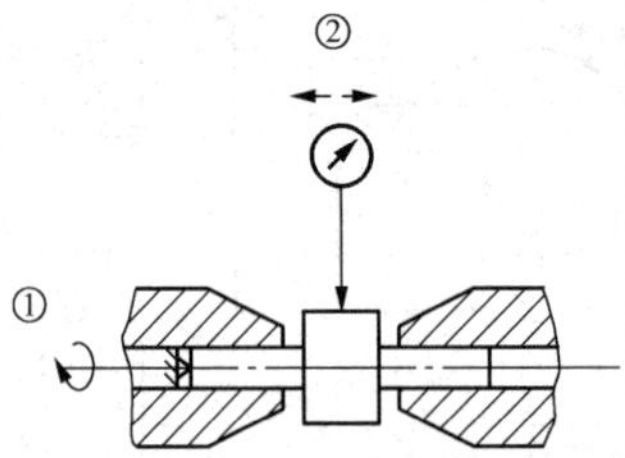 ①②	一对同轴圆柱导向套筒，带指示计的测量架	将被测零件支承在两个同轴圆柱导向套筒内，并在轴向定位 ① 在被测件回转一周过程中指示计示值最大差值即为单个测量平面上的径向圆跳动 ② 按上述方法测量若干个截面。取各截面上测得的跳动量中的最大值，作为该零件的径向圆跳动 此方法在满足功能要求，即基准要素与两个同轴轴承相配时，是一种有用方法，但是具有一定直径(最小外接圆柱面)的同轴导向套筒通常不易获得
2	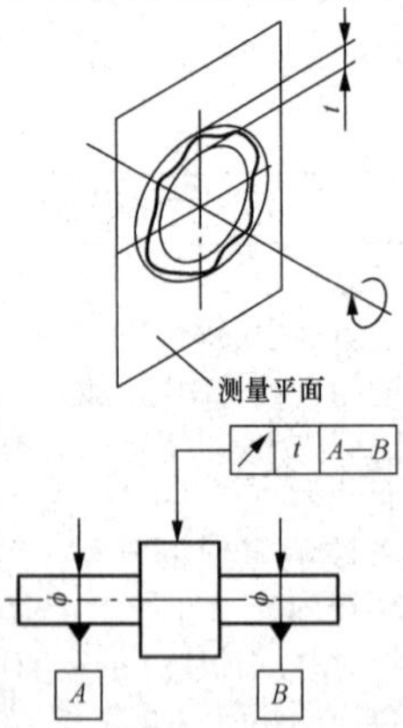 测量平面 $\boxed{\nearrow}\ t\ \boxed{A—B}$	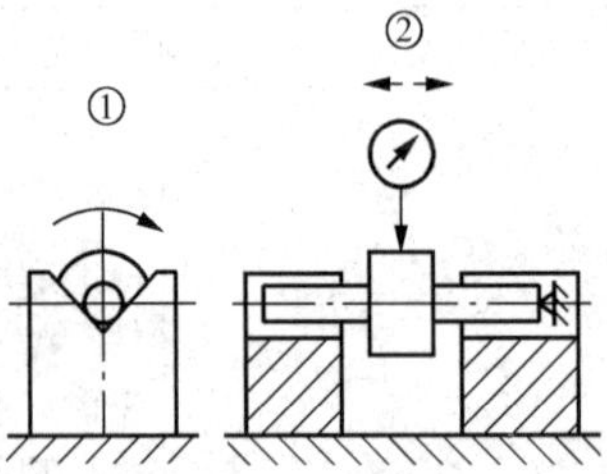 ①②	平板，V形架，带指示计的测量架	基准轴线由 V 形架模拟，被测零件支承在 V 形架上，并在轴向定位 ① 在被测件回转一周过程中指示计示值最大值即为单个测量平面上的径向圆跳动 ② 按上述方法测量若干个截面，取各截面上测得的跳动量中的最大值作为该零件的径向圆跳动 该测量方法受 V 形架角度和基准要素形状误差的综合影响

(14) 全跳动误差的检测(见表 4-33)

表 4-33　全跳动误差的检测

序号	公差带与应用示例	检测方法	设备	检测方法说明
1			一对同轴导向套筒，平板，支承，带指示计的测量架	将被测零件固定在两同轴导向套筒内，同时在轴向上固定并调整该对套筒，使其同轴并与平板平行 在被测件连续回转过程中，同时让指示计沿基准轴线的方向作直线运动 在整个测量过程中的指示计示值最大差值即为该零件的端面全跳动 基准轴线也可以用一对 V 形块或一对顶尖的简单方法来体现
2			导向套筒，平板，支承，带指示计的测量架	将被测零件支承在导向套筒内，并在轴向上固定。导向套筒的轴线应与平板垂直 在被测零件连续回转过程中，指示计沿其径向作直线移动 在整个测量过程中的指示计示值最大差值即为该零件的端面全跳动 基准轴线也可以用 V 形块等简单方法来体现

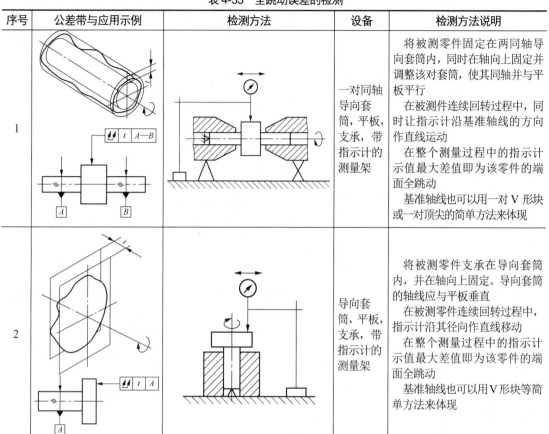

实践练习：圆跳动误差检测

一、实验目的

(1) 掌握径向和轴向圆跳动的测量方法。

(2) 加深对径向和轴向圆跳动定义的理解。

(3) 掌握径向和轴向圆跳动的评定方法。

二、实验设备

　　本实验采用跳动检查仪和指示表进行径向和轴向圆跳动误差的测量。跳动检查仪的外形如图 4-73 所示，它主要由底座 1 和顶尖座 2 组成。

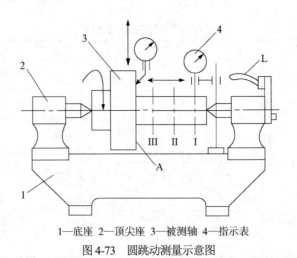

1—底座 2—顶尖座 3—被测轴 4—指示表

图4-73 圆跳动测量示意图

三、实验原理

测量时，将工件安装在跳动检查仪的两顶尖间，如图4-73所示，公共基准轴线由两顶尖模拟。将指示表与被测部位接触，工件转动一圈，指示表所摆动的范围即为径向或轴向圆跳动。测量圆柱面上各点到基准轴线的距离，取各点距离中最大差值作为径向圆跳动误差；测量右端面上某一圆周上各点至垂直于基准轴线的平面之间的距离，取各点距离的最大差值作为轴向圆跳动误差。

四、实验步骤

1. 径向圆跳动的测量

(1) 将零件擦净，置于偏摆仪两顶尖之间(带孔零件要装在心轴上)，使零件转动自如，但不允许轴向串动，然后固紧二顶尖座，当需要卸下零件时，一手扶零件，一手向下按手把 L 即取下零件。

(2) 将百分表装在表架上，使表杆通过零件轴心线，并与轴心线大至垂直，测头与零件表面接触，并压约缩1～2圈后紧固表架。

(3) 转动被测件一周，记下百分表读数的最大值和最小值，该最大值与最小值之差，为 I—I 截面的径向圆跳动误差值。

(4) 测量应在轴向的三个截面上进行)，取三个截面中圆跳动误差的最大值，为该零件的径向圆跳动误差。

2. 轴向圆跳动的测量

(1) 将杠杆百分表夹持在偏摆检查仪的表架上，缓慢移动表架，使杠杆百分表的测量头与被测端面接触，并预压0.4mm测杆的正确位置。

(2) 转动工件一周，记下百分表读数的最大值和最小值，该最大值与最小值之差，即为直径处的轴向圆跳动误差。

(3) 在被测端面上均匀分布的3个直径处测量，取其3个中的最大值为该零件轴向圆跳动误差。

五、注意事项

(1) 在测量跳动过程中，尽可能使工件的转动速度保持稳定。

(2) 在测头与零件表面接触时，使百分表指针预压 1～2 圈后紧固表架。

习　　题

一、填空题

1. 几何公差带的四要素是指几何公差带的＿＿＿、＿＿＿＿ 、＿＿＿＿、和＿＿＿＿。

2. 基准有单一基准、公共基准和＿＿＿＿三种。

3. 独立原则是几何公差和尺寸公差＿＿＿＿的公差原则。

4. 被测要素可分为单一要素和关联要素。＿＿＿＿要素只能给出形状公差要求；＿＿＿＿要素可以给出位置公差要求。

5. 几何公差带的位置分为＿＿＿＿和＿＿＿＿两种。在几何公差项目中，同轴度、对称度和位置度的公差带位置是＿＿＿＿的。

6. 径向圆跳动公差带与圆度公差带在形状方面＿＿＿＿，但前者公差带圆心的位置是＿＿＿＿而后者公差带圆心的位置是＿＿＿＿。

7. 图样上规定键槽对轴的对称度公差为 0.05mm，则该键槽中心偏离轴的轴线距离不得大于＿＿＿＿mm。

8. 公差原则就是处理＿＿＿＿和＿＿＿＿关系的规定，公差原则分＿＿＿＿和＿＿＿＿两大类。

9. 体外作用尺寸的特点表示该尺寸的＿＿＿处于零件的＿＿＿＿；而体内作用尺寸的特点表示尺寸的＿＿＿＿处于零件的＿＿＿＿。

10. 最小实体尺寸对于孔来讲等于其＿＿＿＿极限尺寸，对于轴来讲等于其＿＿＿＿极限尺寸。

11. 最大实体实效状态是指在给定长度上,实际要素处于＿＿＿＿且其中心要素的形状或位置误差等于＿＿＿＿时的＿＿＿＿状态。

12. 对于实际的内表面来说，其边界相当于一个理想的＿＿＿＿；对于实际的外表面来说，其边界相当于一个理想的＿＿＿＿。

13. 包容要求应遵守的边界为＿＿＿＿，它适用于＿＿＿＿，且用于机器零件上配合性质要求＿＿＿＿的配合表面。

二、判断题

1. 在机械制造中，零件的形状和位置误差是不可避免的。　　　　　　　　　（　　）

2. 由加工形成的在零件上实际存在的要素即为被测要素。　　　　　　　　（　　）

3. 几何公差带的大小是指公差带的宽度、直径或半径差的大小。　　　　　（　　）

4. 由于形状公差带的方向和位置均是浮动的，因而确定形状公差的因素只有两个，即形状和大小。　　　　　　　　　　　　　　　　　　　　　　　　　　　　（　　）

5. 几何公差带的形状与被测要素的几何特征有关，只要被测要素的几何特征相同，则公差带的形状必然相同。　　　　　　　　　　　　　　　　　　　　　　　　（　　）

6. 平面和几何特性要比直线复杂，因而平面度公差的公差带形状要比直线度公差的公差带形状复杂。　　　　　　　　　　　　　　　　　　　　　　　　　　　（　　）

7. 平面度公差可以用来控制平面上直线的直线度公差。   （   ）

8. 圆度公差的公差带是两同心圆之间的区域,此两同心圆的圆心必须在被测要素的理想轴线上。   （   ）

9. 圆度公差带是指半径为公差值 t 的圆内的区域。   （   ）

10. 和圆度公差一样,圆柱度公差的被测要素也可以是圆柱面或圆锥面。   （   ）

11. 若几何公差框格中基准代号的字母标注为 A-B,则表示此几何公差有两个基准。 （   ）

12. 当使用组合基准要素时,应在框格第 3～5 中分别填写相应的基准字母。   （   ）

13. 定向公差中,给定一个方向和任意方向在标注上的主要区别是:为任意方向时,必须在公差数值前写上表示直径的符号"ϕ"。   （   ）

14. 定向公差属于位置公差,因而其公差带的方向和位置均是固定的。   （   ）

15. 同轴度公差和对称度公差的被测要素和基准要素,可以是轮廓要素,也可以是中心要素。
                                                                              （   ）

16. 圆跳动和全跳动的划分是按被测要素的大小而定的,当被测要素面积较大时为全跳动,反之为圆跳动。   （   ）

17. 对于某一确定的孔,其体外作用尺寸大于其实际尺寸;对于某一确定的轴,其体外作用尺寸小于其实际尺寸。   （   ）

18. 采用独立原则后,零件的尺寸公差和几何公差应分别满足,不能相互补偿,因而是精度要求比较高的场合。   （   ）

三、选择题

1. 零件上的被测要素可以是(   )。
   A. 理想要素和实际要素   B. 理想要素和组成要素
   C. 组成要素和导出要素   D. 导出要素和理想要素

2. 关于被测要素,下列说法中错误的是(   )。
   A. 零件给出了几何公差要求的要素称为被要素
   B. 被测要素按功能关系可分为单一要素和关联要素
   C. 被测要素只能是轮廓要素而不是中心要素
   D. 被测要素只能是实际要素

3. 形状和位置公差带是指限制实际要素变动的(   )。
   A. 范围   B. 大小   C. 位置   D. 区域

4. 形状公差带(   )。
   A. 方向和位置均是固定的   B. 方向浮动,位置固定
   C. 方向固定,位置浮动   D. 方向和位置一般是浮动的

5. 以下几何公差项目中属于形状公差的是(   )。
   A. 圆柱度   B. 平行度   C. 同轴度   D. 圆跳动

6. 孔和轴的轴线的直线度公差带形状一般是(   )。
   A. 两平行直线   B. 圆柱面   C. 一组平行平面   D. 两组平行平面

7. 几何公差的基准代号中字母(   )。
   A. 按垂直方向书写
   B. 按水平方向书写

C. 书写的方向应和基准符号的方向一致

D. 按任一方向书写均可

8. 在倾斜度公差中，公差带的方向是固定的，确定公差带方向的因素是(　　)。

A. 被测要素的形状　　　　　　　　　B. 基准要素的形状

C. 被测要素的理论正确尺寸　　　　　D. 基准和理论正确角度

9. 下列几何公差项目中属于位置公差的是(　　)。

A. 圆柱度　　　　B. 同轴度　　　　C. 端面全跳动　　　　D. 垂直度

10. 下列公差带形状相同的有(　　)。

A. 轴线的直线度与平面度　　　　　　B. 圆度与径向圆跳动

C. 线对面的平行度与轴线的位置度　　D. 同轴度与对称度

11. 孔的最大实体尺寸等于(　　)。

A. 孔的上极限尺寸　　　　　　　　　B. 孔的下极限尺寸

C. 孔的公称尺寸　　　　　　　　　　D. 孔的实际尺寸

12. 最大实体实效边界为(　　)。

A. MMVB　　　　B. MMB　　　　C. MVB　　　　D. MB

13. 包容要求遵守的边界是(　　)。

A.最大实体边界　　　　　　　　　　B. 最小实体边界

C. 最大实体实效边界　　　　　　　　D. 最小实体实效边界

14. 最大实体要求的边界是(　　)。

A. 最大实体边界　　　　　　　　　　B. 最小实体边界

C. 最大实体实效边界　　　　　　　　D. 最小实体实效边界

15. 设计时几何公差数值选择的原则是(　　)。

A. 在满足零件功能要求的前提下选择最经济的公差值

B. 公差值越小越好，因为能更好地满足使用功能要求

C. 公差值越大越好，因为可降低加工的成本

D. 尽量多地采用几何未注公差

四、综合题

1. 说明图 4-74 中形状公差代号标注的含义(按形状公差读法及公差带含义分别说明)。

2. 按下列要求在图 4-75 上标出形状公差代号。

(1) $\phi50$ 圆柱面素线的直线度公差为 0.02mm。

(2) $\phi30$ 圆柱面的圆柱度公差为 0.05mm。

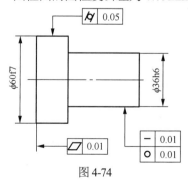

图 4-74

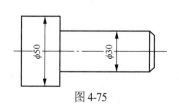

图 4-75

(3) 整个零件的轴线必须位于直径为 0.04 mm 的圆柱面内。

3. 将下列技术要求用代号标注在图 4-76 上。

(1) ϕ20d7 圆柱面任一素线的直线度公差为 0.05mm。

(2) 被测 ϕ40m7 轴线相对于 ϕ20d7 轴线的同轴度公差为 ϕ0.01mm。

(3) 被测度 10H6 槽的两平行平面中任一平面对另一平面的平行度公差为 0.015mm。

(4) 10H6 槽的中心平面对 ϕ40m7 轴线的对称度公差为 0.01mm。

(5) ϕ20d7 圆柱面的轴线对 ϕ40m7 圆柱右肩面的垂直度公差为 ϕ0.02mm。

4. 说明图 4-77 中几何公差标注的含义。

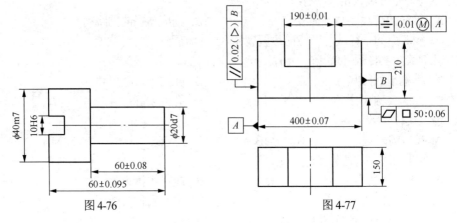

图 4-76   图 4-77

5. 改正图 4-78(a)、(b)中几何公差标注上的错误(不改变几何公差项目)。

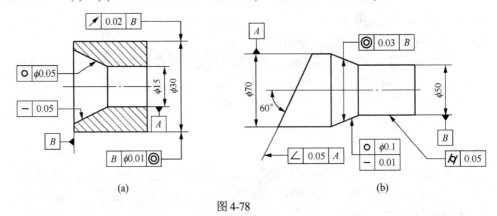

(a)   (b)

图 4-78

6. 如图 4-79 所示,试按要求填空并回答问题。

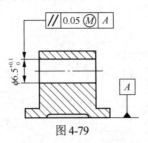

图 4-79

(1) 当孔处在最大实体状态时,孔的轴线对基准平面 A 的平行度公差为_____mm。

(2) 孔的局部实际尺寸必须在_____mm 至_____mm 之间。

(3) 孔的直径均为最小实体尺寸 ϕ6.6mm 时，孔轴线对基准 A 的平行度公差为_____mm。

(4) 一实际孔，测得其孔径为 ϕ6.55mm，孔轴线对基准 A 的平行度误差为 0.12mm。问该孔是否合格？_____。

(5) 孔的实效尺寸为_____ mm。

7. 将下列各项几何公差要求标注在图 4-80 上。

(1) 左端面的平面度公差值为 0.01mm。

(2) 右端面对左端面的平行度公差值为 0.04mm。

(3) ϕ70H7 孔遵守包容要求，其轴线对左端面的垂直度公差值为 ϕ0.02mm。

(4) ϕ210h7 圆柱面对 ϕ70H7 孔的同轴度公差值为 ϕ0.03mm。

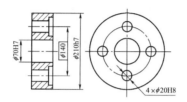

图 4-80

(5) 4×ϕ20H8 孔的轴线对左端面(第一基准)和 ϕ70H7 孔的轴线的位置度公差值为 ϕ0.15mm，要求均布在理论正确尺寸 ϕ140mm 的圆周上。

8. 将下列各项几何公差要求标注在图 4-81 上。

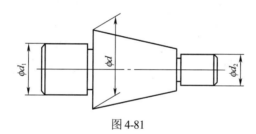

图 4-81

(1) ϕd 圆锥的左端面对 ϕd$_1$ 轴线的端面圆跳动公差为 0.02mm。

(2) ϕd 圆锥面对 ϕd$_1$ 轴线的斜向圆跳动公差为 0.02mm。

(3) ϕd$_2$ 圆柱面轴线对 ϕd 圆锥左端面的垂直度公差值为 ϕ0.015mm。

(4) ϕd$_2$ 圆柱面轴线对 ϕd$_1$ 圆柱面轴线的同轴度公差值为 0.03mm。

(5) ϕd 圆锥面的任意横截面的圆度公差值为 0.006mm。

9. 试分别改正如图 4-82 所示的 6 个图样上几何公差标注的错误(几何公差的项目不允许变更)。

10. 试对图 4-83 中的标注内容进行分析，并按要求将有关内容填入表 4-34 中。

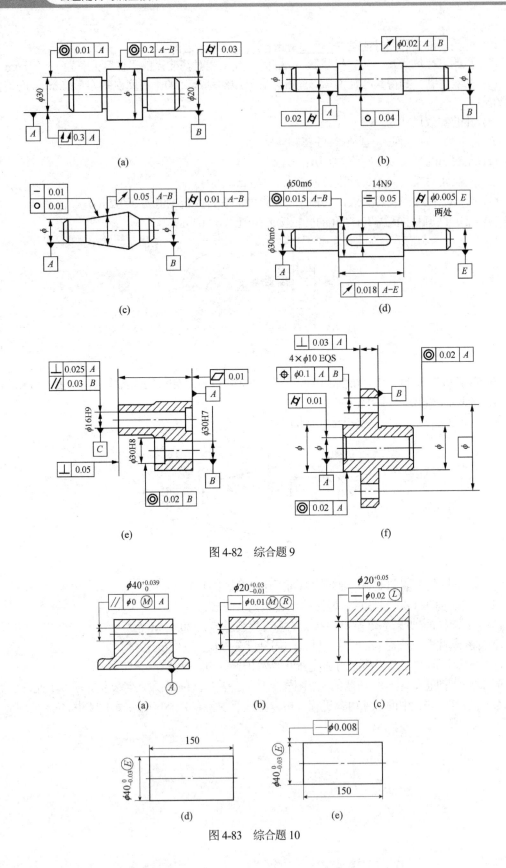

图 4-82　综合题 9

图 4-83　综合题 10

表 4-34　图 4-83 标注内容分析

图号	最大实体尺寸	最小实体尺寸	几何公差的给定值	几何公差的最大允许值	遵守的边界名称	边界的尺度	合格条件
(a)							
(b)							
(c)							
(d)							
(e)							

11. 根据下列各项几何公差要求，在图 4-84 的几何公差框格中填上正确的几何公差项目符号、数值及基准字母。

(1) ϕ60mm 圆柱面的轴线对 ϕ40mm 圆柱面的轴线的同轴度为 ϕ0.05mm，且如有同轴度误差，则只允许从右向左逐渐减小。

(2) ϕ60 mm 圆柱面的圆度为 0.03 mm，ϕ60 mm 圆柱面对 ϕ40 mm 圆柱面的轴线的径向全跳动为 0.06 mm。

(3) 键槽两工作平面的中心平面对通过 ϕ40 轴线的中心平面的对称度为 0.05 mm。

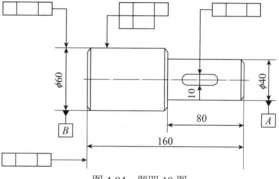

图 4-84　题四-18 图

(4) 零件的左端面对 ϕ60 mm 圆柱轴线的垂直度为 0.05 mm，且如有垂直度误差，则只允许中间向材料内凹下。

12. 根据图 4-85 中各图所标注的几何公差，填写表 4-35 的各项内容。

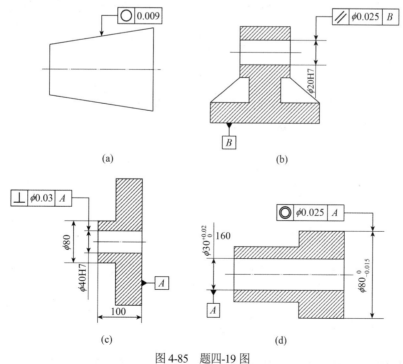

图 4-85　题四-19 图

表4-35　图4-85标注内容分析

序号	几何公差项目符号	几何公差项目名称	被测要素	基准要素	公差带形状和大小
a					
b					
c					
d					

13. 试分别指出图4-86中标注的错误(在错误的地方打×),并在下边的图样中进行正确标注(不得改变公差项目及被测要素)。

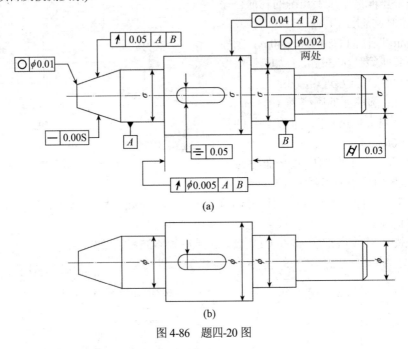

图4-86　题四-20 图

14. 试将下列各项几何公差要求标注在图4-87 所示的图样上。

(1) 圆锥面 A 的圆度为 0.006 mm,素线的直线度为 0.005 mm,圆锥面 A 轴线对 ϕd 轴线的同轴度为 ϕ0.015 mm。

(2) ϕd 圆柱面的圆柱度为 0.009 mm, ϕd 轴线的直线度为 0.012 mm。

(3) 右端面 B 对 ϕd 轴线的圆跳动为 0.01 mm。

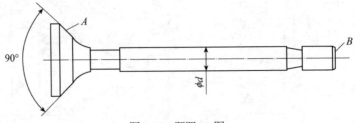

图4-87　题四-21 图

15. 现切削加工一根轴,把下列几何公差要求标注在图4-88上。

(1) $\phi56r6$ 轴线对两个 $\phi52k6$ 公共轴线的同轴度公差为 $\phi0.03mm$。

(2) 键槽 16N9 的中心平面对其所在轴颈的轴线的对称度公差为 0.02mm。

(3) 对 $\phi56r6$ 轴、两个 $\phi52k6$ 轴应用包容要求。

(4) 右边 $\phi52k6$ 轴肩表面对两个 $\phi52k6$ 公共轴线的轴向圆跳动公差为 0.02mm。

(5) 两个 $\phi52k6$ 圆柱面的圆柱度公差均为 0.01mm。

(6) 右边圆锥面对两个 $\phi52k6$ 公共轴线的斜向圆跳动公差为 0.05mm。

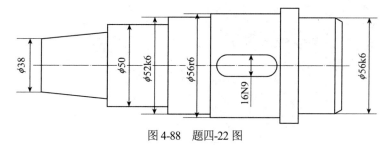

图 4-88　题四-22 图

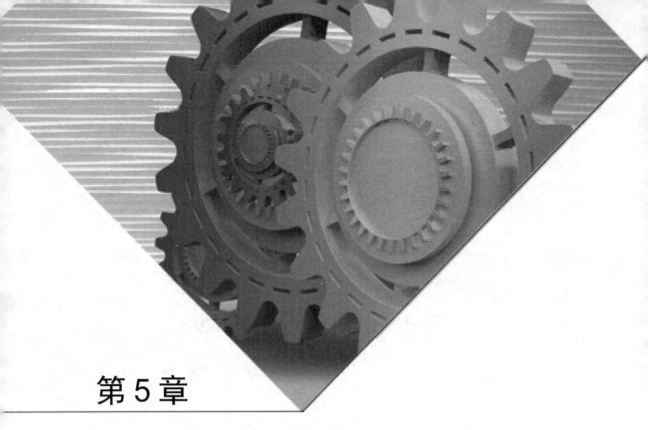

第 5 章

表面粗糙度及检测

◇ **学习重点**

1. 表面粗糙度的评定。

2. 评定参数的选择和表面粗糙度的标注。

3. 表面粗糙度的测量。

◇ **学习难点**

表面粗糙度的评定和参数的选择。

◇ **学习目标**

1. 了解表面粗糙度的概念及其对零件使用性能的影响。

2. 掌握表面粗糙度评定参数的含义及应用场合。

3. 掌握表面粗糙度的标注方法。

4. 了解表面粗糙度参数的选用方法。

5. 了解表面粗糙度的测量方法及测量原理。

5.1　概　述

5.1.1　表面粗糙度的基本概念

经过机械加工或其他加工方法获得的零件，由于加工过程中的塑性变形、工艺系统的高频振动以及刀具与零件在加工表面的摩擦等因素影响，会在表面留下高低不平的切削痕迹，即几何形状误差。几何形状误差包括零件表面几何形状误差(宏观几何形状误差)、表面粗糙度(微观几何形状误差)和表面波纹度。

表面粗糙度是指加工表面上具有由较小间距和峰谷所组成的微观几何形状特性，它是一种微观几何形状误差，也称为微观不平度，如图 5-1 所示。

表面粗糙度反映的是实际零件表面几何形状误差的微观特征，而形状误差表述的则是零件几何要素的宏观特征，介于两者之间的是表面波纹度。

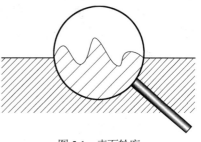

图 5-1　表面轮廓

特别提示

如图 5-2 所示，这 3 种误差通常以一定的波距 λ 和波高 h 之比来划分，比值小于 40 时属于表面粗糙度；比值在 40～1000 时属于表面波纹度；一般 λ/h 比值大于 1000 时为形状误差。

按波距来划分时，波距 $\lambda \leqslant 1\text{mm}$ 的属于表面粗糙度；波距 λ 为 1～10mm 的属于表面波纹度；波距 λ 大于 10mm 的属于形状误差。

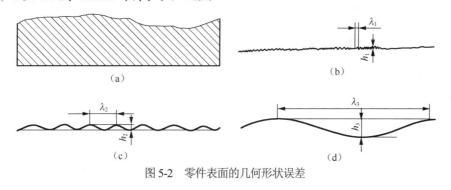

图 5-2　零件表面的几何形状误差

5.1.2　表面粗糙度对零件使用性能的影响

1. 摩擦和磨损方面

表面粗糙的两个零件，当它们接触并有相互运动时，峰顶间的接触作用就会产生摩擦阻力，使零件磨损。表面越粗糙，摩擦系数就大，摩擦阻力也越大，零件配合面的磨损也会越加剧。

特别提示

需要指出的是，并不是零件表面越光滑越好。过于光滑的表面，不利于表面储存润滑油，这样容易使相互运动的表面间形成干摩擦或半干摩擦，也会使零件磨损加剧。因此，表面粗糙度等级选择要适当。

2. 配合性质方面

表面粗糙度影响配合性质的稳定性。对间隙配合，粗糙的表面会因峰尖很快磨损而使间隙逐渐加大；对过盈配合，则因装配表面的峰顶被挤平，使有效实际过盈减少，影响联结强度。

3. 疲劳强度方面

表面越粗糙，一般表面微观不平的凹痕就越深，交变应力作用下的应力集中就会越严重，越容易造成零件抗疲劳强度的降低，导致零件表面产生裂纹而失效。

4. 耐腐蚀性方面

粗糙的表面，腐蚀性气体或液体易于通过表面微观凹谷渗入到金属内层，造成表面腐蚀。

5. 接触刚度方面

表面越粗糙，表面间接触面积就越小，致使单位面积受力就增大，造成峰顶处的局部塑性变形加剧，接触刚度下降，影响机器工作精度和平稳性。

此外，表面粗糙度还影响结合面的密封性，影响产品的外观和表面涂层的质量等。

5.2 表面粗糙度的评定参数

5.2.1 有关表面粗糙度的术语及定义

测量和评定表面粗糙度时，应规定测量方向(实际轮廓)、取样长度、评定长度、轮廓滤波器的截止波长和中线。

1. 实际轮廓

实际轮廓是指平面与实际表面相交所得的轮廓，如图 5-3 所示。按相截方向不同，实际轮廓分为横向实际轮廓和纵向实际轮廓。横向实际轮廓是指垂直于表面加工纹理方向的平面与表面相

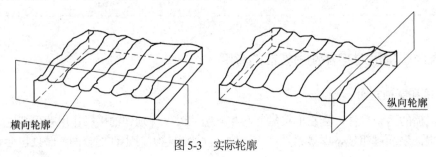

图 5-3 实际轮廓

交所得的实际轮廓线，纵向实际轮廓是指平行于表面加工纹理方向的平面与表面相交所得的实际轮廓线。在评定表面粗糙度时，通常是指横向实际轮廓，即与加工纹理方向垂直的轮廓，除非特别指明。

2. 取样长度

取样长度(l_r)是用于判别被评定轮廓的不规则特征的 x 轴方向上的长度，即具有表面粗糙度特征的一段基准线长度。x 轴的方向与轮廓总的走向一致，一般应包括 5 个以上的波峰和波谷，如图 5-4 所示。规定和限制这段长度是为了限制和减弱其他几何形状误差，特别是表面波度对表面粗糙度测量结果的影响。

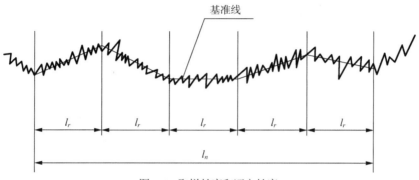

图 5-4　取样长度和评定长度

特别提示

标准规定取样长度按表面粗糙度程度选取相应的数值。一般表面越粗糙，取样长度就越大。

3. 评定长度

评定长度(l_n)是用于判别被评定轮廓的 x 轴方向上的长度。它可包括一个或几个取样长度，如图 5-4 所示。由于零件表面粗糙度不一定均匀，在一个取样长度上往往不能合理地反映该表面粗糙度的特性，因此要取几个连续取样长度，一般取 $l_n = 5l_r$。若被测表面比较均匀，可选 $l_n < 5l_r$；若被测表面均匀性差或测量精度要求高，可选 $l_n > 5l_r$。

4. 轮廓滤波器的截止波长

表面粗糙度、表面波纹度、零件表面宏观几何形状误差这 3 类表面几何形状误差总是同时存在，并叠加在同一表面轮廓上。可利用轮廓滤波器过滤掉其他的几何形状误差，来呈现所需的几何形状误差。轮廓滤波器是能将表面轮廓分离成长波成分和短波成分的滤波器，它们对应抑制的波长称为截止波长。长波滤波器是将大于其设定截止波长的部分过滤掉；短波滤波器是将小于其设定截止波长的部分过滤掉。

用触针式量仪测量表面粗糙度时，仪器的长波滤波器截止波长为 λ_c，可以从表面轮廓上抑制排除掉波长较大的波纹度轮廓；短波滤波器截止波长为 λ_s，可以从表面轮廓上抑制排除掉波长比粗糙度短的轮廓，经过两次滤波，结果只呈现粗糙度结构，方便测量和评定。评定时的传输带是指从短波截止波长至长波截止波长两个极限值之间的波长范围。这里长波滤波器的截止波长 λ_c 等

于取样长度 l_r，即 $\lambda_c = l_r$。

5. 轮廓中线

轮廓中线是具有几何轮廓形状并划分轮廓的基准线。它有轮廓的最小二乘中线和轮廓的算术平均中线两种。

(1) 轮廓的最小二乘中线

轮廓的最小二乘中线是指在取样长度内使轮廓线上的各点至该线的距离的二次方和最小，如图 5-5 所示，即 $\sum_{i=1}^{n} Z_i^2 = \min$。

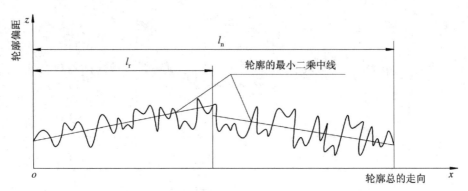

图 5-5　轮廓最小二乘中线示意图

轮廓偏距 z 是指在测量方向上，轮廓线上的点与基准线之间的距离，如图 5-6 所示。对实际轮廓来说，基准线和评定长度内轮廓总的走向之间的夹角 α 是很小的，故可认为轮廓偏距是垂直于基准线的。轮廓偏距有正、负之分：在基准线以上，这部分的 z 值为正；反之为负。

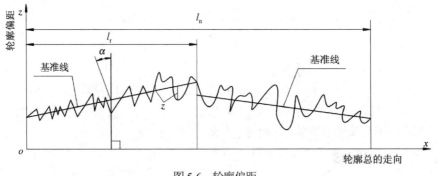

图 5-6　轮廓偏距

(2) 轮廓的算术平均中线

轮廓的算术平均中线是指在取样长度内划分实际轮廓为上、下两部分，且使两部分的面积相等的基准线。如图 5-7 所示，用公式表示为

$$\sum_{i=1}^{n} F_i = \sum_{i=1}^{n} F_i'$$

式中，F_i——轮廓峰面积；

　　　F_i'——轮廓谷面积。

最小二乘中线从理论上讲是理想的、唯一的基准线，但在轮廓图形上，确定最小二乘中线的位置比较困难，因此只用于精确测量。轮廓算术平均中线与最小二乘中线的差别很小，通常用图解法或目测法就可以确定，故实际应用中常用轮廓的算术平均中线代替最小二乘中线。当轮廓很不规则时，轮廓的算术平均中线不是唯一的。

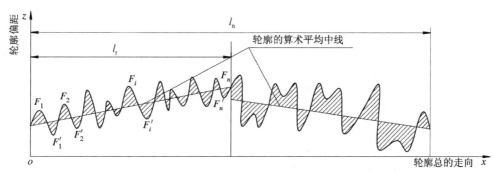

图 5-7　轮廓的算术平均中线

6. 轮廓峰顶线和轮廓谷底线

轮廓峰顶线是指在取样长度内，平行于基准线并通过轮廓最高点的线；轮廓谷底线是指在取样长度内，平行于基准线并通过轮廓最低点的线，如图 5-8 所示。

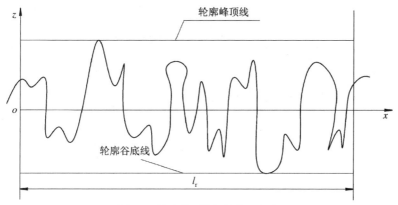

图 5-8　轮廓峰顶线与轮廓谷底线

5.2.2　表面粗糙度的评定参数

1. 幅度参数

(1) 轮廓算术平均偏差(R_a)

轮廓算术平均偏差是指在一个取样长度内，轮廓偏距 $z(x)$ 绝对值的算术平均值，如图 5-9 所示，用公式表示为

$$R_a = \frac{1}{l_r}\int_0^l \left|z_{(x)}\right|\mathrm{d}x$$

或近似为 $R_a = \dfrac{1}{n}\displaystyle\sum_{i=1}^{n}\left|z_{(x_i)}\right|$

式中：$z(x)$——轮廓偏距；

　　　$z(x_i)$——第 i 点轮廓偏距(i=1, 2, 3,···, n)。

R_a 值的大小能客观反映零件被测表面的微观几何特征。R_a 数值越小，说明被测表面微小峰谷的幅值越小，表面越光滑；反之，R_a 越大，说明被测表面越粗糙。R_a 值是采用接触式电感轮廓仪测量得到的，受触针半径和仪器测量原理的限制，适用于 R_a 值有 0.025～6.3μm 的零件表面。

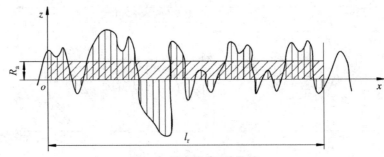

图 5-9　轮廓算术平均偏差

(2) 轮廓最大高度(R_z)

轮廓最大高度是指在取样长度内，轮廓峰顶线与轮廓谷底线之间的距离，如图 5-10 所示。

R_z 只能反映表面轮廓的最大高度，不能反映微观几何形状特征。R_z 常用于不允许有较深加工痕迹(如受交变应力)的表面，或因表面很小不宜采用 R_a 时的表面。

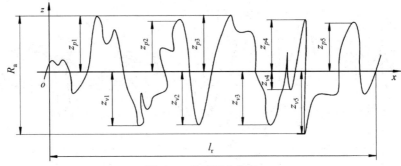

图 5-10　轮廓最大高度

特别提示

　　幅度参数 R_a 和 R_z 是标准规定必须标注的参数，故又称为基本参数。

2. 间距参数

新标准规定的轮廓间距参数只有一个评定项目，即轮廓单元的平均宽度(R_{sm})，它是指在取样长度内，轮廓单元宽度 X_s 的平均值，用公式表示为 $R_{sm} = \dfrac{1}{n}\sum\limits_{i=1}^{n}X_{si}$

式中，　X_{si}——第 i 个轮廓微观不平度的间距。

根据表面粗糙度的定义，除了反映幅值信息，还要反映波距信息。轮廓单元是指轮廓峰和轮廓谷的组合宽度。轮廓单元宽度 X_s 是指 x 轴线与轮廓单元相交线段的长度，如图 5-11 所示。

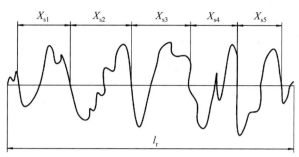

图 5-11　轮廓单元宽度

轮廓单元的平均宽度 R_{sm} 反映了表面加工痕迹的细密程度。其数值越小，说明在取样长度内轮廓峰数量越多，加工痕迹越细密；数值越大，说明在相同的取样长度内会出现较少的波峰和波谷，在波谷处出现裂纹和生锈腐蚀的几率较大，影响零件表面的抗裂纹和耐蚀性能。因此，当零件对抗裂纹、耐蚀、涂漆性能有要求时，适合采用轮廓单元的平均宽度 R_{sm} 来控制零件表面的使用性能要求。

3. 形状特性参数

轮廓支承长度率($R_{mr}(c)$)：在给定截面高度 c 上，轮廓的实体材料长度 $Ml(c)$ 与评定长度 l_n 的比率。

用公式表示为：

$$R_{mr}(c) = \frac{Ml(c)}{l_n} = \frac{\sum\limits_{i=1}^{n} b_i}{l_n}$$

轮廓的实体材料长度 $Ml(c)$，是指评定长度内，一平行于 x 轴的直线从峰顶线向下移一水平截距 c 时，与轮廓相截所得各段截线长度 b_i 之和。

$R_{mr}(c)$值是对应于不同水平截距 c 而给出的。水平截距 c 是从峰顶线开始计算的，它可用 μm 或 R_z 的百分数表示。如图 5-12 所示，给出 $R_{mr}(c)$参数时，必须同时给出轮廓水平截距 c 值。

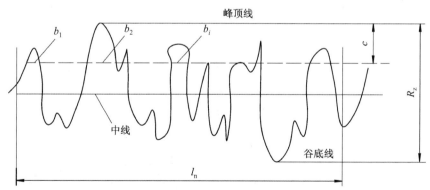

图 5-12　轮廓支承长度率

当零件表面对耐磨性有要求时，适合采用轮廓支承长度率来评价。

 特别提示

国家标准《产品几何技术规范(GPS)表面结构　轮廓法　术语、定义及表面结构参数》(GB/T 3505—2009)规定，幅度参数是基本评定参数，而间距和形状特性参数为附加评定参数。

4. 国标规定

国标规定采用中线制来评定表面粗糙度，粗糙度的评定参数一般从 R_a、R_z 中选取，参数值见表 5-1、表 5-2。表中的"基本系列值"应得到优先选用。

表 5-1　轮廓算术平均偏差 R_a 的数值(摘自 GB/T1031—2009)　　　　　单位：μm

基本系列	补充系列	基本系列	补充系列	基本系列	补充系列	基本系列	补充系列
	0.008						
	0.010						
0.012			0.125		1.25	12.5	
	0.016		0.160	1.6			16.0
	0.020	0.20			2.0		20
0.025			0.25		2.5	25	
	0.032		0.32	3.2			32
	0.040	0.40			4.0		40
0.050			0.05		5.0	50	
	0.063		0.63	6.3			63
	0.080	0.80			8.0		80
0.100			1.00		10.0	100	

表 5-2　轮廓的最大高度 R_z 的数值(摘自 GB／T1031—2009)　　　　　单位：μm

基本系列	补充系列	基本系列	补充系列	基本系列	补充系列	基本系列	补充系列	基本系列	补充系列	基本系列	补充系列
			0.125		1.25	12.5			125		1250
			0.160	1.60			16.0		160	1600	
		0.20			2.0		20	200			
0.025			0.25		2.5	25			250		
	0.032		0.32	3.2			32		320		
	0.040	0.40			4.0		40	400			
0.050			0.50		5.0	50			500		
	0.063		0.63	6.3			63		630		
	0.080	0.80			8.0		80	800			
0.100			1.00		10.0	100			1000		

5.3　表面粗糙度的标注

国家标准《产品几何技术规范(GPS)技术产品文件中表面结构的表示法》(GB/T 131—2006)对

表面粗糙度的符号、代号及其标注做了规定。

1. 表面粗糙度的图形符号、代号

(1) 表面粗糙度的基本图形符号和扩展图形符号。为了标注表面粗糙度轮廓各种不同的技术要求，《产品几何技术规范(GPS)技术产品文件中表面结构的表示法》(GB/T 131—2006)规定了一个基本图形符号，如图 5-13(a)所示；两个扩展图形符号，如图 5-13(b)、图 5-13(c)所示。

① 基本图形符号表示表面可用任何加工方法获得。由两条不等长的与表面成 60° 夹角的直线构成，如图 5-13(a)所示。

特点提示

基本图形符号仅用于简化代号标注，没有补充说明时，不能单独使用。

② 扩展图形符号表示指定表面是用去除材料的方法获得的。例如车、铣、钻、刨、磨、抛光、电火花加工、气割等方法。在基本图形符号上加一短横构成，如图 5-13(b)所示。

③ 扩展图形符号表示指定表面是用不去除材料的方法获得的。例如铸、锻、冲压、热轧、冷轧、粉末冶金等方法。在基本图形符号上加一圆圈构成，如图 5-13(c)所示。

(2) 表面粗糙度的完整图形符号。当要求标注表面粗糙度特征的补充信息时，应在图 5-13 所示图形符号的长边端部加一条横线，构成表面粗糙度的完整图形符号，如图 5-14 所示。

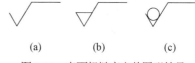

图 5-13　表面粗糙度基本图形符号与扩展图形符号　　　图 5-14　表面粗糙度完整图形符号

2. 表面粗糙度的标注

(1) 表面粗糙度图形符号的特征组成

当需要表示的加工表面对表面特征的其他规定有要求时，应在表面粗糙度符号的相应位置注上若干必要项目的表面特征规定。表面特征的各项规定在符号中的注写位置如图 5-15 所示。

a——注写表面结构单一要求，包括粗糙度幅度参数代号(R_a、R_z)、参数极限值(单位为 μm)和传输带或取样长度(其标注顺序及规定为：传输带数值/评定长度/幅度参数代号(空格)幅度参数数值)；

b——注写第二个(或多个)表面结构要求，附加评定参数(如 R_{sm}，单位为 mm)；

c——加工方法；

d——加工纹理方向的符号；

e——加工余量(mm)。

(2) 图形符号的组成特征标注

① 幅度参数的标注。表面粗糙度的幅度参数包括 R_a 和 R_z。当选用 R_a 标注时，只需在图形符号中标出其参数值，可不标幅度参数代号；当选用 R_z 标注时，参数代号和参数值均应标出。表面粗糙度幅度参数标注示例(摘自 GB/T 131—2006)如图 5-16 所示。

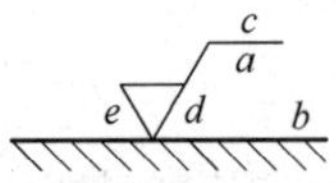

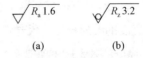

图 5-15　表面粗糙度特征的标注位置　　　　　图 5-16　幅度参数值默认上限值的标注

参数值标注分为上限值标注和上、下限值标注两种形式。

当只单向标注一个数值时，则默认为幅度参数的上限值，图 5-16(a)所示表示去除材料，单向上限值，默认传输带轮廓算术平均偏差 R_a 为 1.6μm，评定长度为 5 个取样长度，极限值判断规则默认为 16%。图 5-16(b)表示不去除材料，轮廓最大高度 R_z 为 3.2μm，其他与 5-16(a)相同。

当标注上、下两个参数值时，则认为幅度参数的上、下限值。需要标注参数上、下限值时，应分成两行标注幅度参数符号和上、下限值。上限值标注在上方，并在传输带的前面加注符号"U"。下限值标注在下方，并在传输带的前面加注符号"L"。当传输带采用默认的标准化值而省略标注时，则在上方和下方幅度参数符号的前面分别加注符号"U"和"L"，标注示例如 5-17 所示(默认传输带 $l_n=5l_r$，极限值判断规则默认为 16%)。

② 极限值判断规则的标注。按照《产品几何技术规范(GPS)表面结构　轮廓法　评定表面结构的规则和方法》(GB/T 10610—2009)的规定，可采用下列两种判断规则。

16%规则：16%规则是指在同一评定长度范围内，幅度参数所有的实测值中，允许 16%测得值超过规定值，则认为合格。16%规则是表面粗糙度轮廓技术要求中的默认规则。若采用，则图样上不须注出，如图 5-16、图 5-17 所示。

最大规则：最大规则是在幅度参数符号 R_a 或 R_z 的后面标注一个"max"的标记。它表示整个所有实测值不得超过规定值，如图 5-18 所示。

$$\sqrt{\begin{array}{l} U\,R_a\,3.2 \\ L\,R_a\,1.6 \end{array}} \qquad \sqrt{\begin{array}{l} U\,R_z\,6.3 \\ L\,R_z\,3.2 \end{array}} \qquad\qquad \sqrt{R_a\,\text{max}\,0.8} \qquad \sqrt{\begin{array}{l} U\,R_a\,\text{max}\,3.2 \\ L\,R_a\,0.8 \end{array}}$$

　　　图 5-17　幅度参数上、下限值的标注 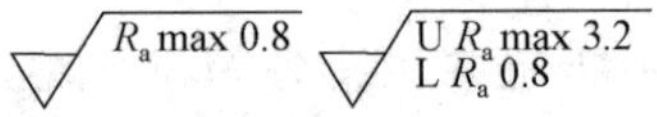　　　　　　　图 5-18　幅度参数最大规则的标注

③ 传输带和取样长度、评定长度的标注。需要指定传输带时，传输带(单位为 mm)标注在幅度参数符号的前面，并用斜线"/"隔开，如图 5-19 所示。

图 5-19(a)所示的标注中，传输带 $\lambda_s=0.0025$mm，$\lambda_c=l_r=0.8$mm；对于只标注一个滤波器，应保留连字号"—"，以区分是短波滤波器还是长波滤波器，图 5-19(b)所示的标注中，传输带 $\lambda_s=0.0025$mm，λ_c 默认为标准化值；5-19(c)所示的标注中，传输带 $\lambda_c=0.8$mm，λ_s 默认为标准化值。

$$\sqrt{0.0025\!-\!0.8/R_a\,3.2} \qquad \sqrt{0.0025\!-\!R_a\,3.2} \qquad \sqrt{-0.8/R_a\,3.2}$$

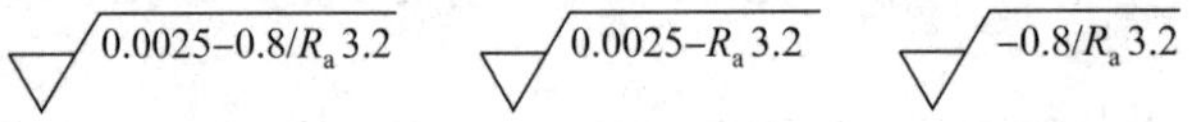

(a)　　　　　　　　　　　(b)　　　　　　　　　　(c)

图 5-19　传输带的标注

需要指定评定长度时，则应在幅度参数符号的后面注写取样长度的个数，如图 5-20 所示。图 5-20(a)所示的标注中，$l_n=3l_r$，$\lambda_c=l_r=1$mm，λ_s 默认为标准化值 0.0025mm，判断规则默认为 16%规则；图 5-20(b)所示的标注中，$l_n=6l_r$，传输带为 0.008mm～1mm，判断规则采用最大规则。

$$\sqrt{-1/R_a\,3\,1.6} \qquad\qquad \sqrt{0.008\!-\!1/R_a\,6\,\text{max}\,1.6}$$

(a)　　　　　　　　　　　　(b)

图 5-20　评定长度的标注

④ 表面纹理的标注。需要标注表面纹理及其方向时,则应采用规定的符号(摘自 GB/T 131—2006)进行标注。表面纹理标注符号和纹理方向如图 5-21 所示。

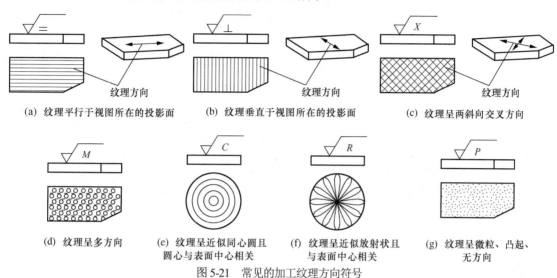

(a) 纹理平行于视图所在的投影面　　(b) 纹理垂直于视图所在的投影面　　(c) 纹理呈两斜向交叉方向

(d) 纹理呈多方向　　(e) 纹理呈近似同心圆且圆心与表面中心相关　　(f) 纹理呈近似放射状且与表面中心相关　　(g) 纹理呈微粒、凸起、无方向

图 5-21　常见的加工纹理方向符号

⑤ 间距、形状特征参数的标注。

若需要标注 R_{sm}、$R_{mr}(c)$ 值时,将其符号注在加工纹理的旁边,数值写在代号的后面。图 5-22 表示用磨削的方法获得的表面的幅度参数 R_a 上限值为 1.6μm(采用最大原则),下限值为 0.2μm(默认 16%规则),传输带皆采用 λ_s=0.008mm,λ_c=l_r=1mm,评定长度值采用默认的标准化值 5;附加了间距参数 R_{sm} 0.05mm,加工纹理垂直于视图所在的投影面。

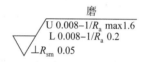

图 5-22　表面粗糙度技术要求的标注

⑥ 加工余量的标注。在零件图上标注的表面粗糙度轮廓技术要求都是针对完工表面的要求,因此不需要标注加工余量。对于有多个加工工序的表面可以标注加工余量,如图 5-23 所示,车削工序的直径方向加工余量为 0.4mm。

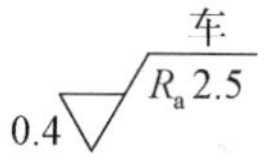

图 5-23　加工余量的标注

3. 表面粗糙度的标注方法

(1) 表面粗糙度符号、代号一般标注在可见轮廓线、尺寸界线、引出线或它们的延长线上。符号的尖端必须从材料外指向表面,如图 5-24 所示。

表面结构的注写方向和读取方向要与尺寸注写和读取方向一致。

(2) 表面粗糙度可标注在轮廓线上,其符号应从材料外指向并接触表面,如图 5-25 所示。必要时,也可用带箭头或黑点的指引线引出标注,如图 5-26 所示。

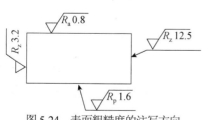

图 5-24　表面粗糙度的注写方向

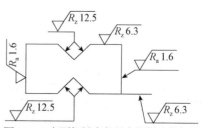

图 5-25　表面粗糙度代号在图样上的标注

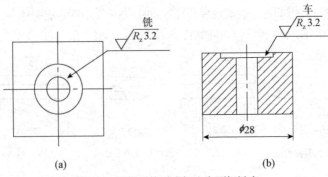

图 5-26　用指引线引出标注表面粗糙度

(3) 在不致引起误解时，表面粗糙度可以注写在给定的尺寸线上，如图 5-27 所示。

(4) 表面粗糙度可以标注在几何公差框格上方，如图 5-28 所示。

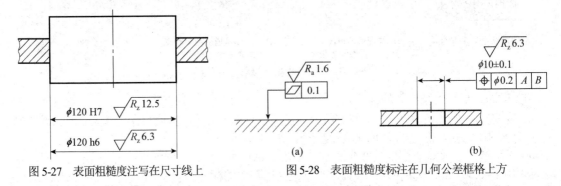

图 5-27　表面粗糙度注写在尺寸线上　　　　图 5-28　表面粗糙度标注在几何公差框格上方

(5) 表面粗糙度可以直接标注在延长线上，也可用带箭头的指引线引出标注，如图 5-29、图 5-30 所示。

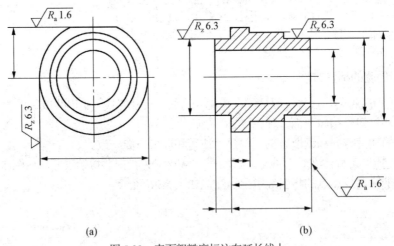

图 5-29　表面粗糙度标注在延长线上

(6) 简化标注。当零件的某些表面或多数表面具有相同的技术要求时，对这些表面的技术要求可以用特定符号统一标注在零件图的标题栏附近。该表面粗糙度要求符号后面应有圆括号，说明该要求的适用范围，如图 5-31(a)所示。

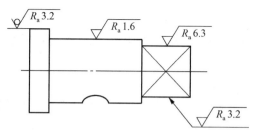

图 5-30　圆柱和棱柱的表面结构要求的注法

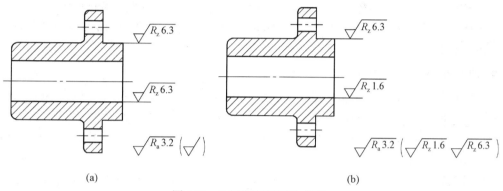

(a)　　　　　　　　　　　　　　　　(b)

图 5-31　几何公差值的附加符号

4. 表面粗糙度图样标注的演变(见表 5-3)

表 5-3　表面粗糙度 1993 版本和 2006 版本标注示例区别(摘自 GB/T 131—2006)

GB/T 131		说明问题的示例	GB/T 131		说明问题的示例
1993 版	2006 版		1993 版	2006 版	
1.6/ 1.6√	√R_a 1.6	R_a 只采用 "16%规则"	R_y 3.2/ 0.8	√ −0.8/R_z 6.3	除 R_a 外其他参数及取样长度
R_y 3.2/ R_y 3.2√	√R_z 3.2	除了 R_a "16%规则" 的参数	R_y 3.2/	√ R_a 1.6 R_z 6.3	R_a 及其他参数
1.6 max	√R_a max 1.6	"最大规则"	R_y 3.2/	√R_z 3 6.3	评定长度中的取样长度个数, 如果不是 5
1.6/0.8	√ −0.8/R_a 1.6	R_a 加取样长度	—	√ L R_a 1.6	下限值
—	√ 0.025−0.8/R_a 1.6	传输带	3.2/ 1.6	√ U R_a 3.2 L R_a 1.6	上、下限值

5.4　选用表面粗糙度参数及其数值

首先满足使用性能要求, 其次兼顾经济性。即在满足使用要求的前题下, 尽可能降低表面粗糙度要求, 放大表面粗糙度允许值。确定零件表面粗糙度时, 一般采用类比法选取。

1. 评定参数的选用

(1) 幅度参数的选用

一般情况下可以从幅度参数 R_a 和 R_z 中任选一个, 但在常用值范围内(R_a 为 0.025~6.3μm), 优

先选用 R_a。

粗糙度要求特别高或特别低($R_a<0.025\mu m$ 或 $R_a>6.3\mu m$)时，选用 R_z。R_z 用于测量部位小、峰谷小或有疲劳强度要求的零件表面的评定。

(2) 附加参数的选用

对附加评定参数 R_{sm} 和 $R_{mr}(c)$，一般不能作为独立参数选用，只有少数零件的重要表面有特殊使用要求时，才作为幅度参数 R_a 或 R_z 的附加参数选用。

对于有涂漆的均匀性、附着性、光洁性、抗振性、耐蚀性、流体流动摩擦阻力(如导轨、法兰)等要求的零件表面，可以选用轮廓单元的平均宽度 R_{sm} 来控制表面的微观横向间距的细密度。

对于耐磨性、接触刚度要求较高的零件(如轴承、轴瓦)表面，可以选用轮廓的支承长度率 $R_{mr}(c)$ 来控制加工表面的质量。

2. 表面粗糙度参数值的选择

(1) 在满足零件表面功能要求的情况下，幅度参数 R_a、R_z 及间距参数 R_{sm} 尽量选用大一些的数值，轮廓的支撑长度率 $R_{mr}(c)$ 的数值应尽可能小些，以便于加工，降低成本，获得较好的经济效益。

(2) 一般情况下，同一零件上，工作表面(或配合面)的粗糙度值 R_a 或 R_z 应比非工作表面(或非配合面)小。

(3) 摩擦表面的粗糙度值应比非摩擦表面小。对有相对运动的工件表面，运动速度越高，其粗糙度值 R_a 或 R_z 也应越小。

(4) 单位面积压力大或受交变应力作用的重要零件的圆角、沟槽表面粗糙度值应选小值。

(5) 配合性质要求越稳定，表面粗糙度值应越小。配合性质相同时，尺寸越小的结合面，表面粗糙度值 R_a 或 R_z 也应越小。同一精度等级，小尺寸比大尺寸、轴比孔的表面粗糙度值要小。

(6) 有防腐蚀、密封性要求和外表美观的表面，其表面粗糙度参数值应小。

(7) 表面粗糙度值应与尺寸公差、几何公差相适应。通常，零件的尺寸公差、几何公差要求高时，表面粗糙度值 R_a 或 R_z 应较小。

(8) 遇到已有专门标准对表面粗糙度作出要求的(例如齿轮与尺寸齿面的表面粗糙度)，应按专门标准来确定各典型表面的表面粗糙度参数值。

表 5-4 列出了有关、轴表面粗糙度参数值选用的实例，仅供使用时参考。

表 5-4　表面粗糙度 R_a 的推荐选用值

应用场合			R_a(mm)不大于					
			公称尺寸/mm					
		公差等级	≤50		>50～120		>120～500	
			轴	孔	轴	孔	轴	孔
经常装拆零件的配合表面		IT5	≤0.2	≤0.4	≤0.4	≤0.8	≤0.4	≤0.8
		IT6	≤0.4	≤0.8	≤0.8	≤1.6	≤0.8	≤1.6
		IT7	≤0.8		≤1.6		≤1.6	
		IT8	≤0.8	≤1.6	≤1.6	≤3.2	≤1.6	≤3.2
过盈配合	压入装配	IT5	≤0.2	≤0.4	≤0.4	≤0.8	≤0.4	≤0.8
		IT6～IT7	≤0.4	≤0.8	≤0.8	≤1.6	≤1.6	
		IT8	≤0.8	≤1.6	≤1.6	≤3.2	≤3.2	
	热装	—	≤1.6	≤3.2	≤1.6	≤3.2	≤1.6	≤3.2

(续表)

应用场合		R_a(mm)不大于		
		公称尺寸/mm		
滑动轴承的配合表面	公差等级	轴	孔	
	IT6～IT9	≤0.8	≤1.6	
	IT10～IT12	≤1.6	≤3.2	
	液体湿摩擦条件	≤0.4	≤0.8	
圆锥结合的工作面		密封结合	对中结合	其他
		≤0.4	≤1.6	≤6.3
密封材料处的孔、轴表面	密封形式	速度/(m·s⁻¹)		
		≤3	3～5	≥5
	橡胶圈密封	0.8～1.6(抛光)	0.4～0.8(抛光)	0.2～0.4(抛光)
	毛毡密封	0.8～1.6(抛光)		
	迷宫式	3.2～6.3		
	涂油槽式	3.2～6.3		

精密定心零件的配合表面	IT5～IT8	径向跳动	2.5	4	6	10	16	25
		轴	≤0.05	≤0.1	≤0.1	≤0.2	≤0.4	≤0.8
		孔	≤0.1	≤0.2	≤0.2	≤0.4	≤0.8	≤1.6

V 形带和平带轮工作表面	带轮直径/mm		
	≤120	>120～315	>315
	1.6	3.2	6.3

箱体分界面(减速箱)	类型	有垫片	无垫片
	需要密封	3.2～6.3	0.8～1.6
	不需要密封	6.3～12.5	

5.5　表面粗糙度的测量

测量表面粗糙度的方法很多，下面仅介绍几种常用的表面粗糙度的检测方法。

1. 比较法

比较法是将被测零件表面与表面粗糙度样块(见图 5-32)，通过视觉、触感或其他方法进行比较后，对被检表面的粗糙度做出评定的方法。实际生产中，经常使用包括车、磨、镗、铣、刨等机械加工用的表面粗糙度比较样块。

用比较法评定表面粗糙度虽然不能精确地得出被检表面的粗糙度数值，但由于器具简单，使用方便且能满足一般的生产要求，故常用于生产现场。

2. 光切法

光切法是利用光切原理测量表面粗糙度的方法。常采用的仪器是光切显微镜(也称为双管显微镜)，其外形如图 5-33 所示。该仪器适宜测量车、铣、刨或其他类似方法加工的金属零件的平面或外圆表面。光切法通常适用于测量 R_z= 0.8～80μm 的表面。

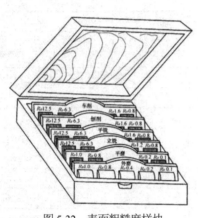

图 5-32　表面粗糙度样块

图 5-33　光切显微镜

3. 干涉法

干涉法是利用光波干涉原理测量表面粗糙度的方法。常采用的仪器是干涉显微镜。其外形如图 5-34 所示。干涉法通常适用于测量极光滑的表面，即 $R_z = 0.030\sim1\mu m$ 的表面。

4. 触针法

触针法是通过针尖(金刚石制成，半径约 2～3μm 的针尖)感触微观不平度的截面轮廓的方法，它实际上是一种接触式电测量方法。所用测量仪器一般称为电动轮廓仪，其外形如图 5-35 所示。它可以测定 $R_a = 0.025\sim5\mu m$ 的表面。该方法测量快速可靠、操作简便，并易于实现自动测量和微机数据处理，但被测表面易被触针划伤。

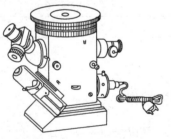

图 5-34　6JA 型干涉显微镜

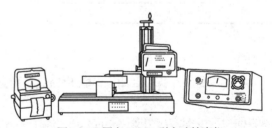

图 5-35　国产 BCJ-2 型电动轮廓仪

实践练习：表面粗糙度检测

一、实验目的

(1) 了解光切显微镜的工作原理及其正确使用方法。

(2) 掌握光切显微镜测量表面粗糙度高度参数 R_z 的原理。

(3) 加深对表面粗糙度高度参数 R_z 的理解。

二、实验设备

光切显微镜是根据光切原理制成的光学仪器，是测量表面粗糙度的常用仪器。该仪器适用于测量 0.8～80μm 的外表面的表面粗糙度，其外形结构如图 5-36 所示。

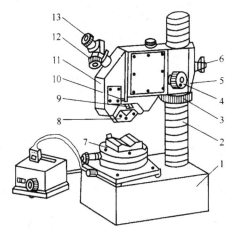

1—底座　2—立柱　3—升降螺母　4—微调手轮　5—支臂　6—支臂锁紧螺钉　7—工作台
8—物镜组　9—物镜锁紧机构　10—遮光板手轮　11—壳体　12—目镜测微器　13—目镜

图 5-36　光切显微镜外形图

三、实验原理

光切显微镜的光学系统见图 5-37，光线经狭缝 3 后成一扁平光带通过物镜 4，顺着加工痕迹以 45º 方向照射被测表面 5。具有微观不平的表面 5，被照射后分别在其轮廓的波峰 s 点，波谷 s' 点产生反射，通过物镜 4，它们各成像在分划板 6 上的 a 和 a'。由目镜测微器测出 aa'，即可换算其波峰至波谷的高度 Y_i。

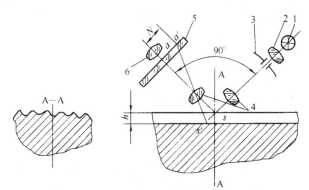

1—光源　2—聚光镜　3—狭缝　4—物镜　5—分划板　6—目镜测微器

图 5-37　光切显微镜光学系统图

∵　$\dfrac{aa'}{V} = ss'$（V 为物镜放大倍数）

$$\therefore \quad Y_i = ss'\cos45° = \frac{aa'}{V}\cos45°$$

由图 5-38 可知，测微十字线移动方向与 aa' 方向是成 45° 设计的。

$$\because \quad aa' = H\cos45° \quad 而 \quad H = \Delta h_i K$$

$$\therefore \quad Y_i = \frac{H \cdot \cos45°}{V} \cdot \cos45° = \frac{\Delta h_i K}{V} \cdot \cos^2 45° = \frac{\Delta h_i K}{2V}$$

$$令 \quad E = \frac{K}{2V}$$

所以 $\quad Y_i = \Delta h_i E$

式中，E——仪器的分度值；

$\quad\quad H$——十字线移动距离；

$\quad\quad \Delta h_i$——测微套筒转过的格数；

$\quad\quad K$——测微套筒每转过一格十字线实际移动的距离。

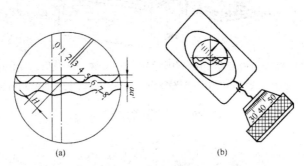

图 5-38　目镜测微器

表 5-5 中给出的 E 值是理论值，其实际值根据仪器附件标准刻度尺检定给出。

表 5-5　光切显微镜的分度值

物镜放大倍数	7×	14×	30×	60×
每转一格实际移动的距离/(μm/格)	17.5	17.5	17.5	17.5
仪器的分度值/(μm/格)	1.25	0.63	0.294	0.145

峰谷的读数方法为：固定分化板上有 9 条等距刻线，分别标有 0、1、2、3、4、5、6、7、8，可动分化板上有十字线和双标线，当转动目镜测微器 12 时，可动十字线和双标线相对于固定刻尺移动一个刻度间距。具体读数示例如图 5-39 所示。

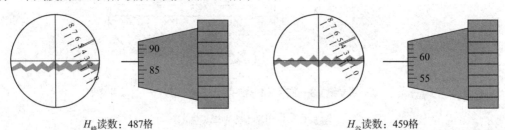

$H_峰$读数：487格　　　　　　　　　　$H_谷$读数：459格

图 5-39　读数示例

四、实验步骤

(1) 根据被测零件的表面粗糙度要求，参照仪器说明书正确选择物镜组，并装入仪器。

(2) 将被测零件擦净后放在工作台上，使加工纹路方向与光带方向垂直。

(3) 先粗调，看到光带后再细调，直到光带的一边非常清晰为止。

(4) 松开目镜上的紧固螺钉，旋转目镜 13，用目测法，使目镜中十字线的一根线与光带中线位置平行，再固紧目镜。

(5) 旋转测微套筒，按图 5-40 所示，在取样长度之内，使目镜十字线分别与 5 个波峰 h_{PI} 和 5 个波谷 h_{PV} 的最低点相切，并记下测微套筒的十次读数。

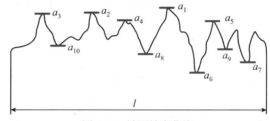

图 5-40　被测轮廓曲线

(6) 根据定义也可求出轮廓的最大高度 R_z 值

$$R_z = (h_{PI}\max - h_{PV}\min)E$$

(7) 填写实验报告，做合格性判断。

五、注意事项

(1) 被测零件安放在工作台上，要使零件加工痕迹与光带垂直，因此各测点的数据为零件痕迹与光带垂直时的数值。

(2) 调焦时应先用眼睛直接观察，使物镜和零件表面靠近但不能接触，然后在目镜内观察并同时由下而上移动臂架，以避免碰坏物镜。

习　　题

一、填空题

1. 表面粗糙度是指_____所具有的_____和_____不平度。

2. 表面粗糙度代号在图样上应标注在_____、_____或其延长线上，符号的尖端必须从材料外指向并接触表面，代号中数字及符号的注写方向必须与_____一致。

3. 表面粗糙度的选用，应在满足表面功能要求情况下，尽量选用_____的表面粗糙度数值。

4. 同一零件上，工作表面的粗糙度参数值_____非工作表面的粗糙度参数值。

5. 一般情况下表面粗糙度的评定长度等于取样长度的_____倍。

6. 表面粗糙度基准线包括轮廓_____和轮廓_____中线。

7. 轮廓算术平均偏差 R_a 是_____特征参数。

8. 轮廓支承长度率越大，表示表面零件承载面积_____。

9. 表面粗糙度参数值选用原则是，工作表面粗糙度参数应比_____。

10. 表面粗糙度代号标准时，符号的尖端必须从_____指向表面。

二、判断题

1. 表面粗糙度反映的是零件被加工表面上微观几何形状误差，它是由机床几何精度方面起的。
( )

2. 测量和评定表面粗糙度轮廓参数时，若零件表面的微观几何形状很均匀，则可以选取一个取样长度作为评定长度。
( )

3. 表面粗糙度的三类特征评定参数中，最常采用的是幅度特性参数。 ( )

4. 取样长度 l_r 过短不能反映表面粗糙度的真实情况，因此越长越好。 ( )

5. 轮廓最大高度参数 R_z 对某些表面上不允许出现较深的加工痕迹和小零件的表面质量有实用意义。
( )

6. 选择表面粗糙度评定参数值应尽量小。 ( )

7. 摩擦表面应比非摩擦表面的表面粗糙度数值小。 ( )

8. 要求配合精度高度的零件，其表面粗糙度数值应大。 ( )

9. R_z 参数由于测量点不多，因此在反映微观几何形状高度方面的特性不如 R_a 参数充分。
( )

10. 同一表面 R_a 的值一定小于 R_z 值。 ( )

11. 评定表面粗糙度在高度方向上只有一个参数。 ( )

12. 零件表面粗糙度越小，则摩擦磨损越小。 ( )

13. 从间隙配合的稳定性或过盈配合的连接强度考虑，表面粗糙度值越小越好。 ( )

三、选择题

1. 零件加工时产生表面粗糙度的主要原因是( )。

    A. 刀具装夹不准确而形成的误差

    B. 机床的几何精度方面的误差

    C. 机床—刀具—工件系统的振动、发热和运动不平衡

    D. 刀具和工件表面间的摩擦、切屑分离时表面层的塑性变形及工艺系统的高频振动

2. 通常情况下，表面粗糙度的波距( )。

    A. 大于 1mm   B. 小于 1mm   C. 1～10mm   D. 5～10mm

3. 表面粗糙度反映的是零件被加工表面的( )。

    A. 宏观几何形状误差   B. 微观几何形状误差

    C. 宏观相对位置误差   D. 微观相对位置误差

4. 表面粗糙度中，轮廓算术平均偏差的代号是( )。

    A. R_z B. R_y C. S_m D. R_a

5. 能较全面地反映表面微观几何形状特征的参数是( )。

    A. 轮廓算术平均偏差   B. 微观不平度十点高度

    C. 轮廓最大高度   D. 轮廓单峰平均间距

6. 用以判别具有表面粗糙度特征的一段基准线长度称为( )。

    A. 基本长度   B. 评定长度   C. 取样长度   D. 轮廓长度

7. 按国标的规定，测量表面粗糙度轮廓幅度参数时标准评定长度为标准化的连续(　　)。

　　A. 3 个取样长度　　　B. 4 个取样长度　　　C. 5 个取样长度　　　D. 6 个取样长度

8. 表面粗糙度体现零件的(　　)。

　　A. 尺寸误差　　　　　　　　　　　　B. 宏观几何形状误差

　　C. 微观几何形状误差　　　　　　　　D. 形状误差

9. 一般来说，表面粗糙度值越小，则零件的(　　)。

　　A. 耐磨性好　　　　　　　　　　　　B. 抗腐蚀性差

　　C. 加工容易　　　　　　　　　　　　D. 疲劳强度差

10. 表面粗糙度一般取评定长度是取样长度的(　　)。

　　A. 2 倍　　　　　B. 4 倍　　　　　C. 3 倍　　　　　D. 5 倍

11. 选择表面粗糙度评定参数值时，下列论述正确的有(　　)。

　　A. 同一零件上工作表面应比非工作表面参数值大

　　B. 摩擦表面应比非摩擦表面的参数值小

　　C. 配合质量要求高，参数值应大

　　D. 承受交变载荷的表面，参数值应大

12. 下列论述正确的有(　　)。

　　A. 表面粗糙度属于表面微观性质的形状误差

　　B. 表面粗糙度属于表面宏观性质的形状误差

　　C. 表面粗糙度属于表面波纹度误差

　　D. 经过磨削加工所得表面比车削加工所得表面的表面粗糙度值大

四、综合题

1. 在一般情况下，$\phi 40H7$ 与 $\phi 6H7$ 两孔相比，$\phi 40\dfrac{H6}{f5}$ 与 $\phi 40\dfrac{H6}{s5}$ 中的两根轴相比，何者应选用较小的粗糙度允许值？

2. 将下列表面粗糙度的要求标注在习题图 5-41 上：

(1) ϕD_1 孔的表面粗糙度参数 R_a 的最大值为 3.2μm；

(2) ϕD_2 孔的表面粗糙度参数 R_a 的上、下限值应在 3.2～6.3μm；

(3) 凸缘右端面采用铣削加工，表面粗糙度参数 R_z 的上限值为 12.5μm，加工纹理呈近似放射形；

(4) ϕd_1 和 ϕd_2 圆柱面表面粗糙度参数 R_y 的最大值为 25μm；

(5) 其余表面的表面粗糙度参数 R_a 的最大值为 12.5μm。

3. 将下列要求标注在图 5-42 上。

(1) 直径为 $\phi 50mm$ 的圆柱外表面粗糙度 R_a 的上限允许值为 3.2μm；

(2) 左端面的表面粗糙度 R_a 的允许值为 1.6μm；

(3) 直径为 $\phi 50mm$ 圆柱右端面的表面粗糙度 R_a 的允许值为 3.2μm；

(4) 内孔表面粗糙度 R_z 的允许值为 0.4μm；

(5) 螺纹工作面的表面粗糙度 R_a 的最大值为 1.6μm，最小值为 0.8μm；

(6) 其余各加工面的表面粗糙度 R_a 的允许值为 25μm。

加工面均采用去除材料法获得。

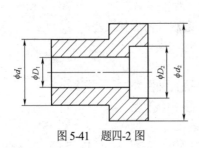

图 5-41　题四-2 图

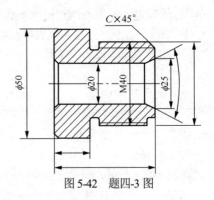

图 5-42　题四-3 图

第6章

光滑工件尺寸检验与光滑极限量规

◇ 学习重点

1. 掌握光滑工件尺寸验收原则。
2. 计量仪器的选用。
3. 光滑极限量规的用途和分类。
4. 量规的公差带的计算。

◇ 学习难点

1. 计量仪器的选用。
2. 量规公差带的计算。
3. 工作量规的设计。

◇ 学习目标

1. 了解光滑工件尺寸的检验范围、验收原则及方法。
2. 掌握光滑工件尺寸验收极限的计算方法。
3. 学会计量器具的选择。
4. 了解光滑极限量规的作用、种类。
5. 掌握工作量规的公差带的计算方法。
6. 理解泰勒原则的含义，掌握符合泰勒的量规应具有的要求。
7. 掌握工作量规的设计方法。

6.1 光滑工件尺寸检验

零件制造厂在加工车间环境的条件下，使用通用的计量器具检验零件时，通常采用两点法测量，测得值为零件的局部实际尺寸。由于计量器具存在测量极限误差、零件本身的形状误差、测量条件的误差等，对零件的真实尺寸会产生影响，同时由于计量器具和计量系统都存在内在误差，故任何测量都不能测出真值。另外，多数计量器具通常只用于测量尺寸，不测量工件可能存在的形状误差。因此，为保证足够的测量精度，关于如何处理测量结果以及如何正确地选择计量器具，国家标准对此都作了相应的规定。

6.1.1 误收与误废

任何测量都存在测量误差。由于测量误差的存在，我们在验收产品的时候会产生两种错误的判断：一是把超出公差界线的废品误判为合格品而接收，称为误收；二是将接近公差界限的合格品误判为废品而给予报废，称为误废。

例如，用示值误差为±4μm 的千分尺验收 $\phi 20h6(^{\ 0}_{-0.013})$ 的轴颈时，可能的"误收""误废"区域分布如图 6-1 所示。如若以轴径的上、下极限偏差 0 和 -13μm 作为验收极限，则在验收极限附近±4μm 的范围内可能会出现以下 4 种情况。

(1) 若轴颈的尺寸偏差为 0～+4μm，大于上极限尺寸，显然为不合格品，但此时恰巧碰到千分尺的测量误差为 -4μm，使其读数值可能小于上极限尺寸，而判为合格品，造成误收。

(2) 若轴颈的尺寸偏差为 -4～0μm，小于上极限尺寸，显然为合格品，但此时恰巧碰到千分尺的测量误差为 +4μm，使其读数值可能大于上极限尺寸，而判为不合格品，造成误废。

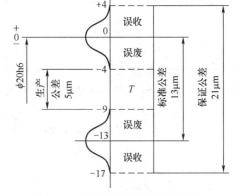

图 6-1 测量误差对测量结果的影响

(3) 若轴颈的尺寸偏差为 -13～-9μm，大于下极限尺寸，显然为合格品，但此时恰巧碰到千分尺的测量误差为 -4μm 的影响，使其读数值可能小于下极限尺寸，而判为不合格品，造成误废。

(4) 若轴颈的尺寸偏差为 -13～-17μm，小于下极限尺寸，显然为不合格品，但此时恰巧碰到千分尺的测量误差为 +4μm 的影响，使其读数值可能大于下极限尺寸，而判为合格品，造成误收。

显然，误收和误废不利于产品质量的提高和成本的降低。为了适当控制误废，尽量减少误收，国家标准《产品几何技术规范(GPS)光滑工件尺寸的检验》(GB/T3177—2009)中规定："应只接收位于规定尺寸极限之内的工件"。根据这一原则，建立了在规定尺寸极限基础上的内缩的验收极限。

6.1.2 验收极限与安全裕度

国家标准规定的验收原则是：所用验收方法应只接收位于规定的极限尺寸之内的工件，即允许有误废而不允许有误收。为了保证这个验收原则的实现，将误收减至最小，规定了验收极限，即采用安全裕度抵消测量的不确定度。

验收极限是指检验工件尺寸时判断合格与否的尺寸界限。国家标准规定，验收极限可以按照下列两种方法之一确定。

1. 方法 1

验收极限是从图样上规定的上极限尺寸和下极限尺寸分别向工件公差带内移动一个安全裕度 A 来确定，如图 6-2 所示。所计算出的两极限值为验收极限(上验收极限和下验收极限)，计算公式如下：

上验收极限=上极限尺寸 $D_{max}-A$

下验收极限=下极限尺寸 $D_{min}+A$

安全裕度 A 由工件公差确定，A 的数值取工件公差的 1/10，其数值见表 6-1。

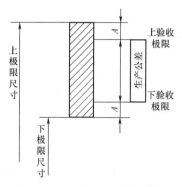

图 6-2　验收极限与安全裕度

表 6-1　安全裕度(A)与计量器具的测量不确定度允许值(u_1)　　　单位：μm

公差等级		IT6					IT7					IT8					IT9				
公称尺寸 /mm		T	A	u_1			T	A	u_1			T	A	u_1			T	A	u_1		
大于	至			I	II	III			I	II	III			I	II	III			I	II	III
—	3	6	0.6	0.54	0.9	1.4	10	1.0	0.9	1.5	2.3	14	1.4	1.3	2.1	3.2	25	2.5	2.3	3.8	5.6
3	6	8	0.8	0.72	1.2	1.8	12	1.2	1.1	1.8	2.7	18	1.8	1.6	2.7	4.1	30	3.0	2.7	4.5	6.8
6	10	9	0.9	0.81	1.4	2.0	15	1.5	1.4	2.3	3.4	22	2.2	2.0	3.3	5.0	36	3.6	3.3	5.4	8.1
10	18	11	1.1	1.0	1.7	2.5	18	1.8	1.7	2.7	4.1	27	2.7	2.4	4.1	6.1	43	4.3	3.9	6.5	9.7
18	30	13	1.3	1.2	2.0	2.9	21	2.1	1.9	3.2	4.7	33	3.3	3.0	5.0	7.4	52	5.2	4.7	7.8	12
30	50	16	1.6	1.4	2.4	3.6	25	2.5	2.3	3.8	5.6	39	3.9	3.5	5.9	8.8	62	6.2	5.6	9.3	14
50	80	19	1.9	1.7	2.9	4.3	30	3.0	2.7	4.5	6.8	46	4.6	4.1	6.9	10	74	7.4	6.7	11	17
80	120	22	2.2	2.0	3.3	5.0	35	3.5	3.2	5.3	7.9	54	5.4	4.9	8.1	12	87	8.7	7.8	13	20
120	180	25	2.5	2.3	3.8	5.6	40	4.0	3.6	6.0	9.0	63	6.3	5.7	9.5	14	100	10	9.0	15	23
180	250	29	2.9	2.6	4.4	6.5	46	4.6	4.1	6.9	10	72	7.2	6.5	11	16	115	12	10	17	26
250	315	32	3.2	2.9	4.8	7.2	52	5.2	4.7	7.8	12	81	8.1	7.3	12	18	130	13	12	19	29
315	400	36	3.6	3.2	5.4	8.1	57	5.7	5.1	8.4	13	89	8.9	8.0	13	20	140	14	13	21	32
400	500	40	4.0	3.6	6.0	9.0	63	6.3	5.7	9.5	14	97	9.7	8.7	15	22	155	16	14	23	35

公差等级		IT10					IT11					IT12				IT13			
公称尺寸 /mm		T	A	u_1			T	A	u_1			T	A	u_1		T	A	u_1	
大于	至			I	II	III			I	II	III			I	II			I	II
—	3	40	4.0	3.6	6.0	9.0	60	6.0	5.4	9.0	14	100	10	9.0	15	140	14	13	21
3	6	48	4.8	4.3	7.2	11	75	7.5	6.8	11	17	120	12	11	18	180	18	16	27
6	10	58	5.8	5.2	8.7	13	90	9.0	8.1	14	20	150	15	14	23	220	22	20	33
10	18	70	7.0	6.3	11	16	110	11	10	17	25	180	18	16	27	270	27	24	41
18	30	84	8.4	7.6	13	19	130	13	12	20	29	210	21	19	32	330	33	30	50
30	50	100	10	9.0	15	23	160	16	14	24	36	250	25	23	38	390	39	35	59
50	80	120	12	11	18	27	190	19	17	29	43	300	30	27	45	460	46	41	69

(续表)

公差等级	IT10					IT11					IT12				IT13			
公称尺寸/mm	T	A	u_1			T	A	u_1			T	A	u_1		T	A	u_1	
大于　至			I	II	III			I	II	III			I	II			I	II
80　120	140	14	13	21	32	220	22	20	33	50	350	35	32	53	540	54	49	81
120　180	160	16	15	24	36	250	25	23	38	56	400	40	36	60	630	63	57	95
180　250	185	18	17	28	42	290	29	26	44	65	460	46	41	69	720	72	65	110
250　315	210	21	19	32	47	320	32	29	48	72	520	52	47	78	810	81	73	120
315　400	230	23	21	35	52	360	36	32	54	81	570	57	51	80	890	89	80	130
400　500	250	25	23	38	56	400	40	36	60	90	630	63	57	95	970	97	87	150

由于该方法验收极限向工件的公差带之内移动，为了保证验收时合格，在生产时工件不能按原有的极限尺寸加工，应按由验收极限所确定的范围生产，这个范围称为"生产公差"。

2. 方法 2

验收极限也可以等于图样上规定的上极限尺寸和下极限尺寸，即 A 值等于 0。

验收方法的选择，要结合工件尺寸功能的要求及其重要程度、尺寸公差等级、测量不确定度和工艺能力等因素综合考虑，一般原则如下。

(1) 对遵循包容要求的尺寸，公差等级高的尺寸，其验收极限按方法 1 确定。

(2) 对偏态分布的尺寸，其"尺寸偏向边"的验收极限按方法 1 确定。

(3) 对非配合尺寸和一般公差的尺寸，其验收极限按方法 2 确定。

(4) 对偏态分布的尺寸，其"尺寸非偏向边"的验收极限按方法 2 确定。

特别提示 -

方法 1 的验收极限比方法 2 的验收极限严格。

6.1.3　计量器具的选择

测量工件所产生的"误收"与"误废"是由于测量极限误差(不确定度)的存在而产生的，而测量极限误差(不确定度 U)主要是由测量器具的不确定度 u_1 和测量方法的不确定度 u_2 两部分构成，符合关系式：$U = \sqrt{u_1^2 + u_2^2}$，且 $u_1 = 2u_2$。显然，$u_1 = 0.9U$，测量器具的测量不确定度 u_1 是产生"误收"与"误废"的主要因素。因此使用一般通用的计量器具测量工件时，依据器具的不确定度允许值 u_1 来正确地选择计量器具就很重要，标准规定了计量器的选择原则，计量器具的选用方法主要有以下几种情况。

1. $u_1' \leqslant u_1$ 原则

按照计量器具所引起的测量不确定度允许值 u_1 来选择计量器具，以保证测量结果的可靠性。常用的千分尺、游标卡尺、比较仪和指示表的不确定度 u_1' 值列在表 6-2、表 6-3 和表 6-4 中。在选择计量器具时，应使所选用的计量器具的不确定度 u_1' 小于或等于计量器具不确定度允许值 u_1，即

$u_1' \leqslant u_1$。一般情况下，优先选用I挡的 u_1 值。

表 6-2　使用千分尺和游标卡尺的测量不确定度 u_1'　　　　　　单位：mm

尺寸范围		测量器具类型			
		分度值 0.01mm 的外径千分尺	分度值 0.01mm 的内径千分尺	分度值 0.02mm 的游标卡尺	分度值 0.05mm 的游标卡尺
大于	至	测量不确定度 u_1'			
0	50	0.004	0.008	0.020	0.050
50	100	0.005			
100	150	0.006			
150	200	0.007	0.013	0.020	0.100
200	250	0.008			
250	300	0.009			

注：采用比较测量法测量时，千分尺和游标卡尺的测量不确定度 u_1' 可减小至表中数值的 60%。

表 6-3　比较仪的测量不确定度 u_1'　　　　　　单位：mm

尺寸范围		测量器具类型			
		分度值为 0.0005mm 的比较仪	分度值为 0.001mm 的比较仪	分度值为 0.002mm 的比较仪	分度值为 0.005mm 的比较仪
大于	至	测量不确定度 u_1'			
0	25	0.0006	0.0010	0.0017	0.0030
25	40	0.0007			
40	65	0.0008	0.0011	0.0018	
65	90				
90	115	0.0009	0.0012	0.0019	
115	165	0.0010	0.0013		
165	215	0.0012	0.0014	0.0020	
215	265	0.0014	0.0016	0.0021	0.0035
265	315	0.0016	0.0017	0.0022	

注：测量时，使用的标准器由不多于四块的 1 级(或 4 等)量块组成。

但是如果没有所选的精度高的仪器，或是现场器具的测量不确定度大于 u_1 值，可以采用比较测量法以提高现场器具的使用精度。

2. $0.4u_1' \leqslant u_1$ 原则

当使用形状与工件形状相同的标准器进行比较测量时，千分尺的测量不确定度 u_1' 降为原来的 40%。

3. $0.6u_1' \leqslant u_1$ 原则

当使用形状与工件形状不相同的标准器进行比较测量时，千分尺的测量不确定 u_1' 降为原来的 60%，见表 6-2 注。

表 6-4　指示表的测量不确定度 u_1' 　　　　　　　　　　单位：mm

尺寸范围		测量器具类型			
		分度值为0.001mm的千分表(0 级在全程范围内，1 级在 0.2mm 内)；分度值为 0.002 的千分表(在 1 转范围内)	分度值为 0.001mm、0.002mm、0.005mm 的千分表(1 级在全程范围内)；分度值为 0.01 的百分表(0级在任意1mm 内)	分度值为 0.01mm 的百分表(0 级在全程范围内，1 级在任意 1mm 内)	分度值为 0.01mm 的百分表(1 级在全程范围内)
大于	至	不确定度 u_1'			
0	25	0.005	0.010	0.018	0.030
25	40				
40	65				
65	90				
90	115				
115	165	0.006			
165	215				
215	265				
265	315				

注：测量时，使用的标准器由不多于四块的 1 级(或 4 等)量块组成。

选择计量器具除考虑测量不确定度外，还应考虑以下两点要求。

(1) 选择计量器具应与被测工件的外形、位置、尺寸的大小及被测参数特性相适应，使所选计量器具的测量范围能满足工件的要求。

(2) 选择计量器具应考虑工件的尺寸公差，使所选计量器具的不确定度值既能保证测量精度要求，又符合经济性要求。

 特别提示

选择计量器具除考虑测量不确定度外，还要考虑其适用性及检测成本。

6.1.4　光滑工件尺寸的检验实例

【例 6-1】试确定测量 ϕ 75js8(±0.023)Ⓔ轴时的验收极限，选择相应的计量器具，并分析该轴可否使用分度值为 0.01mm 的外径千分尺进行比较法测量验收。

解：(1) 确定验收极限。

ϕ 75js8(±0.023)Ⓔ轴采用包容要求，因此验收极限应按方法 1(即内缩方式)确定。从表 6-1 查得安全裕度 A=0.0046mm。其上、下验收极限分别为

上验收极限 $= d_{max} - A =$ (75.023−0.0046)mm = 75.0184mm

下验收极限 $= d_{min} + A =$ (74.977 + 0.0046)mm = 74.9816mm

ϕ 75js8(±0.023)Ⓔ轴的尺寸公差带及验收极限如图 6-3 所示。

(2) 选择计量器具。

由表 6-1 按优先选用Ⅰ档的计量器具测量不确定度允许值的原则，确定 u_1=0.0041mm。

① 由表 6-3 选用分度值为 0.005mm 的比较仪，其测量不确定度 u_1' =0.003mm<u_1，所以用分度值为 0.005mm 的比较仪能满足测量要求。

② 当没有比较仪时，由表 6-2 选用分度值为 0.01mm 的外径千分尺，其测量不确定度 u_1' = 0.005mm>u_1，显然用分度值为 0.01mm 的外径千分尺采用绝对测量法，不能满足测量要求。

③ 用分度值为 0.01mm 的外径千分尺进行比较测量时，为了提高千分尺的测量精度，采用比较测量法，可使千分尺的测量不确定度降为原来的 40%(当使用的标准器形状与工件形状相同时)或 60%(当使用的标准器形状与工件形状不相同时)。在此，使用 75mm 量块组作为标准器(标准器形状与轴的形状不相同)，改绝对测量法为比较测量法，可使千分尺的测量不确定度由 0.005mm 减小到 0.005mm×60%=0.003mm，显然小于测量不确定度的允许值 u_1(即符合 $0.6u_1' \leqslant u_1$ 原则)。所以用分度值为 0.01mm 的外径千分尺进行比较测量，是能满足测量要求的。

结论：若有比较仪，该轴可使用分度值为 0.005mm 的比较仪进行比较法测量验收；若没有比较仪，该轴还可以使用分度值为 0.01mm 的外径千分尺进行比较法测量验收。

【例6-2】试确定测量 $\phi 35H12$ ($^{+0.250}_{0}$) 孔(非配合要求)的验收极限，并选择相应的计量器具。

解：(1) 确定验收极限。

$\phi 35H12$ ($^{+0.250}_{0}$) 孔无配合要求，因此验收极限应按方法 2(即不内缩方式)确定。取安全裕度 A=0。其上、下验收极限分别为

$$上验收极限=D_{max}=35.250mm$$
$$下验收极限=D_{min}=35mm$$

$\phi 35H12$ ($^{+0.250}_{0}$) 孔的尺寸公差带及验收极限如图 6-4 所示。

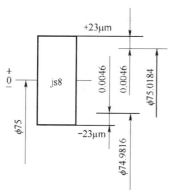

图 6-3　$\phi 75js8$ 公差带及验收极限

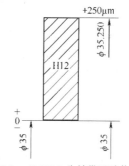

图 6-4　$\phi 35H12$ 公差带及验收极限

(2) 选择计量器具。

由表 6-1 中查得 IT12 公差对应的Ⅰ档计量器具测量不确定度的允许值 u_1 为 0.023mm，由表 6-2 中查得分度值 0.02mm 的游标卡尺，其测量不确定度 u_1' 为 0.020mm，显然 u_1' <u_1。所以采用分度值 0.02mm 的游标卡尺验收无配合要求的 $\phi 35H12$ ($^{+0.250}_{0}$) 孔是合适的。

6.2 光滑极限量规设计

6.2.1 光滑极限量规的概念

光滑极限量规(简称量规)是指具有以孔或轴的上极限尺寸和下极限尺寸为公称尺寸的标准测量面，能反映控制被测孔或轴的边界条件的无刻线长度测量器具。由于量规结构简单、使用方便、检验效率高、省时可靠，并能保证互换性，因此量规在生产中得到了广泛的应用，特别适合大批量生产的场合。

1. 量规的作用

光滑极限量规是一种没有刻度的专用计量器具。量规的形状与被检工件的形状相反，其中，孔用量规称塞规，轴用量规称为卡规和环规。用量规检验零件时，不能测出零件上实际尺寸的具体数值，只能确定零件的实际尺寸是否在规定的两个极限尺寸范围内。因此，光滑极限量规都是成对使用，其中一个是通规(或通端)，另一个是止规(或止端)。如图 6-5 所示，"通规"用来模拟最大实体边界，检验孔或轴的实体是否超越该理想边界；"止规"用来检验孔或轴的实际尺寸是否超越最小实体尺寸。因此，通规按被检工件的最大实体尺寸制造，止规按被检工件的最小实体尺寸制造。检验零件时，若通规能通过被检测零件，止规不能通过，表明该零件的作用尺寸和实际尺寸都在规定的极限尺寸范围之内，则该零件合格；反之，若通规不能通过被检验零件，或者止规能够通过被检测零件，则判定该零件不合格。

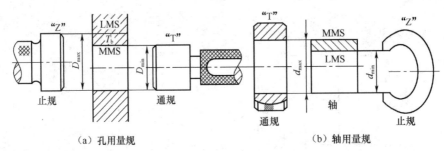

| （a）孔用量规 | （b）轴用量规 |

图 6-5　光滑极限量规

综上所述，量规是按检验工件的最大和最小实体尺寸制造的，即把工件的极限尺寸作为量规的公称尺寸，用以检验光滑圆柱工件是否合格，故称为"光滑极限量规"。不仅光滑圆柱工件可用极限量规来检验，其他一些内外尺寸(如槽宽、台阶高度、某些长度尺寸等)也可以用不同形式的极限量规来检验。

2. 量规的分类

量规按用途可分为工作量规、验收量规和校对量规。

(1) 工作量规

工作量规是指操作者在生产过程中检验零件用的量规，其通规和止规分别用 T 和 Z 表示。

(2) 验收量规

验收量规是指检验部门或用户代表验收产品时的量规。

(3) 校对量规

校对量规是指用来校对轴用工作量规(卡规或环规)的量规,以发现卡规或环规是否已经磨损和变形。因为轴用工作量规在制造或使用过程中经常会发生碰撞、变形,且通规经常通过零件,容易磨损,所以轴用工作量规必须进行定期校对。孔用工作量规虽然也需要定期校对,但能很方便地用通用量仪检测,故未规定专用的校对量规。

校对量规分为 3 类:校对轴用量规通规的校对量规,称为校通—通量规,用代号 TT 表示;校对轴用量规通规是否达到磨损极限的校对量规,称为校通—损量规,用代号 TS 表示;校对轴用止规的校对量规,称为校止—通量规,用代号 ZT 表示。

 特别提示

　　国家标准《光滑极限量规　技术条件》(GB/T1957—2006)并没有对验收量规做特别规定,但在附录中做了如下说明:制造厂对工件进行检验时,操作者应使用新的或磨损较少的通规;检验部门应使用与操作者相同形式的、且已磨损较多的通规。用户代表在用量规验收工件时,通规应接近工件的最大实体尺寸,止规应接近工件的最小实体尺寸。

6.2.2　量规的公差带

量规有工作量规、验收量规和校对量规三种类型,下面分别介绍各类量规的公差带设计。

1. 工作量规的公差带

工作量规是在零件制作过程中,生产工人检验工件时所使用的量规。通常使用新的或者磨损较少的量规作为工作量规。工作量规的公差带由两部分组成:制造公差和磨损公差。

(1) 制造公差。量规虽是一种专用的精密检验工具,但在制造时也不可避免会产生加工误差,故对量规工件尺寸也要规定制造公差。国家标准对量规的通规和止规规定了相同的制造公差 T,其公差带均位于被测工件的尺寸公差带内,以避免出现误收,如图 6-6 所示。

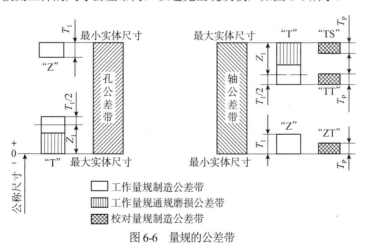

图 6-6　量规的公差带

(2) 磨损公差。用通规检验工件时,须频繁地通过合格件,容易磨损,为保证通规有一个合理的使用寿命,通规的公差带距最大实体尺寸须有一段距离,即最小备磨量,其大小由图中通规公

差带中心与工件最大实体尺寸之间的距离 Z 来确定，Z 为通规的位置要素。通规使用一段时间后，其尺寸由于磨损超过了被测工件的最大实体尺寸，通规即报废。

用止规检验工件时，则不需要通过工件，因此不需要留备磨量。

制造公差 T 值或通规公差带位置要素 Z 值是综合考虑了量规的制造工艺水平和一定的使用寿命，按工件的公称尺寸和公差等级给出的，具体数值见表 6-5。

表 6-5　IT6～IT16 级工作量规制造公差和位置要素值　　　　单位：μm

工件公称尺寸 D/mm	IT6			IT7			IT8			IT9			IT10			IT11		
	IT6	T	Z	IT7	T	Z	IT8	T	Z	IT9	T	Z	IT10	T	Z	IT11	T	Z
≤3	6	1	1	10	1.2	1.6	14	1.6	2	25	2	3	40	2.4	4	60	3	6
3～6	8	1.2	1.4	12	1.4	2	18	2	2.6	30	2.4	4	48	3	5	75	4	8
6～10	9	1.4	1.6	15	1.8	2.4	22	2.4	3.2	36	2.8	5	58	3.6	6	90	5	9
10～18	11	1.6	2	18	2	2.8	27	2.8	4	43	3.4	6	70	4	8	110	6	11
18～30	13	2	2.4	21	2.4	3.4	33	3.4	5	52	4	7	84	5	9	130	7	13
30～50	16	2.4	2.8	25	3	4	39	4	6	62	5	8	100	6	11	160	8	16
50～80	19	2.8	3.4	30	3.6	4.6	46	4.6	7	74	6	9	120	7	13	190	9	19
80～120	22	3.2	3.8	35	4.2	5.4	54	5.4	8	87	7	10	140	8	15	220	10	22
120～180	25	3.8	4.4	40	4.8	6	63	6	9	100	8	12	160	9	18	250	12	25
180～250	29	4.4	5	46	5.4	7	72	7	10	115	9	14	185	10	20	290	14	29
250～315	32	4.8	5.6	52	6	8	81	8	11	130	10	16	210	12	22	320	16	32
315～400	36	5.4	6.2	57	7	9	89	9	12	140	11	18	230	14	25	360	18	36
400～500	40	6	7	63	8	10	97	10	14	155	12	20	250	16	28	400	20	40

工件公称尺寸 D/mm	IT12			IT13			IT14			1T15			IT16		
	IT12	T	Z	IT13	T	Z	IT14	T	Z	IT15	T	Z	IT16	T	Z
≤3	100	4	9	140	6	14	250	9	20	400	14	30	600	20	40
3～6	120	5	11	180	7	16	300	11	25	480	16	35	750	25	50
6～10	150	6	13	220	8	20	360	13	30	580	20	40	900	30	60
10～18	180	7	15	270	10	24	430	15	35	700	24	50	1100	35	75
18～30	210	8	18	330	12	28	520	18	40	840	28	60	1300	40	90
30～50	250	10	22	390	14	34	620	22	50	1000	34	75	1600	50	110
50～80	300	12	26	460	16	40	740	26	60	1200	40	90	1900	60	130
80～120	350	14	30	540	20	46	870	30	70	1400	46	100	2200	70	150
120～180	400	16	35	630	22	52	1000	35	80	1600	52	120	2500	80	180
180～250	460	18	40	720	26	60	1150	40	90	1850	60	130	2900	90	200
250～315	520	20	45	810	28	66	1300	45	100	2100	66	150	3200	100	220
315～400	570	22	50	890	32	74	1400	50	110	2300	74	170	3600	110	250
400～500	630	24	55	970	36	80	1550	55	120	2500	80	190	4000	120	280

2. 验收量规的公差带

在国家标准中，没有单独规定验收量规公差带，但规定了检验部门应使用磨损较多的通规，用户代表应使用接近工件最大实体尺寸的通规，以及接近工件最小实体尺寸的止规。

3. 校对量规公差带

(1) 轴用通规的校通—通量规 TT 的作用是防止轴用通规发生变形而尺寸过小。检验时，应通过被校对的轴用通规，它的公差带从通规的下偏差算起，向通规公差带内分布。

(2) 轴用通规的校通—损量规 TS 的作用是检验轴用通规是否达到磨损极限，它的公差带从通规的磨损极限算起，向轴用通规公差带内分布。

(3) 轴用止规的校止—通量规 ZT 的作用是防止止规尺寸过小。检验时，应通过被校对的轴用止规，它的公差带从止规的下偏差算起，向止规的公差带内分布。

校对量规的公差 T_p 等于工作量规公差的一半，校对量规的公差带如图 6-6 所示。

由图 6-6 所示的几何关系可以得出工作量规上、下偏差的计算公式，如表 6-6 所示。

表 6-6　工作量规极限偏差的计算

	检验孔的量规	检验轴的量规
通端上极限偏差	$T_s = \mathrm{EI} + Z + \dfrac{1}{2}T$	$T_{sd} = \mathrm{es} - Z + \dfrac{1}{2}T$
通端下极限偏差	$T_i = \mathrm{EI} + Z - \dfrac{1}{2}T$	$T_{id} = \mathrm{es} - Z - \dfrac{1}{2}T$
止端上极限偏差	$Z_s = \mathrm{ES}$	$Z_{sd} = \mathrm{ei} + T$
止端下极限偏差	$Z_i = \mathrm{ES} - T$	$Z_{id} = \mathrm{ei}$

《光滑极限量规　技术条件》(GB/T 1957—2006)规定了基本尺寸至 500mm、公差等级 IT6～IT16 的孔与轴所用的工作量规的制造公差 T 和通规位置要素 Z 值，如表 6-5 所示。

6.2.3　工作量规的设计

工作量规的设计就是根据工件图样上的要求，设计出能够把工件尺寸控制在允许的公差范围内的适用的量具。量规设计包括选择量规结构形式、确定量规结构尺寸、计算量规工作尺寸以及绘制量规工作图。

1. 量规的设计原则及其结构

设计量规应遵守极限尺寸判断原则(泰勒原则)，即工件的体外作用尺寸(D_{fe}、d_{fe})不超越最大实体尺寸(MMS)，工件的实际尺寸(D_a、d_a)不超越最小实体尺寸(LMS)。

对于孔工件应满足：$D_{fe} \geqslant D_{min} = D_M$，$D_a \leqslant D_{max} = D_L$。

对于轴工件应满足：$d_{fe} \leqslant d_{max} = d_M$，$d_a \geqslant d_{min} = d_L$。

量规的设计要求：使通规具有 MMS 边界的形状(全形通规)，使止规具有与被测孔、轴成两个点接触的形状(两点式止规)。但在实际设计中，允许光滑极限量规偏离泰勒原则(如采用非全形通规，或允许量规长度不够等)。在这种情况下，使用光滑极限量规应注意操作的正确性(非全形通规应旋转)。

图 6-7 和图 6-8 所示分别为常用塞规和常用卡规的结构种类。在设计光滑极限量规时，可以根据需要选用合适的结构。

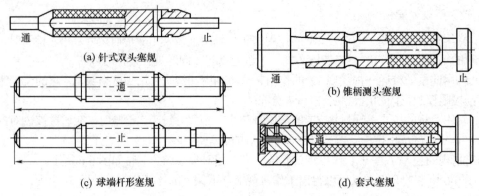

(a) 针式双头塞规

(b) 锥柄测头塞规

(c) 球端杆形塞规

(d) 套式塞规

图 6-7　常用塞规的结构

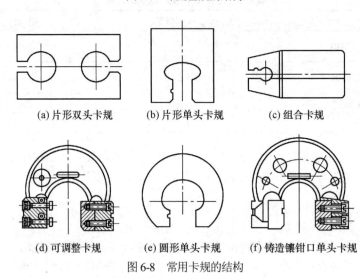

(a) 片形双头卡规　　　　(b) 片形单头卡规　　　　(c) 组合卡规

(d) 可调整卡规　　　　(e) 圆形单头卡规　　　　(f) 铸造镶钳口单头卡规

图 6-8　常用卡规的结构

🔧 **特别提示**

在量规的实际应用中，由于量规制造和使用等方面的原因，要求量规形状完全符合泰勒原则是有一定的困难。因此，国家标准规定，在被检验工件的形状误差不影响配合性质的条件下，允许使用偏离泰勒原则的量规。

2. 量规的技术要求

(1) 材料

① 量规可用合金工具钢、碳素工具钢及硬质合金等尺寸稳定且耐磨的材料制造，也可用普通低碳钢表面镀铬氮化处理，其厚度应大于磨损量。

② 量规工作面的硬度对量规的使用寿命有直接影响。钢制量规测量面的硬度为 58HRC～65HRC，并应经过稳定性处理，如回火、时效等，以消除材料中的内应力。

③ 量规工作面不应有锈迹、毛刺、黑斑、划痕等明显影响使用质量的缺陷，非工作表面不应有锈蚀和裂纹。

(2) 几何公差

国家标准《光滑极限量规　技术条件》(GB/T1957—2006)规定了工件孔或轴的公差等级 IT6～IT16 对应的量规公差，并规定，量规的几何公差一般为量规尺寸公差的 50%。考虑到制造和测量的困难，当量规尺寸公差小于 0.002mm 时，其几何公差仍取为 0.001mm。

(3) 表面粗糙度

根据工件尺寸公差等级的高低和公称尺寸的大小，工作量规测量面的表面粗糙度参数 R_a 通常为 0.025mm～0.4μm，具体如表 6-7 所示。

表 6-7　量规测量面的表面粗糙度参数 R_a 值

工 作 量 规	工件公称尺寸/mm		
	≤120	120～315	315～500
	R_a/μm		
IT6 级孔用量规	≤0.025	≤0.05	≤5.1
IT6～IT9 级轴用量规 IT7～IT9 级孔用量规	≤0.05	≤0.1	≤0.2
IT10～IT12 级孔、轴用量规	≤0.1	≤0.2	≤0.4
IT13～IT16 级孔、轴用量规	≤0.2	≤0.4	≤0.4

(4) 其他

① 量规的测头与手柄的连接应牢固可靠，在使用过程中不应松动。

② 量规必须打上清晰的标记，主要有：

a. 被检验孔、轴的基本尺寸和公差带代号；

b. 量规的用途代号："T"表示通规代号，"Z"表示止规代号。

3. 工作量规设计实例

【例 6-3】设计检验孔 $\phi 30H8ⓔ$ 用的工作量规和检验轴 $\phi 30f7ⓔ$ 用的工作量规。

解：(1) 查标准公差数值表、孔轴基本偏差表得到：

$\phi 30H8 \left({}^{+0.033}_{0} \right)$　　　$\phi 30f7 \left({}^{-0.020}_{-0.041} \right)$

(2) 查表 6-5 得到工作量规的制造公差 T 和位置要素 Z：

塞规制造公差 T=0.0034mm；

塞规位置要素 Z=0.005mm；

塞规形状公差 $T/2$=0.0017mm；

卡规制造公差 T=0.0024mm；

卡规位置要素 Z=0.0034mm；

卡规形状公差 $T/2$=0.0012mm。

(3) 画出孔、轴及量规公差带图，如图 6-9 所示。

(4) 计算工作量规的极限偏差。

① $\phi 30H8$ 孔用塞规

通规(T)：

上极限偏差= EI + Z + $T/2$ = 0 + 0.005 + 0.0017

= + 0.0067(mm)

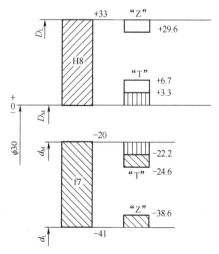

图 6-9　$\phi 30H8$ 和 $\phi 30f7$ 工作量规公差带图

下极限偏差= EI + Z − T/2 = 0 + 0.005 − 0.0017 = +0.0033(mm)

磨损极限= EI = 0

止规(Z)：

上极限偏差= ES = + 0.033mm

下极限偏差= ES − T = +0.033 − 0.0034 = +0.0296(mm)

② ϕ30f7 轴用卡规

通规(T)：

上极限偏差= es − Z + T/2 = −0.020 − 0.0034 + 0.0012 = −0.0222(mm)

下极限偏差= es − Z − T/2 = −0.020 − 0.0034 − 0.0012 = −0.0246(mm)

磨损极限 = es = −0.020mm

止规(Z)：

上极限偏差 = ei + T = −0.041 + 0.0024 = −0.0386(mm)

下极限偏差 = ei = − 0.041mm

(5) 尺寸标注(两种方法等效，任选一种)。

① 孔用塞规

ϕ30H8 通规：$\phi 30^{+0.0067}_{+0.0033}$ 或 $\phi 30.0067^{\ 0}_{-0.0034}$；

ϕ30H8 止规：$\phi 30^{+0.0330}_{+0.0296}$ 或 $\phi 30.033^{\ 0}_{-0.0034}$。

② 轴用塞规

ϕ30f7 通规：$\phi 30^{-0.0222}_{-0.0246}$ 或 $\phi 29.9754^{+0.0024}_{0}$；

ϕ30f7 止规：$\phi 30^{-0.0386}_{-0.0410}$ 或 $\phi 29.959^{+0.0024}_{0}$。

对两种标注方法解释如下：一种是按照工件公称尺寸为量规的基本尺寸，再标注量规的上、下极限偏差，如上述标注方法中的第一种；在实际生产中推荐使用后一种标注方法，即所谓的"入体原则"，塞规按轴的公差 h 标上、下极限偏差，卡规(环规)按孔的公差 H 标上、下极限偏差，即用量规的最大实体尺寸为公称尺寸来标注，此时所标注偏差的绝对值即为量规的制造公差。

(6) 画出量规工作简图，如图 6-10 所示。

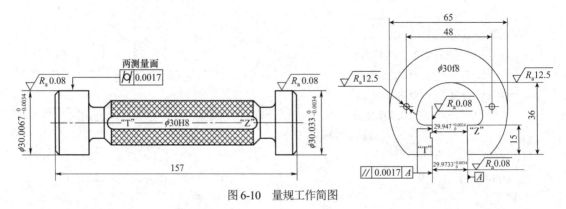

图 6-10 量规工作简图

实践练习：用量规检验工件尺寸

一、实验目的

(1) 掌握光滑极限量规检验出厂的方法。

(2) 熟悉极限尺寸判断原则。

二、实验设备

包括卡规、塞规、被测工件、汽油、软布。

量规是一种没有刻线的专用量具。量规结构简单，通常为具有准确尺寸和形状的实体，如圆锥体、圆柱体、块体平板(量块、角度量块、平板、平晶)、尺(直尺、平尺、塞尺)和螺纹件等。常用的量规按被测工件的不同，可分为光滑极限量规(检测孔、轴用的量规)、直线尺寸量规(分高度量规、深度量规)、圆锥量规、螺纹量规、花键量规等。

用量规检验工件通常有以下 4 种方法。

(1) 通止法：利用量规的通端和止端控制工件尺寸，使之不超出公差带。

(2) 着色法：在量规工作表面上涂一薄层颜料，用量规表面与被测表面研合，被测表面的着色面积大小和分布不均匀程度表示其误差。

(3) 光隙法：使被测表面与量规的测量面接触，后面放光源或采用自然光，根据透光的颜色可判断间隙大小，从而表示被测尺寸、形状或位置误差的大小。

(4) 指示表法：利用量规的准确几何形状与被测几何形状比较，以百分表和测微仪等指示被测几何形状误差。

其中，利用通止法检验的量规称为极限量规。极限量规因其使用方便，检验效率高，结果可靠，在大批量生产中应用十分广泛。本次实验就是采用光滑极限量规(孔用塞规、轴用卡规)测量工件尺寸，量规结构如图 6-11 所示

图 6-11　光滑极限量规结构

三、实验步骤

量规是一种精密测量器具，使用量规过程中要与工件多次接触，如何保持量规的精度，提高检验结果的可靠性，这与操作者的关系很大，因此必须合理正确地使用量规。量规的正确使用如图 6-12 所示。

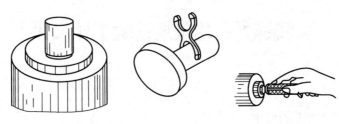

自然地依靠本身重量滑入   用手轻轻送入

图 6-12　量规的正确使用方法

(1) 使用前先要核对，看这个量规是不是与以前的检验出厂和公差相符，以免发生差错。

(2) 用清洁的细棉纱或软布把量规的工作表面和工件擦干净，允许在工件表面上涂一层薄油，以减少磨损。

(3) 用塞规检测孔尺寸。将塞规的通端测量面垂直插入工件内孔进行测量；再将塞规的止端测量面垂直插入工件内孔进行测量，如图 6-13 所示。塞规通端要在孔的整个长度上检验，而且还要在 2 个或 3 个轴向平面内检验；塞规止端要尽可能在孔的两端进行检验。

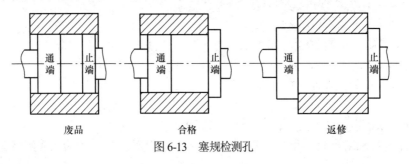

废品　　　　　　　　　　合格　　　　　　　　　　返修

图 6-13　塞规检测孔

工件合格性判断：

① 如工件顺利通过量规两个规测量面，则工件为不合格。

② 如工件通过通端测量面，而不通过止端，则工件为合格。

③ 如工件没有通过量规两个测量面，则工件为不合格，但可以返修。

④ 用卡规检测轴尺寸。将工件垂直放入卡规的两测量面之间，进行测量，如图 6-14 所示。卡规的通端和止端都应在沿轴和围绕轴不少于 4 个位置上进行检验。工件合格性判断同③。

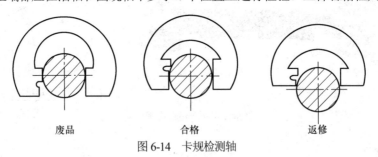

废品　　　　　　　　　　合格　　　　　　　　　　返修

图 6-14　卡规检测轴

(5) 将测量结果填入实训报告中，做出合格性结论。

五、注意事项

不要用量规去检验表面粗糙和不清洁的工件。测量时，位置必须放正，不能歪斜，否则检验结果不会可靠；被测工件与量规温度一致时，才能进行检验；量规检验时，要轻卡轻塞，不可硬卡硬塞，不能用力推入，不能旋入。塞规的错误使用方法如图 6-15 所示。

图 6-15　塞规的错误使用方法

习　题

一、填空题

1. 工件的验收原则是：只允许有_____而不允许有_____。

2. 光滑极限量规是一种无_____，成对使用的专用检验工具，使用于大批量生产。

3. 光滑极限量规的设计应遵循极限尺寸判断原则，即_____原则。

4. 光滑极限量规的通规模拟最大实体边界，检验_____作用尺寸。

5. 光滑极限量规的止规体现最小实体尺寸，检验_____尺寸。

6. 误收是指_____；误废是指_____。误收会影响_____；误废会造成_____。

7. 内缩方式的验收极限是从规定的_____分别向工件公差带内移动一个_____来确定的。

8. 光滑极限量规一般可分为_____和_____；按用途不同，光滑极限量规可分为_____、_____和_____。

二、判断题

1. 采用不内缩方式的验收极限时，安全裕度 A 值等于 0。　　　　　　（　　）

2. 选择计量器具时，应使所选用的计量器具的测量不确定度数值大于选定的 u_1 值　　（　　）

3. 生产公差是在生产中采用的公差，为了保证零件的误差不超出公差范围，采用的生产公差越大越好。　　　　　　（　　）

4. 用户代表在用量规验收工件时，通规应接近工件的最大实体尺寸，止规应接近工件的最小实体尺寸。　　　　　　（　　）

5. 光滑极限量规须成对使用，只有在通规通过工件的同时止规又不通过工件，才能判断工件是合格的。　　　　　　（　　）

6. 规定量规公差时，通规需同时给出尺寸公差和磨损极限，而止规只需要给出尺寸公差即可。　　　　　　（　　）

7. 光滑极限尺寸量规由于检验效率较高，因而适合大批量生产的场合。　　（　　）

三、选择题

1. 选用计量器具的测量不确定度允许值 u_1 时，一般情况下，优先选用（　　）。
A. Ⅰ　　　　　　B. Ⅱ　　　　　　C. Ⅲ　　　　　　D. Ⅳ

2. 工件为( )时需要校对量规。

    A. 孔   B. 轴   C. 孔和轴   D. 孔或轴

3. 国标规定的工件验收原则是( )。

    A. 可以误收   B. 不准误废   C. 允许误废不准误收   D. 随便验收

4. 光滑极限量规的尺寸公差 T 和位置要素 Z 与被测工件的( )有关。

    A. 基本偏差   B. 公差等级   C. 标准偏差   D. 公差等级和公称尺寸

5. 光滑极限量规( )。

    A. 无刻度   B. 有刻度   C. 单件生产用   D. 检验孔专用

6. 光滑极限量规应做成( )。

    A. 片形长规   B. 圆柱形长规   C. 可调长规   D. 视实际情况定

7. 光滑极限量规主要适用于( )级的工作。

    A. IT1～IT18   B. IT10～IT18   C. IT6～IT16   D. IT1～IT10

四、综合题

1. 如何选择验收极限方式？

2. 用普通计量器具测量下列孔和轴时，试分别确定它们的安全裕度、验收极限以及使用的计量器具的名称和分度值：

(1) $\phi150h11$；(2) $\phi140H10$；(3) $\phi35e9$；(4) $\phi95p6$。

3. 校对量规可分为哪 3 种类型？其各自作用是什么？如何检验量规的合格性？

4. 用光滑极限量规检验工件时，通规和止规分别用来检验什么尺寸？被检测的工件的合格条件是什么？

5. 光滑极限量规的通规和止规的形状各有何特点？为什么应具有这样的形状？

6. 光滑极限量规的通规和止规的尺寸公差带是如何配置的？

7. 试计算 $\phi45H7$ 孔的工作量规和 $\phi45k6$ 轴的工作量规工作部分的极限尺寸，并画出孔、轴工作量规的尺寸公差带图。

第7章

滚动轴承的公差与配合

◇ **学习重点**

    1. 滚动轴承的公差等级。

    2. 滚动轴承内、外径公差带及其特点。

◇ **学习难点**

    1. 滚动轴承公差等级的应用。

    2. 滚动轴承与轴和轴承座孔公差配合的选择。

    3. 轴和轴承座孔的几何公差和表面粗糙度的选择。

◇ **学习目标**

    1. 掌握滚动轴承互换性的概念和滚动轴承公差等级的规定及应用。

    2. 掌握滚动轴承内、外径公差带的特点，以及相配合轴颈、轴承座孔的公差带选择。

    3. 熟练掌握滚动轴承公差等级的规定、滚动轴承公差带的特点及选用。

7.1 概　述

　　滚动轴承作为标准部件，是机器上广泛使用的支承件，由专业的滚动轴承制造商生产。滚动轴承的公差与配合设计是指正确确定滚动轴承内圈与轴径的配合、外圈与轴承座孔的配合，以及正确确定轴径和轴承座孔的尺寸公差带、几何公差和表面粗糙度参数值，以保证滚动轴承的工作性能和使用寿命。

　　滚动轴承是一种标准部件，通常由内圈、外圈、滚动体和保持架四部分组成，如图 7-1(a)所示。按照滚动体形状的不同，滚动轴承可分为球轴承和滚子轴承；按受载荷作用方向的不同，则可分为向心轴承、推力轴承、向心推力轴承，如图 7-1 所示。

　　按公称接触角的不同，向心轴承又分为径向接触轴承和角接触轴承(图 7-1(c))。通常，滚动轴承内圈装在传动轴的轴颈上，随轴一起旋转，以传递转矩；外圈固定于机体孔中，起支承作用。

　　轴承内圈内孔和外圈外圆柱面应具有完全互换性，以便于安装和更换轴承。此外，考虑技术性和经济性，轴承装配中某些零件的特定部位采用不完全互换。

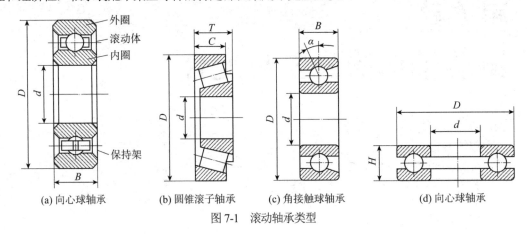

(a) 向心球轴承　　(b) 圆锥滚子轴承　　(c) 角接触球轴承　　(d) 向心球轴承

图 7-1　滚动轴承类型

7.2　滚动轴承的公差

7.2.1　滚动轴承公差等级及应用

1. 滚动轴承的公差等级

　　轴承的尺寸精度指轴承内径、外径和宽度的尺寸公差；轴承的旋转精度指轴承内、外圈的径向圆跳动、端面对滚道的圆跳动、端面对内孔的圆跳动等。国标规定，滚动轴承公差等级按精度等级由低至高为 P0(普通级)、P6、P6X、P5、P4、P2。不同种类的滚动轴承公差等级稍有不同，国标对各类滚动轴承公差等级的规定情况如下：

　　圆锥滚子轴承：P0(普通级)、P6X、P5、P4 和 P2。

　　向心轴承(圆锥滚子轴承除外)：P0(普通级)、P6、P5、P4 和 P2。

　　推力轴承：P0、P6、P5 和 P4。

2. 滚动轴承各级精度的应用

(1) P0 级(普通精度级)。在机械制造业中应用最广，主要用在中等负荷、中等转速和旋转精度要求不高的一般机构中。如普通机床的变速机构、汽车和拖拉机的变速机构用轴承。

(2) P6、P6X 级(中等精度级)。应用于旋转精度和转速较高的旋转机构中，如普通机床的主轴后轴承和比较精密的仪器旋转机构中的轴承。

(3) P5、P4 级(高精度级)。应用于旋转精度高和转速高的旋转机构中，如精密机床的主轴轴承、精密仪器和机械使用的轴承。

(4) P2 级(超高精度级)。应用于旋转精度和转速很高的旋转机构中，如精密坐标镗床的主轴轴承、高精度仪器和高转速机构中使用的轴承。

高精度轴承在金属切削机床上的应用实例见表 7-1。

表 7-1　高精度轴承应用实例

设备类型	轴承公差等级				
	深沟球轴承	圆柱滚子轴承	角接触轴承	圆锥滚子轴承	推力与角接触球轴承
普通车床主轴		P5、P4	P5	P5	P5、P4
精密车床主轴		P4	P5、P4	P5、P4	P5、P4
铣床主轴		P5、P4	P5	P5	P5、P4
镗床主轴		P5、P4	P5、P4	P5、P4	P5、P4
坐标镗床主轴		P4、P2	P4、P2	P4	P4
机械磨头			P5、P4	P4	P5
高速磨头			P4	P2	
精密仪表	P5、P4		P5、P4		

7.2.2　滚动轴承的公差带及其选择

1. 配合基准制

滚动轴承是标准部件，根据配合基准制的选用原则，轴承内圈与轴颈采用基孔制配合，轴承外圈与轴承座孔采用基轴制配合，以实现完全互换。

2. 公差带的特点

通常情况下，轴承内圈随传动轴一起转动，且不允许轴、孔之间有相对运动，所以两者的配合应具有一定的过盈；但由于内圈是薄壁零件，又常需维修拆换，过盈量不宜过大。而一般的基准孔，其公差带在零线上侧，若选用过盈配合，则其过盈量太大；如果选用过渡配合，又可能出现间隙，使内圈与轴在工作时发生相对滑动，导致结合面磨损。

所以国家标准规定：滚动轴承内圈基准孔的公差带位于以公称内径 d 为零线的下方，且上极限偏差为零，如图 7-2 所示。因此，在采用相同轴公差带的前提下，滚动轴承内圈与轴颈所得到的配合比国标中规定的同名基孔制的相应配合要紧些。当其与 k6、m6、n6 等轴构成配合时，将获得比一般基孔制过渡配合规定的过盈量稍大的过盈配合；当与 g6、h6 等轴构成配合时，不再是间隙配合，而成为过渡配合。

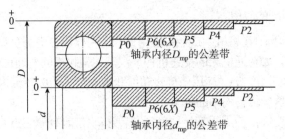

图 7-2　滚动轴承与轴颈、轴承座孔配合的公差带图

通常，滚动轴承的外圈安装在轴承座孔中且不旋转，国家标准规定：滚动轴承外圈基准轴的公差带位于以公称外径 D 为零线的下方，且上极限偏差为 0，如图 7-2 所示。它与一般圆柱结合的基轴制配合中的孔公差带相同，但公差带的大小不同，所以其公差带也是特殊的。其配合基本上保持国标中规定的同名配合的配合性质。

国标准规定 GB/T 275—2015 的 P0 级滚动轴承与轴和轴承座孔配合的常用公差如图 7-3 所示。

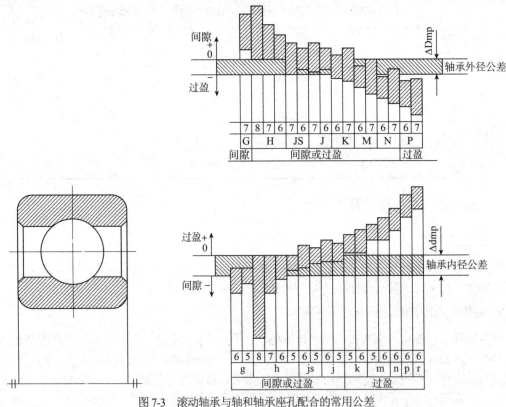

图 7-3　滚动轴承与轴和轴承座孔配合的常用公差

7.3　滚动轴承与轴及轴承座孔的配合

1. 轴和轴承座孔配合的公差带

滚动轴承作为标准件，轴承内圈孔径和外圈轴径公差带在制造时已确定，因此，轴承与轴颈，以及轴承与轴承座孔的配合需由轴径和轴承座孔的公差带决定。国标《滚动轴承　配合》(GB/T275—2015)

规定的轴颈和轴承座孔的公差带参见图 7-3。该标准只适用于对轴承的旋转精度、运转平稳性和工作温度等无特殊要求的安装情况。且要求轴为实心或厚壁钢制轴，轴承座为铸钢或铸铁制件。

2. 轴承与轴颈、轴承座孔配合的选择

正确选用滚动轴承与轴和轴承座孔的配合，对保证机器正常运转、提高轴承的使用寿命、充分发挥轴承的承载能力有很大影响，选择轴承配合时应综合考虑其所受载荷的种类、大小、轴承的工作环境等各方面因素。

(1) 载荷的类型

根据作用于轴承上的合成径向载荷相对套圈的旋转情况，可将所受载荷分为局部载荷、循环载荷和摆动载荷三类。

① 局部载荷。作用于轴承上的合成径向载荷与套圈相对静止，即作用方向始终不变地作用在套圈滚道的局部区域上，该套圈所承受的这种载荷，称为局部载荷。例如，轴承承受某一个方向不变的径向载荷 R_g，此时，固定不转的套圈所承受的载荷类型即为局部载荷，或称固定载荷，如图 7-4(a)中的外圈和图 7-4(b)中的内圈所示。承受这类载荷的套圈，局部滚道始终受力，磨损集中，其配合应松些，即选较松的过渡配合或具有极小间隙的间隙配合，以便使套圈滚道间的摩擦力矩可带动套圈偶尔转位、受力均匀、延长使用寿能；但配合也不能过松，否则会引起套圈在相配件上滑动而使结合面磨损。

② 循环载荷。作用于轴承上的合成径向载荷与套圈相对旋转，即合成径向载荷顺次地作用在套圈滚道的整个圆周上，该套圈所承受的这种载荷，称为循环载荷。例如，轴承承受某一个方向不变的径向载荷 R_g，旋转套圈所承受的载荷性质即为循环载荷，如图 7-4(a)中的内圈和图 7-4(b)中的外圈所示。承受这类载荷的特点是：载荷与套圈相对转动，不会导致滚道局部磨损，但此时要防止套圈相对于轴颈或轴承座孔转动引起配合面的磨损、发热。因此，其配合通常应选紧些，即选较紧的过渡配合或过盈量较小的过盈配合，其过盈量的大小以不使套圈与轴或轴承座孔在配合表面间产生"爬行现象"为原则。

③ 摆动载荷。作用于轴承上的合成径向载荷与受载套圈在一定区域内相对摆动，即合成径向载荷经常变动地作用在套圈滚道的局部圆周上，该套圈所承受的载荷，称为摆动载荷。例如，轴承承受某一个方向不变的径向载荷 R_g，和一个较小的旋转径向载荷 R_x，两者的合成径向载荷 R 的大小与方向都在变动，但仅在非旋转套圈的一段滚道内摆动，如图 7-5 所示，该套圈所承受的载荷，即为摆动载荷，如图 7-4(c)中的外圈和图 7-4(d)中的内圈所示。

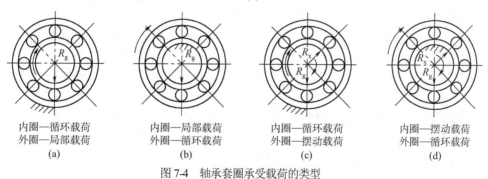

图 7-4　轴承套圈承受载荷的类型

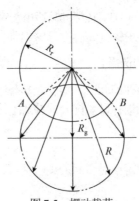

图 7-5　摆动载荷

(2) 载荷的大小

载荷的大小可用当量径向动载荷 F_r 与轴承径向额定动载荷 G_r 的比值来区分，一般规定：当 $F_r \leqslant 0.07G_r$ 时，为轻载荷；当 $0.07G_r < F_r \leqslant 0.15G_r$ 时，为正常载荷；当 $F_r > 0.15G_r$ 时，为重载荷。

选择滚动轴承与轴和轴承座孔的配合与载荷大小有关。载荷越大，过盈量应选得越大，因为在重载荷作用下，轴承套圈容易变形，使配合面受力不均匀，会引起配合松动。因此，承受轻载荷、正常载荷、重载荷的轴承与轴颈和轴承座孔配合的紧密程度应依次增大。

(3) 工作温度的影响

轴承运转时，因为摩擦发热和其他热源的影响，轴承套圈的温度会高于相配合零件的温度。因此，轴承内圈会因热膨胀导致与轴颈配合的松动，而轴承外圈则因热膨胀与轴承座孔配合变紧，从而影响轴承的轴向游动。若轴承工作温度高于 100℃，选择轴承的配合时必须考虑温度的影响。

(4) 轴承尺寸的大小

轴承工作时变形量的大小与公称尺寸有关，因此，轴承尺寸越大，选择的过盈配合的过盈量应越大，间隙配合的间隙量也应越大。

(5) 旋转精度和速度的影响

对于载荷较大、有较高旋转精度要求的轴承，为了消除弹性变形和振动的影响，应避免采用间隙配合，但过盈配合也不宜太紧。轴承的旋转速度越高，配合应越紧。对于精密机床的轻载荷轴承，为避免孔与轴的形状误差对轴承精度产生影响，常采用较小的间隙配合。

(6) 轴承座(或轴)结构和材料的影响

轴承套圈与其部件的配合，不应因轴或轴承座孔相配表面的几何误差而导致轴承内、外圈的不正常变形。对于开式的轴承座，与轴承外圈的配合宜采用较松的配合，以免过盈量大而将轴承外圈夹扁，甚至将轴卡住，但也不应使外圈在轴承座孔内转动。为保证轴承有足够的连接强度，当轴承安装于薄壁轴承座、轻合金轴承座或空心轴上时，应采用比配合厚壁轴承座、铸铁轴承座或实心轴更紧的配合。

除上述因素外，轴承的安装与拆卸、轴承的轴向游动等对轴承的运转也有影响，应当做全面的分析。

3. 轴颈和轴承座孔的公差等级和公差带选择

与滚动轴承相配合的轴、孔的公差等级和轴承的精度等级有关。一般情况下，与 P0、P6 (P6X) 级轴承配合的轴，其公差等级一般为 IT6，轴承座孔公差等级一般为 IT7。对旋转精度和运转平稳性有较高要求的场合，轴承等级及其与之配合的零部件精度都相应提高。

在设计工作中，选择轴承的配合通常采用类比法，有时为了安全起见，再用计算法校核。用类比法确定轴颈和轴承座孔的公差带时，可根据滚动轴承相关国标推荐的资料进行选取，见表 7-2～表 7-5。

4. 配合表面的其他技术要求

为了保证轴承的工作质量及使用寿命，除选定轴和轴承座孔的公差带之外，国标规定了与轴承配合的轴颈和轴承座孔表面的圆柱度公差、轴肩及轴承座孔端面的轴向圆跳动公差、各表面的表面粗糙度要求等，见表 7-6、表 7-7。

表 7-2　向心轴承和轴承座孔的配合——孔公差带

载荷情况		举例	其他状况	公差带[1]	
				球轴承	滚子轴承
外圈承受固定载荷	轻、正常、重	一般机械、铁路机车车辆轴箱	轴向易移动，可采用剖分式轴承座	H7、G7[2]	
	冲击		轴向能移动，可采用整体或剖分式轴承座	J7、JS7	
方向不定载荷	轻、正常	电机、泵、曲轴主轴承	轴向不移动，采用整体式轴承座		
	正常、重			K7	
	重、冲击	牵引电机		M7	
外圈承受旋转载荷	轻	皮带张紧轮		J7	K7
	正常	轮毂轴承		M7	N7
	重			—	N7、P7

注：① 并列公差带随尺寸的增大从左至右选择。对旋转精度有较高要求时，可相应提高一个公差等级。

　　② 不适用于剖分式轴承。

表 7-3　向心轴承和轴的配合——轴公差带

圆柱孔轴承						
载荷情况		举例	深沟球轴承和角接触球轴承	圆柱滚子轴承和圆锥滚子轴承	调心滚子轴承	公差带
旋转状态	载荷类型		轴承公称内径/mm			
内圈承受旋转载荷或方向不定载荷	轻载荷	输送机、轻载齿轮箱	≤18	—	—	h5
			18～100	≤40	≤40	j6[1]
			100～200	40～140	40～100	k6[1]
			—	140～200	100～200	m6[1]
	正常载荷	一般通用机械、电动机、泵、内燃机、正齿轮传动装置	≤18	—	—	j5、js5
			18～100	≤40	≤40	k5[2]
			100～140	40～100	40～65	m5[2]
			140～200	100～140	65～100	m6
			200～280	140～200	100～140	n6
			—	200～400	140～280	p6
			—	—	280～500	r6
			—	—	>500	r7

(续表)

圆柱孔轴承						
载荷情况		举例	深沟球轴承和角接触球轴承	圆柱滚子轴承和圆锥滚子轴承	调心滚子轴承	公差带
旋转状态	载荷类型		轴承公称内径/mm			
内圈承受旋转载荷或方向不定载荷	重载荷	铁路机车车辆轴箱、牵引电机、破碎机等	—	50～140	50～100	n6③
				140～200	100～140	p6③
				>200	140～200	r6③
				—	>200	r7③
内圈承受固定载荷	所有载荷	内圈需在轴向易移动	非旋转轴上的各轮子	所有尺寸		f6
						g6
		内圈不需在轴向易移动	张紧轮、绳轮			h6
						J6
仅有轴向载荷			所有尺寸			j6、js6
所有载荷		铁路机车车辆轴箱	装在退卸套上	所有尺寸		h8(IT6)④⑤
		一般机械传动	装在紧定套上	所有尺寸		h9(IT7)④⑤

注：① 对精度要求较高的场合，应选用 j5、k5、m5 分别代替 j6、k6、m6。
② 圆锥滚子轴承、角接触球轴承配合对游隙的影响不大，可用 k6 和 m6 分别代替 k5 和 m5。
③ 重载荷下轴承游隙应大于 N 组。
④ 凡有精度要求较高或转速要求较高的场合，应选用 h7(IT5)代替 h8(IT6)等。
⑤ IT6、IT7 表示圆柱度公差数值。

表 7-4　推力轴承和轴承座孔的配合——孔公差带

载荷情况		轴 承 类 型	公差带
仅有轴向载荷		推力球轴承	H8
		推力圆柱、圆锥滚子轴承	H7
		推力调心滚子轴承	—①
径向和轴向联合载荷	座圈承受固定载荷	推力角接触球轴承、推力调心滚子轴承、推力圆锥滚子轴承	H7
	座圈承受旋转载荷或方向不定载荷		K7②
			M7③

注：① 轴承座孔与座圈间间隙为 0.0001D(D 为轴承公称外径)。
② 一般工作条件。
③ 有较大径向载荷时。

表 7-5　推力轴承和轴的配合——轴公差带

载荷情况		轴承类型	轴承公称内径/mm	公差带
仅有轴向载荷		推力球和圆柱滚子轴承	所有尺寸	j6、js6
径向和轴向联合载荷	轴圈承受固定载荷	推力调心滚子轴承、推力角接触球轴承、推力圆锥滚子轴承	≤250	j6
			>250	js6
	轴圈承受旋转载荷或方向不定载荷		≤200	k6①
			>200～400	m6
			>400	n6

注：要求较小过盈时，可分别用 j6、k6、m6 代替 k6、m6、n6。

表 7-6　常用轴颈和轴承座孔的几何公差值(部分)

公称尺寸 /mm	圆柱度/μm				轴向圆跳动/μm			
	轴颈		轴承座孔		轴颈		轴承座孔肩	
	轴承精度等级							
	0	6(6X)	0	6(6X)	0	6(6X)	0	6(6X)
	公差值/μm							
18~30	4	2.5	6	4	10	6	15	10
30~50	4	2.5	7	4	12	8	20	12
50~80	5	3	8	15	15	10	25	15
80~120	6	4	10	6	15	10	25	15
120~180	8	5	12	8	20	12	30	20
180~250	10	7	14	10	20	12	30	20

表 7-7　配合表面及端面的表面粗糙度

轴颈或轴承座孔的 直径/mm	轴颈或轴承座孔配合表面直径公差等级					
	IT7		IT6		IT5	
	表面粗糙度参数 R_a 值/μm					
	磨	车	磨	车	磨	车
≤80	1.6	3.2	0.8	1.6	0.4	0.8
80~500	1.6	3.2	1.6	3.2	0.8	1.6
端面	3.2	6.3	3.2	6.3	1.6	3.2

实践练习：滚动轴承公差与配合的选用示例

　　已知减速器的功率为5kW,从动轴转速为83r/min,其两端的轴承为6211深沟球轴承(d=55mm, D= 100mm),轴上安装的齿轮的模数为3mm,齿数为79。试确定轴颈和轴承座孔的公差带、几何公差值和表面粗糙度参数值,并标注在图样上(F_r = 0.01C_r)。

　　练习过程：

　　(1) 减速器属于一般机械,轴的转速不高,所以选用P0级轴承。

　　(2) 齿轮传动时,轴承外圈相对于载荷方向静止,承受局部载荷,应选较松配合；内圈与轴一起旋转,因承受循环载荷,应选较紧配合；已知 F_r = 0.01C_r,小于 0.07 C_r,故轴承受轻载荷。查表 7-2、表 7-3,选轴颈公差带为 j6,轴承座孔公差带为 H7。

　　(3) 查表 7-6,轴颈的圆柱度公差为 0.005mm,轴肩轴向圆跳动公差为 0.015mm,轴承座孔圆柱度公差为 0.01mm,孔肩轴向跳动公差为 0.025mm。

　　(4) 查表 7-7 中的表面粗糙度参数值,轴承座孔取 R_a≤3.2μm,轴颈取 R_a≤1.6μm,轴肩端面 R_a≤3.2μm,轴承座孔肩端面 R_a≤3.2μm。

　　(5) 标注如图 7-6 所示,因滚动轴承是标准件,装配图上只需注出轴颈和轴承座孔的公差带代号即可。

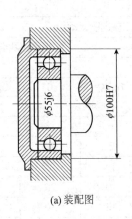
(a) 装配图

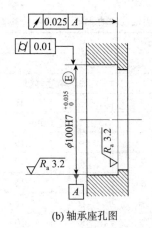
(b) 轴承座孔图

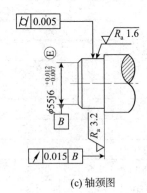
(c) 轴颈图

图 7-6　滚动轴承图样标注示例

习　题

一、填空题

1. 滚动轴承由_____、_____、_____和_____组成，_____与轴装配；_____与外壳装配；_____承受载荷并形成滚动轴承；_____将轴承内的滚动体均匀分开，使其轮流承受相等的载荷，并保证滚动体在轴承内、外滚道间正常滚动。

2. 国家标准规定，向心轴承(圆锥滚子轴承除外)分为_____、_____、_____、_____、_____五级；圆锥滚子轴承分为_____、_____、_____、_____四级。

3. 滚动轴承内圈内径与轴的配合采用_____，滚动轴承外圈外径与外壳孔的配合采用_____。

4. 根据作用于轴承上的合成径向载荷相对于轴承套圈的旋转情况，轴承所受载荷可分为_____、_____和_____三类。

5. 载荷的大小可用径向当量动载荷 F_r 与径向额定动载荷 C_r 的比值来区分，当_____时，称为轻载荷；当_____时，称为正常载荷；当_____时，称为重载荷。

6. 当轴承的内圈或外圈能够沿轴向游动时，该内圈与轴或外圈与外壳孔的配合应选_____的配合。

二、选择题

1. 以下影响滚动轴承的公差等级的有(　　)。
   A. 内径的公差　　　　　　　　　　　　B. 端面对滚道的跳动
   C. 端面对内孔的跳动　　　　　　　　　D. 外径的公差

2. 精密坐标镗床的主轴轴承采用(　　)级滚动轴承。
   A. 6　　　　　　　B. 5　　　　　　　C. 4　　　　　　　D. 2

3. 关于轴承外圈单一平面平均直径 D_{mp} 的公差带正确的是(　　)。
   A. 下极限偏差为负　　　　　　　　　　B. 与一般基轴制公差带公差值相同
   C. 位于零线下方　　　　　　　　　　　D. 与一般基轴制公差带分布位置相同

4. 轴承承受(　　)载荷时，其配合的过盈量最大。
   A. 轻　　　　　　B. 正常　　　　　　C. 重　　　　　　D. 冲击

三、判断题

1. 普通机床主轴后支承的公差等级采用 5 级。　　　　　　　　　　　（　　）
2. 轴承内圈单一平面平均直径 d_{mp} 公差带的上极限偏差为正，下极限偏差为负。　（　　）
3. 轴承内圈与轴的配合比按一般基孔制形成的配合紧一些。　　　　　（　　）
4. 承受旋转载荷的轴承套圈与轴承外壳孔的配合，应选较松的过渡配合或较小的间隙配合。

　　　　　　　　　　　　　　　　　　　　　　　　　　　　　　（　　）
5. 采用过盈配合会导致轴承游隙减小。　　　　　　　　　　　　　　（　　）
6. 热膨胀会使轴承内圈与轴的配合变松，使轴承外圈与外壳孔的配合变紧。（　　）

四、综合题

1. 滚动轴承的精度等级分为哪几级？哪级应用最广？
2. 滚动轴承与轴和外壳孔配合采用哪种基准制？
3. 滚动轴承内、外径公差带有何特点？为什么？
4. 选择轴承与轴和外壳孔配合时主要考虑哪些因素？
5. 滚动轴承承受的载荷类型与选择配合有何关系？
6. 滚动轴承承受的载荷大小与选择配合有何关系？
7. 某机床转轴上安装 P_6 级精度的深沟球轴承，其内径为 40mm，外径为 90mm，该轴承承受一个 F_r=4 000N 的当量定向径向载荷，轴承的额定动载荷 C_r 为 31400N，内圈随轴一起转动，外圈固定。试确定：

(1) 与轴承配合的轴颈、外壳孔的公差带代号；
(2) 画出公差带图，计算出内圈与轴、外圈与孔配合的极限间隙、极限过盈；
(3) 轴颈和外壳孔的几何公差和表面粗糙度参数值。

第 8 章

螺纹的互换性与检测

◇ **学习重点**

　　1. 普通螺纹的分类及特点。

　　2. 普通螺纹的公差与配合。

　　3. 螺纹的测量方法。

◇ **学习难点**

　　1. 普通螺纹的几何参数误差对互换性的影响。

　　2. 螺纹的公差与配合。

◇ **学习目标**

　　1. 了解螺纹的作用、分类及使用要求，掌握普通螺纹的主要几何参数。

　　2. 了解螺纹的几何参数及其对螺纹互换性的影响，保证螺纹互换性的条件。

　　3. 掌握普通螺纹公差与配合的选用方法，以及螺纹标记的技术含义。

　　4. 掌握普通螺纹的检测方法。

8.1　螺纹几何参数误差对互换性的影响

8.1.1　普通螺纹结合的基本要求

普通螺纹都是根据螺旋线原理加工成的，如图 8-1 所示。加工在零件(圆柱、圆锥)外表面上的螺纹称为外螺纹；加工在零件内表面上的螺纹称为内螺纹。当车刀安装不正确，容易造成牙型半角误差；当进给量控制不严格，容易造成大、小径尺寸不正确。为达到功能要求并便于使用，需满足以下要求：

(1) 可旋入性，指同规格的内、外螺纹件在装配时不经挑选就能在给定的轴向长度内全部旋合。

(2) 连接可靠性，指用于连接和紧固时，应具有足够的连接强度和紧固性，确保机器或装置的使用性能。

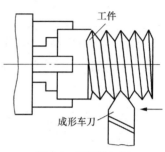

图 8-1　螺纹的加工

8.1.2　普通螺纹的基本牙型和几何参数

普通螺纹的基本牙型是指国家标准中所规定的具有螺纹基本尺寸的牙型，见图 8-2。基本牙型定义在螺纹的轴剖面上。

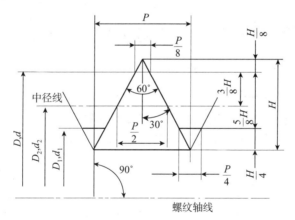

图 8-2　普通螺纹的基本牙型

基本牙型是指按规定将原始三角形削去一部分后获得的牙型。内、外螺纹的大径、中径、小径的基本尺寸都定义在基本牙型上。

普通螺纹的主要几何参数如下。

1. 大径(d, D)

大径是与外螺纹牙顶或内螺纹牙底相切的假想圆柱的直径。国家标准规定，普通螺纹大径的基本尺寸为螺纹的公称直径。

2. 小径(d_1, D_1)

小径是与外螺纹牙底或内螺纹牙顶相切的假想圆柱的直径。

为了应用方便，与牙顶相切的直径又被称为顶径，外螺纹大径和内螺纹小径即为顶径。与牙底相切的直径又被称为底径，外螺纹小径和内螺纹大径即为底径。

3. 中径(d_2，D_2)

中径是一个假想圆柱的直径，该圆柱的母线通过螺纹牙型上沟槽和凸起宽度相等的地方。

上述 3 种直径螺纹的符号中，大写字母表示内螺纹，小写字母表示外螺纹。对同一结合的内、外螺纹，其大径、小径、中径的基本尺寸应对应相等。

中径的大小决定了螺纹牙侧相对于轴线的径向位置，它的大小直接影响了螺纹的使用。因此，中径是螺纹公差与配合中的主要参数之一。中径的大小不受大径和小径尺寸变化的影响，也不是大径和小径的平均值。

4. 螺距(P)

螺距是相邻两牙在中径线上同名侧边所对应两点间的轴向距离。国家标准规定了普通螺纹的直径与螺距系列。

5. 单一中径

单一中径是一个假想圆柱的直径，该圆柱的母线通过牙型上沟槽宽度等于基本螺距一半的地方。

单一中径是按三针法测量中径定义的，当螺距没有误差时，中径就是单一中径，螺距有误差时，中径则不等于单一中径。

 特别提示

单一中径代表螺纹中径的实际尺寸，螺纹单项测量中所测得的中径尺寸一般为单一中径的尺寸。

6. 牙型角(α)和牙型半角($\alpha/2$)

牙型角是螺纹牙型上相邻两牙侧间的夹角。公制普通螺纹的牙型角$\alpha = 60°$。牙型半角是牙型角的一半，公制普通螺纹的牙型半角$\alpha/2 = 30°$。

7. 螺纹旋合长度

螺纹旋合长度是指两个相互配合的螺纹，沿螺纹轴线方向上相互旋合部分的长度，如图 8-3 及表 8-1 所示。

8. 螺纹接触高度

螺纹接触高度是指两个相互配合的螺纹牙型上，牙侧重合部分在垂直于螺纹轴线方向上的距离。

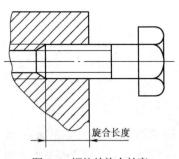

图 8-3　螺纹的旋合长度

9. 原始三角形高度(H)

原始三角形高度为原始三角形的顶点到底边的距离。原始三角形为一等边三角形，H 与螺纹螺距 P 的几何关系为：$H = \sqrt{3}\,P/2$。

在实际工作中，如需要求某螺纹(已知公称直径即大径和螺距)中径、小径尺寸时，可根据基本牙型按下列公式计算。

$$D_2(d_2) = D(d) - 2 \times \frac{3}{8}H = D(d) - 0.6495P$$

$$D_1(d_1) = D(d) - 2 \times \frac{5}{8}H = D(d) - 1.0825P$$

如有资料，则不必计算，可直接查螺纹表格。

表 8-1　螺纹的旋合长度　　　　　　　　　　　　　单位：mm

基本大径 D、d/mm		螺距 P/mm	旋合长度			
			S	N		L
>	≤		≤	>	≤	>
5.6	11.2	0.75	2.4	2.4	7.1	7.1
		1	3	3	9	9
		1.25	4	4	12	12
		1.5	5	5	15	15
11.2	22.4	1	3.8	3.8	11	11
		1.25	4.5	4.5	13	13
		1.5	5.6	5.6	16	16
		1.75	6	6	18	18
		2	8	8	24	24
		2.5	10	10	30	30
22.4	45	1	4	4	12	12
		1.5	6.3	6.3	19	19
		2	8.5	8.5	25	25
		3	12	12	36	36
		3.5	15	15	45	45
		4	18	18	53	53
		4.5	21	21	63	63

8.1.3　普通螺纹主要几何参数对互换性的影响

1. 螺纹直径误差对互换性的影响

螺纹在加工过程中，不可避免地会有加工误差，对螺纹结合的互换性造成影响。就螺纹中径而言，若外螺纹的中径比内螺纹的中径大，内、外螺纹将因干涉而无法旋合，从而影响螺纹的可旋合性；若外螺纹的中径与内螺纹的中径相比太小，又会使螺纹结合过松，同时影响接触高度，降低螺纹联接的可靠性。

螺纹的大径、小径对螺纹结合的互换性的影响与螺纹中径的情况有所区别，为了使实际的螺纹结合避免在大小径处发生干涉而影响螺纹的可旋合性，在制定螺纹公差时，应保证在大径、小径的结合处具有一定量的间隙。一般表达式为：D、$D_1 > d$、d_1。

2. 螺距误差对互换性的影响

普通螺纹的螺距误差可分两种，一种是单个螺距误差，另一种是螺距累积误差。影响螺纹可旋合性的，主要是螺距累积误差，故本书只讨论螺距累积误差的影响。

在图 8-4 中，假设内螺纹无螺距误差和半角误差，并假设外螺纹无半角误差但存在螺距累积误差，因此内、外螺纹旋合时，牙侧面会干涉，且随着旋进牙数的增加，牙侧的干涉量会增大，最后无法再旋合进去，从而影响螺纹的可旋合性。

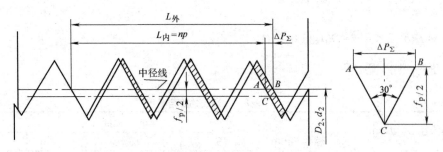

图 8-4　螺纹累积误差对可旋合性的影响

由图 8-4 可知，为了让一个实际有螺距累积误差的外螺纹仍能在所要求的旋合长度内全部与内螺纹旋合，需要将外螺纹的中径减小一个数值 f_p，该量称为螺距累积误差的中径补偿值。由图示关系可知，螺距累积误差的中径补偿值 f_p 的值为(单位为 μm)：

$$f_p = \sqrt{3}\,|\Delta P_\Sigma| \approx 1.732\,|\Delta P_\Sigma|$$

同理，当内螺纹存在螺距累积误差时，为保证可旋合性，应将内螺纹的中径也增大一个数值 F_p。

3. 螺纹牙型半角误差对互换性的影响

螺纹牙型半角误差等于实际牙型半角与其理论牙型半角之差。螺纹牙型半角误差分两种，一种是螺纹的左、右牙型半角不相等，即 $\Delta \dfrac{a}{2}_{(左)} \neq \Delta \dfrac{a}{2}_{(右)}$。车削螺纹时，若车刀未装正，便会造成这种结果。另一种是螺纹的左、右牙型半角相等，但不等于30°，这是由于螺纹加工刀具的角度不等于60°所致。不论哪种牙型半角误差，都对螺纹的互换性有影响。如图 8-5 所示，由于外螺纹存在半角误差，当它与具有理想牙型的内螺纹旋合时，将分别在牙的上半部 $3H/8$ 处和下半部 $2H/8$(即 $H/4$)处发生干涉(用阴影示出)，从而影响内、外螺纹的可旋合性。

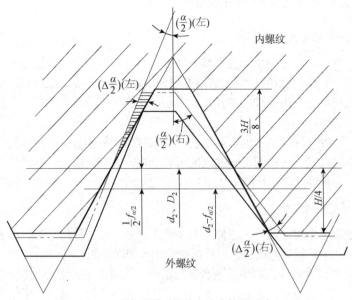

图 8-5　半角误差对螺纹可旋合性的影响

为了让一个有半角误差的外螺纹仍能旋入内螺纹中，须将外螺纹的中径减小一个数值 $f_{\frac{\alpha}{2}}$。该数值称为牙型半角误差的中径补偿值。这样，阴影所示的干涉区就会消失，从而保证了螺纹的可旋合性。由图中的几何关系，可以推导出(推导过程略)在一定的半角误差情况下，外螺纹牙型半角误差的中径补偿值 $f_{\frac{\alpha}{2}}$ (μm)为：

$$f_{\frac{\alpha}{2}} = 0.073P\left[K_1\left|\Delta\frac{\alpha}{2}_{(左)}\right| + K_2\left|\Delta\frac{\alpha}{2}_{(右)}\right|\right]$$

式中，P——螺距(mm)；

$\Delta\dfrac{\alpha}{2}_{(左)}$ ——左半角误差，单位为分($'$)；

$\Delta\dfrac{\alpha}{2}_{(右)}$ ——右半角误差，单位为分($'$)；

K_1、K_2——修正系数。

上式是一个通式，是以外螺纹存在半角误差时推导整理出来的。当假设外螺纹具有理想牙型，而内螺纹存在半角误差时，就需要将内螺纹的中径加大一个 $F_{\frac{\alpha}{2}}$，所以上式对内螺纹同样适用。

表 8-2 为系数 K_1 和 K_2 的取值，供选用。

表 8-2　K_1、K_2 值的取法

内 螺 纹				外 螺 纹			
$\Delta\frac{\alpha}{2}_{(左)}>0$	$\Delta\frac{\alpha}{2}_{(左)}<0$	$\Delta\frac{\alpha}{2}_{(右)}>0$	$\Delta\frac{\alpha}{2}_{(右)}<0$	$\Delta\frac{\alpha}{2}_{(左)}>0$	$\Delta\frac{\alpha}{2}_{(左)}<0$	$\Delta\frac{\alpha}{2}_{(右)}>0$	$\Delta\frac{\alpha}{2}_{(右)}<0$
K_1		K_2		K_1		K_2	
3	2	3	2	2	3	2	3

8.1.4　保证普通螺纹互换性的条件

1.普通螺纹作用中径的概念

当普通螺纹没有螺距误差和牙型半角误差时，内、外螺纹旋合时起作用的中径便是螺纹的实际中径，但当螺纹存在误差时，相当于外螺纹中径增大了，这个增大了的假想中径叫作外螺纹的作用中径，它是与内螺纹旋合时实际起作用的中径，其值等于外螺纹的单一中径与螺距误差及牙型半角误差的中径补偿值之和，即：

$$d_{2作用} = d_{2单一} + \left(f_{\frac{\alpha}{2}} + f_{\mathrm{p}}\right)$$

同理，内螺纹有了螺距误差和牙型半角误差时，相当于内螺纹中径减小了，这个减小了的假想中径叫做内螺纹的作用中径，这是与外螺纹旋合时实际起作用的中径，其值等于内螺纹的单一中径与螺距误差及牙型半角误差的中径补偿值之差。即：

$$D_{2作用} = D_{2单一} - \left(F_{\frac{\alpha}{2}} + F_P \right)$$

因此，螺纹在旋合时起作用的中径(作用中径)是由实际中径(单一中径)、螺距累积误差、牙型半角误差三者综合作用的结果而形成的。

2. 保证普通螺纹互换性的条件

对于内、外螺纹来讲，作用中径不超过一定的界限，螺纹的可旋合性就能保证。而螺纹的实际中径不超过一定的值，螺纹的连接强度就有保证。因此，要保证螺纹的互换性，就要保证内、外螺纹的作用中径和单一中径不超过各自的界限值。在概念上，作用中径与作用尺寸等同，而单一中径与实际尺寸等同。因此，按照极限尺寸判断原则(泰勒原则)，螺纹互换性的条件为

外螺纹：$d_{2作用} \leqslant d_2\max$，且 $d_{2单一} \geqslant d_2\min$

内螺纹：$D_{2作用} \geqslant D_2\min$，且 $D_{2单一} \leqslant D_2\max$

8.2 普通螺纹的公差与配合

螺纹配合由内、外螺纹公差带组合而成，国家标准《普通螺纹　公差》(GB/T197—2018)将普通螺纹公差带的两个要素——公差带大小(即公差等级)和公差带位置(即基本偏差)进行标准化，组成各种螺纹公差带。考虑到旋合长度对螺纹精度的影响，由螺纹公差带与旋合长度构成螺纹精度，形成了较为完整的螺纹公差体系。

8.2.1 普通螺纹的公差带

1. 普通螺纹的基本偏差—公差带位置

国标要求按下面的规定选取内外螺纹的公差带位置。

内螺纹：G——其基本偏差 EI 为正值，如图 8-6(a)所示。

H——其基本偏差 EI 为零，如图 8-6(b)所示。

外螺纹：a、b、c、d、e、f、g——其基本偏差 es 为负值，如图 8-6(c)所示。

h——其基本偏差 es 为 0，如图 8-6(d)所示。

选择基本偏差主要依据螺纹表面的涂镀层厚度及螺纹件的装配间隙。螺距 P 为 0.5～3mm 的螺纹基本偏差数值见表 8-3。

2. 普通螺纹的公差等级

国标要求按表 8-4 中的规定选取内外螺纹的公差等级。

其中，3 级精度最高，9 级精度最低，6 级为基本级。因为内螺纹较难加工，在同一公差等级中，内螺纹中径公差比外螺纹中径公差大 32%左右。

从表中可以看出，对内螺纹大径 D 和外螺纹小径 d_1 没有规定具体公差等级，而标准规定了内外螺纹牙底实际轮廓不得超过按基本偏差所确定的最大实体牙型，以保证旋合时不发生干涉。内外螺纹公差数值见表 8-5 和表 8-6。

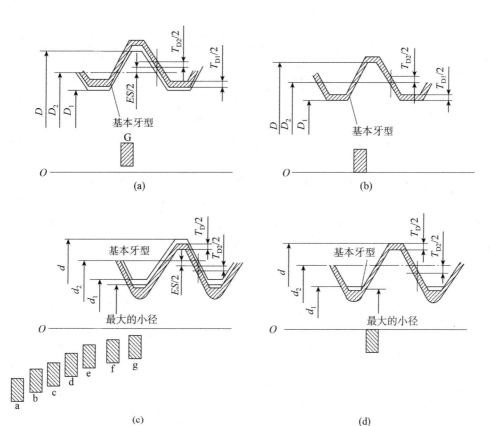

T_{D1}—内螺纹小径公差　T_{D2}—内螺纹中径公差　T_d—外螺纹大径公差　T_{d2}—外螺纹中径公差

图 8-6　内外螺纹的基本偏差

表 8-3　外螺纹的基本偏差　　　　　　　　　　　　　　单位：μm

螺距 P/mm	内螺纹基本偏差		外螺纹基本偏差							
	G(EI)	H(EI)	a(es)	b(es)	c(es)	d(es)	e(es)	f(es)	g(es)	h(es)
0.5	+20	0					−50	−36	−20	0
0.6	+21	0					−53	−36	−21	0
0.7	+22	0					−56	−38	−22	0
0.78	+22	0					−56	−38	−22	0
0.8	+24	0					−60	−38	−24	0
1	+26	0	−290	−200	−130	−85	−60	−40	−26	0
1.25	+28	0	−295	−205	−135	−90	−63	−42	−28	0
1.5	+32	0	−300	−212	−140	−95	−67	−45	−32	0
1.75	+34	0	−310	−220	−145	−100	−71	−48	−34	0
2	+38	0	−315	−225	−150	−105	−71	−52	−38	0
2.5	+42	0	−325	−235	−160	−110	−80	−58	−42	0
3	+48	0	−335	−245	−170	−115	−85	−63	−48	0

表 8-4　普通螺纹的公差等级

螺纹直径	公差等级	螺纹直径	公差等级
内螺纹小径 D_1	4、5、6、7、8	外螺纹小径 d_1	4、6、8
内螺纹中径 D_2	4、5、6、7、8	外螺纹中径 d_2	3、4、5、6、7、8、9

表 8-5 内外螺纹的中径公差　　　　　　　　　　　　　单位：μm

基本大径 D、d/mm		螺距 P/mm	内螺纹的中径公差 T_{D2}					外螺纹的中径公差 T_{d2}						
			公差等级					公差等级						
>	≤		4	5	6	7	8	3	4	5	6	7	8	9
5.6	11.2	0.75	85	106	132	170	—	50	63	80	100	125	—	—
		1	95	118	150	190	236	56	71	90	112	140	180	224
		1.25	100	125	160	200	250	60	75	95	118	150	190	236
		1.5	112	140	180	224	280	67	85	106	132	170	212	265
11.2	22.4	1	100	125	160	200	250	60	75	95	118	150	190	236
		1.25	112	140	180	224	280	67	85	106	132	170	212	265
		1.5	118	150	190	236	300	71	90	112	140	180	224	280
		1.75	125	160	200	250	315	75	95	118	150	190	236	300
		2	132	170	212	265	335	80	100	125	160	200	250	315
		2.5	140	180	224	280	355	85	106	132	170	212	265	335
22.4	45	1	106	132	170	212	—	63	80	100	125	160	200	250
		1.5	125	160	200	250	315	75	95	118	150	190	236	300
		2	140	180	224	280	355	85	106	132	170	212	265	335
		3	170	212	265	335	425	100	125	160	200	250	315	400
		3.5	180	224	280	355	450	106	132	170	212	265	335	425
		4	190	236	300	375	415	112	140	180	224	280	355	450
		4.5	200	250	315	400	500	118	150	190	236	300	375	475

表 8-6 内螺纹的小径公差和外螺纹的大径公差　　　　　　单位：μm

螺距 P/mm	内螺纹的小径公差 T_{D1}					外螺纹的大径公差 T_d		
	公差等级					公差等级		
	4	5	6	7	8	4	6	8
0.5	9	112	140	180	—	67	106	—
0.6	100	125	160	200	—	80	125	—
0.7	112	140	180	224	—	90	140	—
0.75	118	150	190	236	—	90	140	—
0.8	125	160	200	250	315	95	150	236
1	150	190	236	300	375	112	180	280
1.25	170	212	265	335	425	132	212	335
1.5	190	236	300	375	475	150	236	375
1.75	212	265	335	425	530	170	265	425
2	236	300	375	475	600	180	280	450
2.5	280	355	450	560	710	212	335	530
3	315	400	500	630	800	236	375	600

8.2.2　普通螺纹公差带的选用

1. 螺纹精度和推荐的公差带

螺纹的精度不仅与螺纹直径的公差等级有关，而且与螺纹的旋合长度有关。当公差等级一定时，旋合长度越长，加工时产生的螺距累积误差和牙型半角误差就可能越大，加工就越困难。公差等级相同而旋合长度不同的螺纹，它的精度等级也不同。国家标准按螺纹的公差等级和旋合长度规定了 3 种精度等级，分别为精密级、中等级和粗糙级。螺纹精度等级的高低，代表了螺纹加工的难易程度。同一精度等级，随着旋合长度的增加，螺纹的公差等级相应降低。

表 8-7　普通螺纹的推荐公差带

螺纹精度	公差带位置 G			公差带位置 H		
	S	N	L	S	N	L
精密级	—	—	—	4H	5H	6H
中等级	(5G)	6G	(7G)	5H	6H	7H
粗糙级	—	(7G)	(8G)	—	7H	8H

螺纹精度	公差带位置 e			公差带位置 f			公差带位置 g			公差带位置 h		
	S	N	L	S	N	L	S	N	L	S	N	L
精密	—	—	—	—	—	—	—	(4g)	(5g4g)	(3h4h)	4h	(5h4h)
中等	—	6e	(7e6e)	—	6f	—	(5g6g)	6g	(7g6g)	(5h6h)	6h	(7h6h)
粗糙	—	—	—	—	—	—	—	8g	(9g8g)	—	—	—

精密级用于精密螺纹连接，要求配合性质稳定，配合间隙变动小，需要保证一定的定心精度，如飞机零件的螺纹可采用 4H、5H 内螺纹与 4h 外螺纹相配合。中等级用于一般的螺纹连接。粗糙级用于对精度要求不高或制造比较困难的螺纹连接，如深不通孔攻丝或热轧棒上的螺纹。

2. 螺纹公差带组合及选用原则

内、外螺纹推荐用公差带见表 8-7。除特殊情况外，表中以外的其他公差带一般不宜选用。表中内螺纹公差带与外螺纹公差带可以形成任意组合。但为了保证内外螺纹间有足够的接触高度，推荐加工后的螺纹零件优先组成 H/h、H/g 或 G/h 配合。对公称直径小于 1.4mm 的螺纹，应选用 5H/6h、4H/6h 或更精密的配合。

公差带优先选用的顺序为粗字体公差带、一般字体公差带、括号内公差带。带方框的粗字体公差带用于大量生产的紧固件螺纹。

如果没有其他特殊说明，推荐公差带适用于涂镀前螺纹，且为薄涂镀层的螺纹，如电镀螺纹。涂镀后，螺纹实际轮廓上的任何点不应超越按公差位置 H 或 h 所确定的最大实体牙型。

8.2.3　普通螺纹的标记

国标中规定，完整的螺纹标记由螺纹特征代号、尺寸代号、公差带代号及其他有必要做进一步说明的个别信息组成。

普通螺纹特征代号用字母"M"表示。

单线螺纹的尺寸代号为"公称直径×螺距"，公称直径和螺距的数值单位为毫米。对粗牙螺纹可以省略标注螺距。

例如:

公称直径为 8mm、螺距为 1mm 的单线细牙螺纹,其标记为 M8×1。

公称直径为 8mm、螺距为 1.25mm 的单线粗牙螺纹,其标记为 M8。

多线螺纹的尺寸代号为"公称直径×Ph 导程 P 螺距",公称直径、导程和螺距的数值单位为毫米。如果要进一步表明螺纹的线数,可在后面增加括号说明(使用英语进行说明,例如双线为 two starts)。

例如:公称直径为 16mm、螺距为 1.5mm、导程为 3mm 的双线螺纹,其标记为 MI6×Ph3 P1.5 或 MI6×Ph3 P1.5 (two starts)。如果没有误解风险,可以省略导程代号 Ph,如 M16×3P1.5。

公差带代号包含中径公差带代号和顶径公差带代号。中径公差带代号在前,顶径公差带代号在后。各直径的公差带代号由表示公差等级的数值和表示公差带位置的基本偏差字母(内螺纹用大写字母;外螺纹用小写字母)组成。如果中径公差带代号和顶径公差带号相同,则应只标注一个公差带代号。螺纹尺寸代号与公差带代号之间用"-"号分开。例如:

(1) 中径公差带为 5g,顶径公差带为 6g 的外螺纹标记为 M10×1.5-5g6g。

(2) 中径公差带和顶径公差带都为 6g 的粗牙外螺纹标记为 M10-6g。

(3) 中径公差带为 5H 和顶径公差带为 6H 的内螺纹标记为 M10×1-5H6H。

(4) 中径公差带和顶径公差带都为 6H 的粗牙内螺纹标记为 M10-6H。

下列情况下,中等公差精度螺纹不标注公差带代号。

内螺纹:

—5H　公称直径小于或等于 1.4mm 时。

—6H　公称直径大于或等于 1.6mm 时。

注:对螺距为 0.2mm 的螺纹,其公差等级为 4 级。

外螺纹:

—6h　公称直径小于或等于 1.4mm 时。

—6g　公称直径大于或等于 1.6mm 时。

例如:

(1) 中径公差带和顶径公差带为 6g、中等公差精度的粗牙外螺纹标记为 M10。

(2) 中径公差带和顶径公差带为 6H、中等公差精度的粗牙内螺纹标记为 M10。

标记内有必要说明的其他信息包括螺纹的旋合长度和旋向。

对短旋合长度组和长旋合长度组的螺纹,在公差带代号后分别标注"S"和"L"代号,旋合长度代号与公差带代号之间用"-"分开。中等旋合长度组的螺纹,旋合长度代号"N"省略不标注。

对左旋螺纹,在旋合长度代号之后标注"LH",右旋螺纹不标注旋向代号。旋合长度代号与旋向代号之间用"-"号分开。

例如:

M6×0.75-5h6h-S-LH。

M14×Ph6P2-7H-L-LH 或 M14×Ph6P2 (three starts)-7H-L-LH。

表示内外螺纹配合时,内螺纹公差带代号在前,外螺纹公差带代号在后,中间用斜线分开。

例如:

M20×2-6H/5g6g。

　　　M6-7H/7g6g-L。

螺纹标记在图样上标注时，应标注在螺纹的公称直径(大径)的尺寸线上。

8.3　螺纹的检测

螺纹的检测方法可分为综合检验法和单项测量法两大类。

综合检验法是指用螺纹工作量规对影响螺纹互换性的几何参数偏差的综合结果进行检验，综合检验法不能测出参数的具体数值，但检验效率较高，适用于批量生产的中等精度的螺纹。

单项测量法是指用量具或量仪测量螺纹各(或某个)参数的实际值。如用工具显微镜测量螺纹各参数，用螺纹千分尺测量螺纹中径，用单针测量法或三针测量法测量螺纹中径等，其中三针测量法测量精度较高，且在车间生产条件下使用较方便。

8.3.1　综合检验法

车间生产中，检验螺纹所用的量规称螺纹工作量规，如图 8-7 所示。

图 8-7　螺纹工作量规

1. 检验外螺纹

如图 8-8 所示是检验外螺纹大径的光滑极限卡规和检验外螺纹用的螺纹工作环规，这些量规都有通规和止规，检验方法如下：

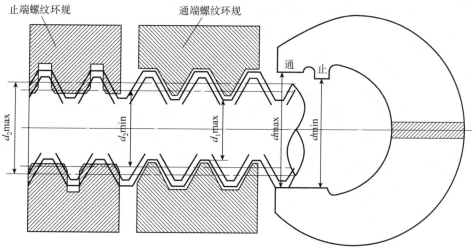

图 8-8　外螺纹的综合检验

(1) 光滑极限卡规

用来检验外螺纹的大径尺寸。通端应通过被检外螺纹的大径，这样可以保证外螺纹的大径不大于其上极限尺寸；止端不应通过被检外螺纹的大径，以保证外螺纹大径不小于其下极限尺寸。

(2) 通端螺纹工作环规(T)

通端螺纹工作环规应有完整的牙型，其长度等于被检螺纹的旋合长度。合格的外螺纹都应被通端螺纹工作环规顺利地旋入，这样就保证了外螺纹的可旋合性，还保证了外螺纹小径不大于它的上极限尺寸。如果通规难以旋入，应对该螺纹的各部分直径、牙型角、牙侧角、螺距等参数进

行检查，经修正后再用通规检验。

(3) 止端螺纹工作环规(Z)

它只用来检验外螺纹单一中径一个参数。为了尽量减少螺距误差和牙侧角误差的影响，必须使环规的中径部位与被检验的外螺纹接触，因此止端螺纹工作环规的牙型应做成截短的不完整的形式，并将止端螺纹工作环规的长度限制在2～3.5牙。合格的外螺纹不应完全通过止端螺纹工作环规，但允许旋合一部分。

综上所述，检验外螺纹时，当螺纹工作环规的通端能全部旋入工件，而止端不能全部旋入时，说明螺纹各基本要素符合要求。

2. 检验内螺纹

如图 8-9 所示是检验内螺纹小径用的光滑极限塞规和检验内螺纹用的螺纹工作塞规。这些量规也有通规和止规，检验方法如下：

(1) 光滑极限塞规

它用来检验内螺纹小径尺寸。通端应通过被检内螺纹的小径，而止端不应通过被检内螺纹的小径，这样就能保证内螺纹小径不小于它的下极限尺寸，同时不大于它的上极限尺寸。

(2) 通端螺纹工作塞规(T)

通端螺纹工作塞规有完整的牙型，其长度等于被检螺纹的旋合长度。合格的内螺纹应被通端螺纹工作塞规顺利地旋入，这样就保证了内螺纹的可旋合性，同时也保证了内螺纹的大径不小于其下极限尺寸。同检验外螺纹一样，如果通规难以旋入，应对该螺纹的各部分直径、牙型角、牙侧角、螺距等参数进行检查，经修正后再用通规检验。

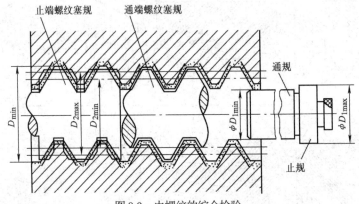

图 8-9　内螺纹的综合检验

(3) 止端螺纹工作塞规(Z)

它只用来检验内螺纹单一中径一个参数。为了尽量减少螺距误差和牙侧角误差的影响，止端螺纹工作塞规的牙型做成截短的不完整的形式，并将其工作部分的长度限制为2～3.5牙，合格的内螺纹不应完全通过止端螺纹工作塞规，但允许旋合一部分。

同样的，检验内螺纹合格的条件是螺纹工作塞规的通端能全部旋入工件，而止端不能全部旋入。

8.3.2　单项测量法

单项测量一般是分别测量螺纹的每个参数，主要测量中径、螺距、牙型半角和顶径。单项测量主要用于螺纹工件的工艺分析或螺纹量规和螺纹刀具的质量检查。

1. 三针测量法

三针测量法是将三根直径相同的量针，放在螺纹牙沟槽的中间，用接触式量仪和测微量具测出三根量针外素线之间的跨距 M(见图 8-10)，根据已知的螺距 P、牙型半角 $\alpha/2$ 及量针直径 d_0，可以算出螺纹中径 d_2。

外螺纹中径 d_2 的计算公式为：

$$d_2 = M - d_0 \left(1 + \frac{1}{\sin\dfrac{\alpha}{2}}\right) + \frac{P}{2}\cot\frac{\alpha}{2} \tag{8-1}$$

对于普通螺纹，$\alpha=60°$，则
$$d_2 \approx M - 3d_0 + 0.866P \tag{8-2}$$

三针测量法测量时应根据螺距大小选用适当的量针直径，量针应与螺纹牙侧相切并凸出牙槽。最佳直径的量针与螺纹牙侧的切点恰好位于中径上，如图 8-11 所示。选用量针时应尽量接近最佳值，以获得较高的测量精度。

由图 8-11 可得

$$d_{0(最佳)} = \frac{P}{2\cos\dfrac{\alpha}{2}} \tag{8-3}$$

对于普通螺纹，$\alpha=60°$，则
$$d_{0(最佳)} = \frac{P}{\sqrt{3}} \approx 0.577P \tag{8-4}$$

将 $P = \sqrt{3}d_0$ 代入(8-2)，则普通螺纹中径的计算公式最后可简化为：

$$d_2 \approx M - \frac{3}{2}d_{0(最佳)} \tag{8-5}$$

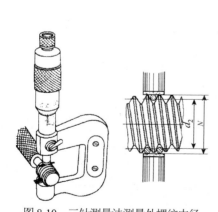

图 8-10　三针测量法测量外螺纹中径　　　　图 8-11　最佳直径的量针

2. 用螺纹千分尺测量外螺纹中径

在实际生产中，车间测量低精度螺纹常用螺纹千分尺。

螺纹千分尺的结构和一般外径千分尺相似，只是两个测量面可以根据牙型和螺距选用不同的测量头。螺纹千分尺的结构及用法见图 8-12 所示。

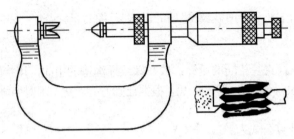

图 8-12　螺纹千分尺

实践练习一：用三针法检测外螺纹中径

一、实验目的

(1) 了解杠杆千分尺的结构并熟悉其使用方法。

(2) 掌握用三针法检测螺纹中径的原理及方法。

二、实验设备

用三针法测量外螺纹中径需要使用杠杆千分尺和三根量针。杠杆千分尺又称指示千分尺，它是由外径千分尺的微分筒部分和杠杆卡规中指示机构组合而成的一种精密量具，杠杆千分尺既可以进行相对测量，也可以像千分尺那样用于绝对测量。其分度值有 0.001mm 和 0.002mm 两种，测量范围为 0～25mm，25～50mm，50～75mm，75～100mm，其结构如图 8-13 所示。杠杆千分尺的示值为千分尺刻度套管 3 的示值、微分筒 4 的示值和指示表 7 的示值三者之和。

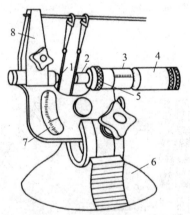

1—固定量针　2—测杆　3—刻度套管　4—微分筒　5—活动量针锁紧环

6—尺痤　7—指示表　8—三针挂架

图 8-13　杠杆千分尺结构图

杠杆千分尺不仅读数精度较高，而且因弓形架的刚度较大，测量力由小弹簧产生，比普通千分尺的棘轮装置所产生的测量力稳定，因此，它的实际测量精度也较高。

三、实验原理

三针法测量螺纹中径是一种较精密的间接测量法。把三根直径相同的量针放在被测螺纹的牙槽内,如图 8-14 所示,用杠杆千分尺或测长仪测量出三针的外尺寸 M 值,由螺纹各参数的几何关系,换算出被测螺纹的单一中径 d_2。

$$d_2 = M - d_0 \left(1 + \frac{1}{\sin \alpha / 2} \right) + \frac{P}{2} \cot \alpha / 2$$

式中,d_0——三针直径;

　　　P——螺纹中径;

　　　$\alpha/2$——螺纹牙型半角。

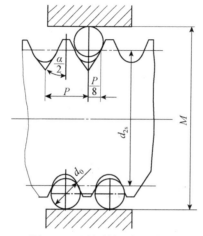

图 8-14　三针法检测螺纹中径

普通螺纹,$\alpha=60°$,$d_{2S}=M-3d_0+0.866P$

梯形螺纹,$\alpha=30°$,$d_{2S}=M-4.8637d_0+1.866P$

为了减少或避免螺纹牙型半角偏差对三针测量结果的影响,应选择最佳直径的量针,使量针与牙侧的接触点在单一中径上。

$$d_{0最佳} = \frac{P}{2\cos\dfrac{\alpha}{2}}$$

当 $\alpha=60°$ 时,$d_{0最佳}=0.577P$

当 $\alpha=30°$ 时,$d_{0最佳}=0.518P$

四、实验步骤

(1) 根据被测螺纹的中径,正确选择最佳量针。

(2) 在尺座上安装好杠杆千分尺和三针,并校正仪器零位。

(3) 将三针放入螺纹牙槽中,用杠杆千分尺进行测量,读出 M 值。

(4) 在同一截面相互垂直的两个方向上,测出尺寸 M,取其平均值。

(5) 计算螺纹单一中径，并判断合格性。

五、注意事项

(1) 用杠杆千分尺作相对测量前，应按被测工件的尺寸，用量块调整好零位。

(2) 用杠杆千分尺测量时，按动退让按钮，让测量杆面轻轻接触工件，不可硬卡，以免测量面磨损而影响精度。

(3) 用杠杆千分尺测量工件直径时，应摆动量具，以指针的转折点读数为正确测量值。

(4) 在测量过程中，一定要选择最佳三针，避免牙型半角误差对测量的影响。

实践练习二：用工具显微镜检测外螺纹参数

一、实验目的

(1) 掌握用影像法测量螺纹主要参数的方法。

(2) 了解工具显微镜的结构及测量原理。

(3) 加深对普通螺纹参数定义的理解。

二、实验设备

大型工具显微镜是一种用以测量长度和角度的精密光学仪器。在大型工具显微镜上测量螺纹常用的测量方法有影像法、灵敏杠杆法、轴切法等。本实训采用影像法测量螺纹参数。外形结构如图 8-15 所示，由机座组、支臂支座组、物镜棱镜组、目镜组、照明组等部分组成。

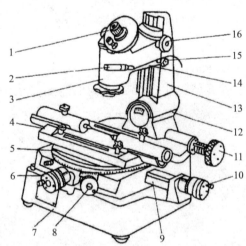

1—目镜 2—照明灯 3—物镜管座 4—顶尖架 5—工作台 6—横向千分尺 7—底座 8、11—转动手轮
9—量块 10—纵向千分尺 12—支座 13—立柱 14—悬臂 15—锁紧手轮 16—升降手轮

图 8-15 大型工具显微镜外形结构

大型工具显微镜的光学系统如图 8-16 所示。

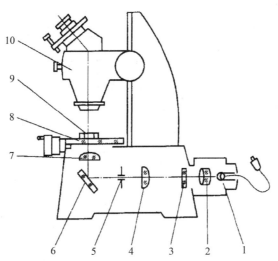

1—光源　2—聚光镜　3—滤光镜　4—透镜　5—可变光阑　6—反射镜

7—透镜　8—工作台　9—工件　10—物镜与目镜部分

图 8-16　大型工具显微镜的光学系统

光源发出的光经聚光镜 2、滤光镜 3、可变光阑 5、反射镜 6 后垂直向上，再通过透镜 7 形成一组远心光束，照明被测工件 9。通过物镜把放大的工件轮廓成像在目镜分划板上，然后由目镜进行观察。同时，依靠纵、横向千分尺的移动，以及工作台、目镜度盘的转动取得数据。

工具显微镜附有测角目镜、螺纹轮廓目镜和曲率轮廓目镜三种，以适应不同的用途。其中测角目镜(见图 8-17)用途较广。

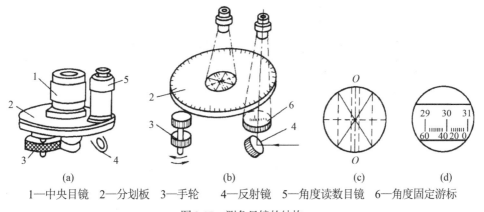

(a)　　　　　　　　(b)　　　　　　　　(c)　　　　　　　(d)

1—中央目镜　2—分划板　3—手轮　4—反射镜　5—角度读数目镜　6—角度固定游标

图 8-17　测角目镜的结构

图 8-17(a)是目镜外形图，图 8-17(b)为目镜的结构原理图。在分划板中央刻有米字线，其圆周刻有 0°～359°的刻度线。转动手轮 3，可使分划板回转 360°。分划板的右下方有一角度固定游标，将分划板上 1°的距离又细分为 60 格，每格表示 1′。当该目镜中固定游标的零度线与度值的零位对准时，则米字线中间的虚线 $O—O$ 正好垂直于仪器工作台的纵向移动方向。

三、实验原理及步骤

(1) 将工件小心地安装在两顶尖之间，拧紧顶尖的紧固螺钉，以防工件掉下打碎工作玻璃台。

(2) 根据被测螺纹的直径，从仪器说明书中查出适宜的光阑直径，然后调好光阑的大小，同时检查工作台的刻度是否对准零位。

(3) 按被测螺纹的旋向及螺旋升角 γ，旋转图 8-15 中的手轮 11，使立柱向一侧倾斜角度 γ。

$$\tan \gamma = \frac{np}{\Pi d_2}$$

式中，n——螺旋线数；

　　　p——螺距；

　　　d_2——螺纹中径。

(4) 旋转手柄 16，调整焦距，使被测轮廓影像清晰。

(5) 测量螺纹的主要参数：单一中径、螺距及牙型半角。

1) 测量单一中径

① 转动纵向千分尺和横向千分尺，使米字线的交点对准牙侧中部附近的某一点，将米字线中两条相交 60° 的斜线之一与牙型影像边缘相压，记下纵向千分尺的第一次读数。纵向移动工作台(横向工作不能移动)，使米字线的另一斜线与螺纹牙型沟槽的另一侧相应点相压，记下纵向千分尺的第二次读数，看两次纵向读数之差是否为螺距的一半，否则，应对工作台作相应的调整，按上述过程重复进行，直到该牙型的沟槽宽度等于基本螺距的一半为止(此过程是找单一中径)，见图 8-18。记下横向千分尺的第一次读数 X_1。

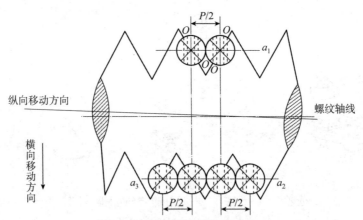

图 8-18　用影像法测量螺纹中径

② 转动立柱倾斜手轮 11，使立柱反向倾斜螺旋升角 γ。横向移动千分尺(此时工作台不能有纵向移动)，使米字线的交点对准另一边的牙侧，记下第二次横向千分尺读数 X_2。

③ 两次读数之差，即为螺纹的单一中径。

$$d_{2s} = |X_2 - X_1|$$

测量时，由于安装误差，螺纹轴线可能不垂直于横向移动方向。为了消除这一系统误差，必须测出 d_{2s}(左)、d_{2s}(右)，取两者的平均值为实际中径。

实际中径：
$$d_{2s}=[\,d_{2s}(左)+ d_{2s}(右)]/2$$

2) 测量螺距

① 转动纵、横向千分尺，使目镜米字线中虚线 O—O 在中径上与牙左侧影像相压(一般应使 O—O 线的宽度一半在牙型轮廓影像外，一半在影像内)。记下纵向千分尺的第一次读数 b_1，见图 8-19。

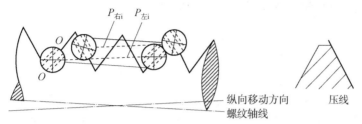

图 8-19　影像法测螺距

② 转动纵向千分尺(横向不动)在旋合长度内使 O—O 线依次在相邻牙左侧相应点与牙侧影像相压。记下纵向千分尺各点读数 b_2、b_3、…、b_n。每相邻二读数值之差，即为被测螺纹的 $P_{左i}$。

③ 螺距为了减少由安装误差而引起的系统误差，可从第 N 牙的牙型右侧进行回测，依次得出 $P_{右i}$，然后取各牙左右的平均值为单个螺距的实测值 P_i。

$$P_i=(P_{左i}+P_{右i})/2$$

单个螺距误差：$\Delta P_i= P_i-P$

式中，P——螺距公称值。

④ 取旋合长度内任意两螺距之间代数差的绝对值中最大的误差累积值作为螺距累积误差 ΔP_Σ。

3) 测量牙型半角

① 转动角度调节手轮，用对线方式使目镜米字线中虚线 O—O 与螺纹牙型的左侧影像保持一条均匀的狭窄光缝，角度目镜中显示的读数作为 $\alpha_{(左1)}/2$，见图 8-20。

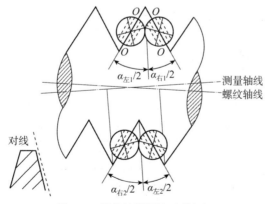

图 8-20　影像法测螺纹牙型半角

② 转动角度调节手轮，使米字线中虚线 O—O 与螺纹牙型右侧影像对线，读出右边牙型半角 $\alpha_{(右1)}/2$。

③ 为了减少安装误差的影响，在螺纹轴线的另一边重复上述测量，得 $\alpha_{(左2)}/2$ 和 $\alpha_{(右2)}/2$(测量前要先转动立柱倾斜手轮 11，使立柱反向倾斜螺旋升角 γ)。

④ 牙型半角偏差

$$\alpha_{(右)}/2 = [\alpha_{(右1)}/2 + \alpha_{(右2)}/2]/2$$
$$\alpha_{(左)}/2 = [\alpha_{(左1)}/2 + \alpha_{(左2)}/2]/2$$
$$\Delta\alpha_{(右)}/2 = \alpha_{(右)}/2 - \alpha/2$$
$$\Delta\alpha_{(左)}/2 = \alpha_{(右)}/2 - \alpha/2$$

(6) 根据螺纹互换性条件，判断零件的合格性。

习 题

一、填空题

1. 螺纹按其牙型可分为_____、_____、_____和_____四种；按用途一般可分为_____和_____两大类。

2. 单一中径代表螺纹中径的_____。当没有螺距误差时，单一中径与中径的数值_____；有螺距误差的螺纹，其单一中径与中径的数值_____。

3. 原始三角形高度_____牙型高度，螺纹接触高度_____牙型高度(填"大于"或"小于")。

4. 普通螺纹结合的基本要求有两个，一是内外螺纹装配时的_____性，二是保证外螺纹旋合后的_____性。

5. 从互换性角度看，内螺纹只需限制其最小的_____，而外螺纹除需限制其最大的_____外，还要考虑_____的形状，限制其最小的_____。

6. 螺纹_____与_____组成螺纹精度等级，分为_____、_____和_____三级。

7. 螺纹公差带是_____公差带，以基本牙型的轮廓为_____。公差带由其相对于基本牙型的_____因素和_____因素组成。

8. 国家标准规定内螺纹的公差带在基本牙型零线以_____，以_____为基本偏差，代号_____的基本偏差为零，_____的基本偏差为正值；外螺纹的公差带在基本牙型零线以_____，以_____为基本偏差，代号_____的基本偏差为零，_____、_____、_____的基本偏差为负值。

9. 国家标准对外螺纹的_____和内螺纹的_____不规定具体的公差值，只规定内、外螺纹_____上的任意点均不得超越按基本偏差所确定的_____。

二、判断题

1. 对于内螺纹，其螺纹顶径小于螺纹底径；对于外螺纹，其螺纹顶径大于螺纹底径。（   ）

2. 对于螺纹上的某一牙来讲，其牙侧角的数值应等于牙型半角的数值。（   ）

3. 螺纹的接触高度是指在两个相互配合螺纹的牙型上，牙侧重合部分的长度。（   ）

4. 国家标准对螺纹的顶径，即内螺纹的小径和外螺纹的大径规定了公差。（   ）

5. 通常采取将外螺纹中径减小或将内螺纹中径增大的方法，抵消螺距误差对互换性的影响。
（   ）

6. 要保证内、外螺纹的旋合性，只要满足内螺纹的单一中径大于或等于外螺纹的单一中径即可。（   ）

7. 牙侧角误差使内、外螺纹结合时发生干涉，而影响可旋合性，并降低了螺纹连接的可靠性。
（   ）

8. 内、外螺纹的基本偏差数值除 H 和 h 外，其余基本偏差数值均与螺距有关，而与公称直径无关。（   ）

9. 内螺纹的公差带均在基本牙型零线以下。 （ ）

10. 螺纹结合的精度不仅与螺纹公差带的大小有关，而且还与螺纹的旋合长度有关。

（ ）

三、选择题

1. 普通螺纹的主要用途是( )。
   A. 连接和紧固零部件　　　　　　　　　　B. 用于机床设备中传递运动
   C. 用于管件的连接和密封　　　　　　　　D. 在起重装置中传递力

2. 普通外螺纹的基本偏差是( )。
   A. ES　　　　　　　B. EI　　　　　　　C. es　　　　　　　D. ei

3. 关于牙型角、牙型半角和牙侧角之间的关系，下列说法中错误的是( )。
   A. 牙型半角一定等于牙型角的 1/2
   B. 牙侧角一定等于牙型角的 1/2
   C. 牙型角等于左、右牙侧角之和
   D. 当牙型角的角平分线垂直于螺纹轴线时，牙侧角等于牙型半角

4. 关于螺距误差，下列说法错误的是( )。
   A. 螺距误差既会影响螺纹的旋合性，也会影响连接螺纹的可靠性
   B. 螺距误差包括累积误差和和局部误差两部分
   C. 螺距的局部误差与旋合长度有关，而累积误差与旋合长度无关
   D. 将螺距误差换算成中径的补偿值，称为螺距误差的中径当量

5. 螺纹纹参数中，( )是影响螺纹结合互换性的主要参数。
   A. 大径、小径　　　B. 中径　　　　　　C. 螺距　　　　　　D. 牙侧角

四、综合题

1. 试简述普通螺纹的基本几何参数有哪些。
2. 影响螺纹互换性的主要因素有哪些？
3. 为什么螺纹精度由螺纹公差带和螺纹旋合长度共同决定？
4. 螺纹中径、单一中径和作用中径三者有何区别和联系？
5. 普通螺纹中径公差分几级？内外螺纹有何不同？常用的是多少级？
6. 一对螺纹配合代号为 M16，试查表确定内、外螺纹的基本中径、小径和大径的基本尺寸和极限偏差，并计算内、外螺纹的基本中径、小径和大径的极限尺寸。

第 9 章

键连接的公差与测量

◇ **学习重点**
  1. 普通平键的公差与配合。
  2. 花键的公差与配合。

◇ **学习难点**
  矩形花键的测量方法。

◇ **学习目标**
  1. 掌握平键连接及矩形花键连接的公差与配合，掌握几何参数和表面粗糙度的选用与标注。
  2. 了解平键与矩形花键连接采用的基准制和检测方法。

9.1　平键连接的公差

9.1.1　概述

平键分为普通平键与导向平键，普通平键一般用于固定连接，导向平键用于可移动的连接。平键是一种截面呈矩形的零件，其对中性好，制造、装配均较方便。普通平键连接由键、轴槽和轮毂槽 3 部分组成，如图 9-1 所示。

平键连接的尺寸有键宽、键槽宽(轴槽宽和轮毂槽宽)、键高、槽深和键长等参数，如图 9-2 所示。由于平键连接是通过键的侧面与轴槽和轮毂槽的侧面相互接触来传递转矩的，因此在平键连接的结合尺寸中，键和键槽的宽度是配合尺寸，应规定较为严格的公差。其余的尺寸为非配合尺寸，可规定较松的公差。

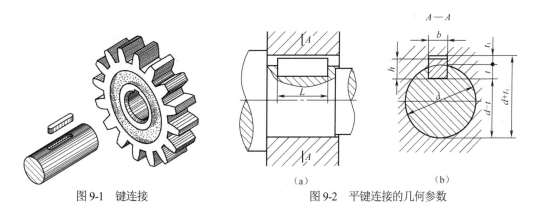

图 9-1　键连接　　　　　图 9-2　平键连接的几何参数

9.1.2　普通平键连接的公差与配合

平键连接的剖面尺寸均已标准化，在 GB/T 1095—2003《平键键槽的剖面尺寸》中作了规定(见表 9-1)。

表 9-1　普通平键键槽的剖面尺寸及公差　　　　　　　　单位：mm

轴	键	键　槽									
		宽　　度 b						深　　度			
公称直径 d	尺寸 $b×h$	公称尺寸 b	极限偏差					轴 t		毂 t_1	
			较松键连接		一般键连接		较紧键连接	公称尺寸	极限偏差	公称尺寸	极限偏差
			轴 H9	毂 D10	轴 N9	毂 JS9	轴和毂 P9				
12~17	5×5	5	+0.030	+0.078	0	±0.015	−0.012	3.0	+0.1 0	2.3	+0.1 0
17~22	6×6	6	0	+0.030	−0.030		−0.042	3.5		2.8	
22~30	8×7	8	+0.036	+0.098	0	±0.018	−0.015	4.0	+0.2 0	3.3	+0.2 0
30~38	10×8	10	0	+0.040	−0.036		−0.051	5.0		3.3	
38~44	12×8	12	+0.043 0	+0.120 +0.050	0 −0.043	±0.0215	−0.018 −0.061	5.0		3.3	

(续表)

轴	键	键槽										
		宽　度 b								深　度		
公称直径 d	尺寸 b×h	公称尺寸 b	极限偏差						轴 t		毂 t_1	
			较松键连接		一般键连接		较紧键连接		公称尺寸	极限偏差	公称尺寸	极限偏差
			轴 H9	毂 D10	轴 N9	毂 JS9	轴和毂 P9					
44~50	14×9	14	+0.043 0	+0.120 +0.050	0 −0.043	±0.0215	−0.018 −0.061		5.5		3.8	
50~58	16×10	16							6.0		4.3	
58~65	18×11	18							7.0		4.4	
65~75	20×12	20	+0.052 0	+0.149 +0.065	0 −0.052	±0.026	−0.022 −0.074		7.5	+0.20	4.9	+0.20
75~85	22×14	22							9.0		5.4	
85~95	25×14	25							9.0		5.4	
95~110	28×16	28							10.0		6.4	
110~130	32×18	32	+0.062 0	+0.180 +0.080	0 −0.062	±0.031	−0.026 −0.088		11.0		7.4	
130~150	36×20	36							12.0		8.4	
150~170	40×22	40							13.0	+0.30	9.4	+0.30
170~200	45×25	45							15.0		10.4	
200~230	50×28	50							17.0		11.4	

注：$(d-t)$ 和 $(d+t_1)$ 两组合尺寸的极限偏差按相应的 t 和 t_1 的极限偏差选取，但 $(d-t)$ 的极限偏差应取负号。

平键连接中的键是用标准的精拔钢制造的，是标准件。在键宽与键槽宽的配合中，键宽相当于"轴"，键槽宽相当于"孔"。由于键宽同时要与轴槽宽和轮毂槽宽配合，而且配合性质往往又不同，因此键宽与键槽宽的配合均采用基轴制。

国标规定，键宽与键槽宽的公差带按标准选取。对键宽规定了一种公差带，对轴槽宽和轮毂槽宽各规定了 3 种公差带(见图 9-3)，构成 3 种配合，以满足各种不同用途的需要。3 种配合的应用场合见表 9-2。

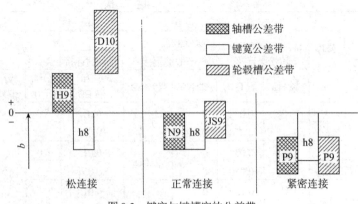

图 9-3　键宽与键槽宽的公差带

表 9-2　平键连接的 3 种配合及其应用

配合种类	尺寸 b 的公差带			应　用
	键	轴槽	轮毂槽	
松连接	h8	H9	D10	键在轴上及轮毂中均能滑动，主要用于导向平键，轮毂可在轴向移动
正常连接		N9	JS9	键在轴槽中和轮毂键槽中均固定，用于载荷不大的场合
紧密连接		P9	P9	键在轴槽中和轮毂槽中均牢固地固定，比正常联接配合更紧。用于载荷较大，或有冲击和双向扭矩的场合

在平键连接的非配合尺寸中，轴槽深 t 和轮毂槽深 t_1 的公差带由 GB/T 1095—2003 专门规定，见表 9-1；键高 h 的公差带一般采用 h11；键长的公差带采用 h14；轴槽长度的公差带采用 H14。

9.1.3　平键连接的几何公差及表面粗糙度

为保证键宽与键槽宽之间有足够的接触面积和避免装配困难，应分别规定轴槽和轮毂槽的对称度公差。根据不同的使用情况，按国标 GB/T 1095—2003 中对称度公差的 7～9 级选取，以键宽 b 为基本尺寸。

当键长 L 与键宽 b 之比大于或等于 8 时($L/b \geqslant 8$)，还应规定键的两工作侧面在长度方向上的平行度要求。

作为主要配合表面，轴槽和轮毂槽的键槽宽度 b 两侧面的表面粗糙度 R_a 一般取 1.6～3.2μm，轴槽底面和轮毂槽底面的表面粗糙度参数 R_a 取 6.3μm。

9.1.4　平键相关参数标注

轴槽、轮毂槽的剖面尺寸、几何公差及表面粗糙度在图样上的标注示例如图 9-4 所示。

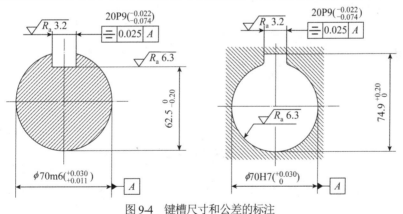

图 9-4　键槽尺寸和公差的标注

9.2　花键连接的公差

9.2.1　概述

花键按照其键形不同，可分为矩形花键和渐开线花键。矩形花键的键侧边为直线，加工方便，可用磨削的方法获得较高精度，应用较广泛，如图9-5所示。渐开线花键的齿廓为渐开线，加工工艺与渐开线齿轮基本相同。在靠近齿根处齿厚逐渐增大，减少了应力集中，因此，具有强度高、寿命长等特点，且能起到自动定心的作用。

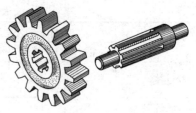

图9-5　矩形花键

下面主要介绍矩形花键的基本知识。

矩形花键是把多个平键与轴或孔制成一个整体。花键连接由内花键(花键孔)和外花键(花键轴)两个零件组成。与平键连接相比具有许多优点，如定心精度高、导向性能好、承载能力强等。花键连接可作固定连接，也可作滑动连接，在机床、汽车等行业中得到广泛应用。

9.2.2　矩形花键连接的公差与配合

1. 矩形花键连接的特点

(1) 多参数配合。花键相对于圆柱配合或单键连接而言，配合参数较多，除键宽外，有定心尺寸、非定心尺寸、齿宽、键长等。

矩形花键的主要尺寸有3个，即大径D、小径d和键宽(键槽宽)B，如图9-6所示。

GB/T 1144—2001《矩形花键尺寸、公差和检验》规定了矩形花键连接的尺寸系列、定心方式、公差配合、标注方法及检测规则。矩形花键的键数为偶数，有6、8、10三种。按承载能力不同，矩形花键分为中、轻两个系列，中系列的键高尺寸较轻系列大，故承载能力强。矩形花键的尺寸系列见表9-3。

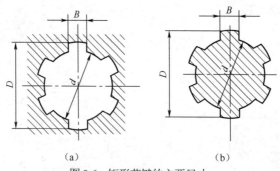

（a）　　　　　　　　　（b）

图9-6　矩形花键的主要尺寸

表9-3　矩形花键的公称尺寸系列　　　　　　单位：mm

小径 (d)	轻 系 列				中 系 列			
	规格(N×d×D×B)	键数(N)	大径(D)	键宽(B)	规格(N×d×D×B)	键数(N)	大径(D)	键宽(B)
11					6×11×14×3		14	3
13					6×13×16×3.5		16	3.5
16	—	—	—	—	6×16×20×4		20	4
18					6×18×22×5		22	5
21					6×21×25×5	6	25	5
23	6×23×26×6		26		6×23×28×6		28	6
26	6×26×30×6	6	30	6	6×26×32×6		32	6
28	6×28×32×7		32	7	6×28×34×7		34	7

(续表)

小径 (d)	轻 系 列				中 系 列			
	规格(N×d×D×B)	键数(N)	大径(D)	键宽(B)	规格(N×d×D×B)	键数(N)	大径(D)	键宽(B)
32	8×32×36×6	6	36	6	8×32×38×6		38	6
36	8×36×40×7		40	7	8×36×42×7		42	7
42	8×42×46×8		46	8	8×42×48×8	8	48	8
46	8×46×50×9	8	50	9	8×46×54×9		54	9
52	8×52×58×10		58	10	8×52×60×10		60	10
56	8×56×62×10		62		8×56×65×10		65	10
62	8×62×68×12		68		8×62×72×12		72	12
72	10×72×78×12		78	12	10×72×82×12		82	12
82	10×82×88×12		88		10×82×92×12		92	12
92	10×92×98×14	10	98	14	10×92×102×14	10	102	14
102	10×102×108×16		108	16	10×102×112×16		112	16
112	10×112×120×18		120	18	10×112×125×18		125	18

(2) 采用基孔制配合。花键孔(也称内花键)通常用拉刀或插齿刀加工，生产效率高，能获得理想的精度。采用基孔制，可以减少昂贵的拉刀规格，用改变花键轴(也称外花键)的公差带位置的方法，即可得到不同的配合，满足不同场合的配合需要。

(3) 必须考虑几何公差的影响。花键在加工过程中，不可避免地存在形状位置误差，为了限制其对花键配合的影响，除规定花键的尺寸公差外，还必须规定几何公差或规定限制几何误差的综合公差。

2. 矩形花键的定心方式

花键连接的主要尺寸有 3 个，为了保证使用性能，改善加工工艺，只能选择一个结合面作为主要配合面，对其规定较高的精度，以保证配合性质和定心精度，该表面称为定心表面，如图 9-7 所示。国标 GB/T 1144—2001 规定矩形花键用小径定心，如图 9-7(a)所示。当前，内、外花键表面一般都要求淬硬(40HRC 以上)，以提高其强度、硬度和耐磨性。小径定心有一系列优点。采用小径定心时，对热处理后的变形，外花键小径可采用成形磨削来修正，内花键小径可用内圆磨修正，而且用内圆磨还可以使小径达到更高的尺寸、形状精度和更高的表面粗糙度要求。因此，小径定心的定心精度高，定心稳定性好，使用寿命长，有利于产品质量的提高。而内花键的大径和键侧则难于进行磨削，标准规定内、外花键在大径处留有较大的间隙。矩形花键是靠键侧传递扭矩的，所以键宽和键槽宽应保证足够的精度。

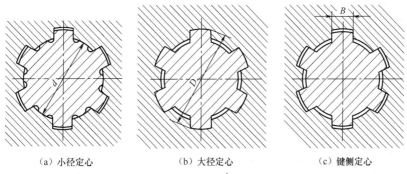

（a）小径定心　　　　　（b）大径定心　　　　　（c）键侧定心

图 9-7　矩形花键连接定心方式示意图

3. 矩形花键的公差配合

国标 GB/T 1144—2001 规定，矩形花键的尺寸公差采用基孔制，以减少拉刀的数目。内、外花键小径、大径和键宽(键槽宽)的尺寸公差带分为一般用和精密传动用两类，内、外花键的尺寸公差带见表 9-4。标准对一般用的内花键槽宽规定了拉削后热处理和不热处理两种公差带。标准规定，按装配形式分为滑动、紧滑动和固定 3 种配合。前两种在工作过程中，不仅可传递扭矩，且花键套还可以在轴上移动；后一种只用来传递扭矩，花键套在轴上无轴向移动。

表 9-4　内、外花键的尺寸公差带

内花键				外花键			装配形式
小径 d	大径 D	键(槽)宽 B		小径 d	大径 D	键(槽)宽 B	
		拉削后不热处理	拉削后热处理				
一　般　用							
H7	H10	H9	H11	f7	a11	d10	滑动
				g7		f9	紧滑动
				h7		h10	固定
精密传动用							
H5	H10	H7、H9		f5	a11	d8	滑动
				g5		f7	紧滑动
				h5		h8	固定
H6				f6		d8	滑动
				g6		f7	紧滑动
				h6		d8	固定

注：1. 精密传动用的内花键，当需要控制键侧配合间隙时，键槽宽 B 可选用 H7，一般情况下可选用 H9。

2. 小径 d 的公差为 H6 或 H7 的内花键，允许与提高一级的外花键相配合。

装配形式的选用首先根据内、外花键之间是否有轴向移动，确定选固定连接还是滑动连接。对于内、外花键之间要求有相对移动，而且移动距离长、移动频率高的情况，应选用配合间隙较大的滑动连接，以保证运动灵活性及配合面间有足够的润滑油层，例如，变速箱中的齿轮与轴的连接。对于内、外花键之间定心精度要求高，传递扭矩大或经常有反向转动的情况，则选用配合间隙较小的紧滑动连接。对于内、外花键间无需在轴向移动，只用来传递扭矩的情况，则选用固定连接。

9.2.3　矩形花键的几何公差及表面粗糙度

1. 形状公差

定心尺寸小径 d 的极限尺寸应遵守包容要求，即当小径 d 的实际尺寸处于最大实体状态时，它必须具有理想形状，只有当小径 d 的实际尺寸偏离最大实体状态时，才允许有形状误差。

2. 位置公差

矩形花键的位置公差遵守最大实体要求，花键的位置度公差综合控制花键各键之间的角位置、各键对轴线的对称度误差以及各键对轴线的平行度误差等，用综合量规(即位置量规)检验。图样标注如图 9-8 所示。

当单件、小批量生产时，采用单项测量，可规定对称度公差和等分度公差(花键各键齿沿 360° 圆周均匀分布为它们的理想位置，允许它们偏离理想位置的最大值为花键的等分度公差)。键和键槽的对称度公差和等分度公差遵守独立原则。国标 GB/T 1144—2001 规定，花键的等分度公差等于花键的对称度公差。对称度公差在图样上的标注如图 9-9 所示。矩形花键位置度公差值 t_1 和对称度公差值 t_2 见表 9-5。

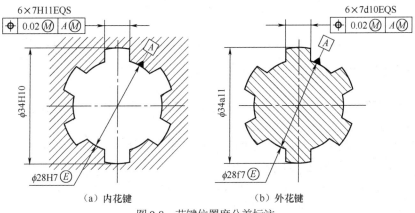

图 9-8　花键位置度公差标注

表 9-5　矩形花键位置度公差 t_1 和对称度公差 t_2　　　　单位：mm

键槽宽或键宽 B			3	3.5～6	7～10	12～18
t_1	键槽宽		0.010	0.015	0.020	0.025
	键宽	滑动、固定	0.010	0.015	0.020	0.025
		紧滑动	0.006	0.010	0.013	0.016
t_2	一般用		0.010	0.012	0.015	0.018
	精密传动用		0.006	0.008	0.009	0.011

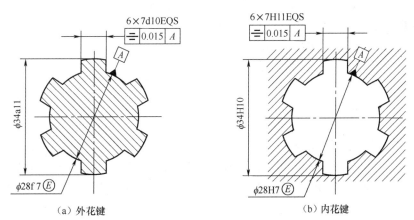

图 9-9　花键对称度公差标注

3. 矩形花键的表面粗糙度 R_a 值

矩形花键各结合表面的表面粗糙度要求见表 9-6。

表 9-6　矩形花键表面粗糙度推荐值　　　　　　　　　　　　　单位：μm

加工表面	内花键	外花键
	R_a 不大于	
大径	6.3	3.2
小径	0.8	0.8
键侧	3.2	1.6

9.2.4　矩形花键连接在图样上的标注

矩形花键的规格按"键数 N×小径 d×大径 D×键宽(键槽宽)B"的方法进行标注，其各自的公差带代号可标注在各自的公称尺寸之后。

例如：矩形花键键数 N 为 6，小径 d 的配合为 23H7/f7，大径 D 的配合为 26H10/a11，键宽 B 的配合为 6H11/d10，该矩形花键的标注如下：

(1) 花键规格的标注：$N×d×D×B$，即 $6×23×26×6$

(2) 花键副的标注：$6×23\dfrac{H7}{f7}×26\dfrac{H10}{a11}×6\dfrac{H11}{d10}$

(3) 内花键的标注：$6×23H7×26H10×6H11$

(4) 外花键的标注：$6×23f7×26a11×6d10$

【例】一机床变速箱内传动用矩形外花键与齿轮相结合。要求传递转矩一般，但有较高的定心精度，齿轮在轴上有较频繁的滑动。已知花键规格为 $8×46×50×9$。试确定内、外花键的公差与配合、标记、几何公差及表面粗糙度，并将它们标注在图样上。

解：①公差与配合。按题意，内、外花键的装配形式选为精密传动用滑动联接。查表 9-4 取 d 的配合为 $46\dfrac{H6}{f6}$；D 的配合为 $50\dfrac{H10}{a11}$；B 的配合为 $9\dfrac{H9}{d8}$。

相应标记如下：

花键副：$8×46\dfrac{H6}{f6}×50\dfrac{H10}{a11}×9\dfrac{H9}{d8}$

内花键：$8×46H6×50H10×9H9$

外花键：$8×46f6×50a11×9d8$

② 几何公差。查表 9-5，确定键宽和键槽宽的位置度公差均为 0.020mm。键宽和键槽宽的对称度公差与等分度公差均为 0.009mm。

③表面粗糙度。根据表面粗糙度推荐数值，内花键的大径表面、小径表面、槽宽表面的 R_a 值分别为 6.3μm、0.8μm、3.2μm。外花键的大径表面、小径表面和键宽表面的 R_a 值分别为 3.2μm、0.8μm、1.6μm。

④ 图样标注如图 9-10 所示。

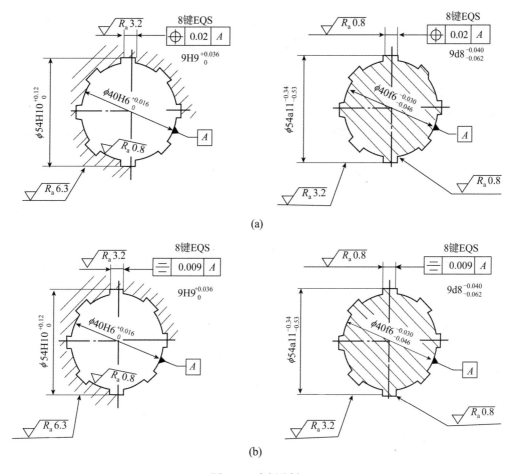

图 9-10　案例分析

9.3　平键和花键的检测

9.3.1　平键的检测

对于平键连接，需要检测的项目有键宽、轴槽和轮毂槽的宽度、轴槽和轮毂槽的深度及其对称度。

(1) 键宽、轴槽和轮毂槽的宽度。在单件小批量生产中，通常采用游标尺、千分尺等通用计量器具测量键槽尺寸。大批量生产时，用极限量规控制。

(2) 轴槽和轮毂槽深。单件小批量生产，一般用游标卡尺或外径千分尺测量轴尺寸 $d-t_1$，用游标卡尺或内径千分尺测量轮毂尺寸 $d+t_2$。大批量生产时，用专用量规，如轮毂槽深极限量规和轴槽深极限量规测量，如图 9-11 所示。

(3) 轴槽和轮毂槽对其轴线的对称度误差可用图 9-11(b)所示的方法进行测量。把与键槽宽度相等的定位块插入键槽，用 V 形块模拟基准轴线，首先进行截面测量，调整被测件使定位块沿径向与平板平行，测量定位块至平板的距离，再把被测件旋转 180°，重复上述测量，得到该截面上下两对应点的读数差为 a，则该截面的对称度误差为

$$f_{截}=ah/(d-h)$$

式中，d——轴的直径；

h——轴槽深。

接下来再进行长向测量。沿键槽长度方向测量，取长向两点的最大读数差为长向对称度误差：$f_长=a_高-a_低$。取 $f_截$、$f_长$ 中最大值作为该零件对称度误差的近似值。当对称度符合相关公差原则时，可使用键槽对称度量规检验，如图 9-11(d)、(f)所示。

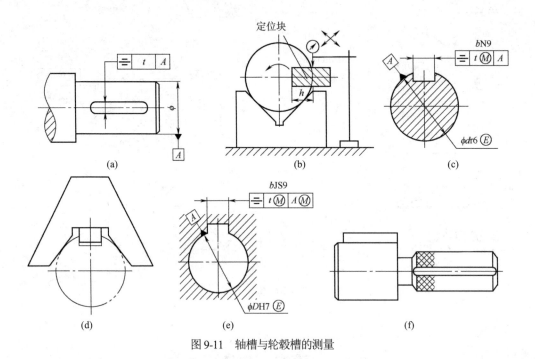

图 9-11　轴槽与轮毂槽的测量

9.3.2　矩形花键的检测

矩形花键的检测分为单项检测和综合检验。

在单件小批量生产中，用通用量具如千分尺、游标卡尺、指示表等分别对各尺寸(d、D 和 B)及几何误差进行检测。

在成批生产中，可先用花键位置量规同时检验花键的小径、大径、键宽及大、小径的同轴度误差，各键和键槽的位置度误差等综合结果。位置量规通过为合格。花键经位置量规检验合格后，可再用单项止端塞规(卡规)或通用计量器具检测其小径、大径及键宽(键槽宽)的实际尺寸是否超越其最小实体尺寸。

图 9-12 所示为矩形花键位置量规。

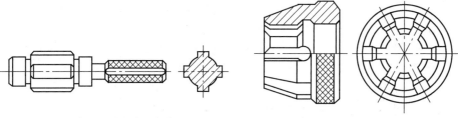

（a）花键塞规（两短柱起导向作用）　　　　　（b）花键环规（圆孔起导向作用）

图 9-12　矩形花键位置量规

习　题

一、填空题

1. 键又称为_____，按其结构形式不同，可分为_____、_____、_____和_____等四种。其中，_____应用最广。

2. 按花键齿形状不同，花键可分为_____、_____和_____等三种，其中，_____应用最广。

3. 平键与轴槽和轮毂槽的配合采用_____，矩形花键连接的配合采用_____。

4. 平键连接的三种配合为_____、_____和_____。

5. 矩形花键的主要尺寸包括_____、_____和_____。

6. 按装配要求不同，矩形花键连接可分为_____、_____和_____三种配合。

二、判断题

1. 国标 GB/T 1095—2003 对平键键宽只规定了一种公差带 h9。　　　　　　　　（　　）

2. 国标 GB/T 1095—2003 规定平键键高 h 的公差带为 h11。　　　　　　　　（　　）

3. 矩形花键中系列的键高尺寸比轻系列大，故承载能力较强。　　　　　　　　（　　）

4. 矩形花键的键宽和键槽宽不论是否为定心尺寸，都应保证有足够的精度。　　（　　）

5. 矩形花键连接中，固定配合既可传递转矩，也可让花键在轴上轴向移动。　　（　　）

6. 综合检测内、外花键时，若综合量规能通过，而单项止端量规不能通过，则被测花键合格。

（　　）

三、选择题

1. 与单键连接相比，花键连接具有(　　)等优点。

　　A. 承载能力强　　　　　　　　　　　　B. 导向性好

　　C. 定心精度高　　　　　　　　　　　　D. 成本低

2. 平键连接的配合尺寸为(　　)。

　　A. 键高 h　　　　　　　　　　　　　　B. 键宽 b

　　C. 轴槽深　　　　　　　　　　　　　　D. 轮毂槽深 $t2$

3. 矩形花键的键数 N 包括(　　)。

　　A. 4　　　　　　　　　　　　　　　　B. 6

　　C. 8　　　　　　　　　　　　　　　　D. 10

4. 矩形花键连接采用(　　)定心。

A. 大径
B. 小径

C. 键宽
D. 键数

5. 当矩形花键连接经常有正反转变动时，应选用( )。

A. 滑动配合
B. 固定配合

C. 紧滑动配合
D. 松配合

6. 内、外花键小径 d 的极限尺寸遵守( )原则。

A. 包容
B. 最大实体

C. 最小实体
D. 独立

四、综合题

1. 平键连接的主要几何参数有哪些？

2. 什么是平键连接的配合尺寸？采用何种配合制度？

3. 平键连接有几种配合类型？它们各应用在什么场合？

4. 矩形花键连接的结合面有哪些？通常用哪个结合面作为定心表面？为什么？

5. 矩形花键连接各结合面的配合采用何种配合制度？有几种装配形式？

6. 某矩形花键连接的标记代号为 6×26H7/g6×30H10/a11×6H11/f9，试确定内、外花键主要尺寸的极限偏差及极限尺寸。